EUROPA-FACHBUCHREIHE
für elektrotechnische
und elektronische Berufe

Automatisierungstechnik mit der SIMATIC S 5 UND S 7

Ein Lehr- und Übungsbuch für Ausbildung und Praxis

3. überarbeitete Auflage

Herausgegeben von
K. H. Borelbach, G. Kraemer, W. Mock und E. Nows

Lektorat: Ch. Behrendt

D1666532

Verlag Europa-Lehrmittel · Nourney, Vollmer GmbH & Co.
Düsselberger Straße 23 · 42781 Haan-Gruiten

Europa-Nr.: 31215

Autoren:

K. H. Borelbach,	Studiendirektor	Hamburg
G. Kraemer,	Dipl.-Ing. für Elektrotechnik	Hamburg
W. Mock,	Studienrat	Hamburg
E. Nows,	Studiendirektor, Dipl.-Ing. (TU)	Hamburg

Leiter des Arbeitskreises:

Ch. Behrendt,	Studiendirektor i. R.	Hamburg

Das vorliegende Buch wurde auf der **Grundlage der neuen amtlichen Rechtschreibregeln** erstellt.

3. Auflage 1998

Druck 5 4 3 2

Alle Drucke derselben Auflage sind parallel einsetzbar, da sie bis auf die Korrektur von Druckfehlern untereinander unverändert sind.

ISBN 3-8085-3153-3

Umschlaggestaltung unter Verwendung von Geräten der Firma Siemens

© 1998 by Verlag Europa-Lehrmittel, Nourney, Vollmer GmbH & Co., 42781 Haan-Gruiten
Satz: Formel- und Tabellensatz B. KRÜGER, 42799 Leichlingen
Druck: Media Print Informationstechnologie, 33100 Paderborn

Vorwort

Speicherprogrammierte Steuerungen (SPS) haben einen festen Platz in der Automatisierungstechnik. Fachleute und Berufsanfänger, die auf diesem Gebiet tätig werden, müssen die Möglichkeiten dieser Technik kennenlernen.

Das vorliegende Buch will dabei behilflich sein.

Das Buch führt in die Arbeitsweise speicherprogrammierter Steuerungen ein. Dabei wird die Lösung von Steuerungsproblemen durch Anwendung von Verknüpfungs- und Ablaufsteuerungen gezeigt. Es werden auch ausführlich Programme mit linearen und verzweigten Schrittketten, sowie Programmstrukturen mit Sprüngen und Schleifen erörtert. In weiteren Abschnitten werden Wortverarbeitung von arithmetischen Funktionen, sowie Verarbeitung von Analogwerten in der digitalen Regeltechnik dargestellt.

Bei sehr umfangreichen SPS-Programmen ist es aus zeitlichen Gründen nicht mehr möglich, alle Anweisungen der Programme nacheinander abzuarbeiten; deshalb wendet man dann die strukturierte Programmierung an. Hier wird das Steuerungsprogramm aus einzelnen Bausteinen zusammengesetzt, die – nach Bedarf – in beliebiger Reihenfolge und beliebig oft aufgerufen werden. Beispiele zeigen, dass durch diese Technik eine Beschleunigung des gesamten Ablaufs erzielt werden kann.

Sicherheitstechnische Grundsätze für die Anwendung von SPS werden in einem gesonderten Kapitel behandelt.

Die in diesem Buch enthalten SPS-Programme wurden für eine Siemens-Steuerung „Siemens S5-100U und 101U" erstellt. Mittels beiliegender Disketten können die Programmbeispiele des Buches (und weitere, zusätzliche Programme auf der Diskette) komfortabel auf die Steuerung übertragen und die Funktionen schnell getestet werden.

Durch Kommentare in der Dokumentation wird das Lesen der Programme erleichtert; begleitender Text erläutert den Lösungsweg und programmtechnische Einzelheiten. Zur Darstellung der Programme werden die in DIN 19239, DIN 40719, IEC 848 und VDI 2880 aufgeführten Symbole und Zeichen verwendet.

Alle Lösungen zu den Steuerungsaufgaben dieses Buches werden als Anweisungsliste (AWL), als Funktionsplan (FUP), in einigen Fällen als Kontaktplan (KOP) gezeigt. Die notwendige Information über die Belegung der Eingänge und Ausgänge der SPS wird durch eine Zuordnungsliste, sowie durch eine Skizze der Beschaltung gegeben. Durch Kommentare in der Dokumentation wird das Lesen der Programme erleichtert; ein begleitender Text erläutert den Lösungsweg und programmtechnische Einzelheiten.

Das Buch ist nach dem Lernprinzip „Vom Leichten zum Schweren" aufgebaut; es führt über einfache Verknüpfungen zu typischen Anwendungen von SPS in der Steuerungstechnik. Das Buch ist deshalb gleichermaßen für das Selbst- wie für das Weiterlernen geeignet. Mit Hilfe dieses Buches ist der Einstieg in die Technik der speicherprogrammierten Steuerungen nicht nur Angehörigen von Elektroberufen möglich.

Zur Lernkontrolle sind jedem Kapitel Fragen und Antworten beigegeben. Wegen des besseren Verständnisses sind die ausgewählten Beispiele dort, wo es angebracht erscheint, vereinfacht dargestellt. Diese sind deshalb technologisch nicht immer vollständig.

Die Autoren danken Herrn Wolfgang Kruse für seine Mitarbeit am Kapitel 14 (Regelungstechnik) sowie allen anderen, die dazu beigetragen haben, dass dieses Buch erscheinen konnte.

Hamburg, im Sommer 1998   Die Verfasser

Im selben Verlag sind entsprechende Bücher für das Programmieren von SPS der Firmen Klöckner-Moeller (Sucos PS3) und Mitsubishi (Melsec FX) erschienen.

Hinweise für den Benutzer

Die Programme zu den Aufgabenbeispielen dieses Buches sind für Automatisierungsgeräte (Simatic S5–100 U und S5–101 U1) der Firma Siemens erstellt und mit diesen Geräten auf korrekte Funktion getestet worden. Als Eingabegerät wurde ein PC mit der Software STEP5 von Siemens verwendet. Die Ausdrucke der Programme in den verschiedenen Darstellungsarten (AWL, KOP, FUP) können mit dem Gerät PG 675 oder dessen Nachfolgetypen bzw. mit einem PC erstellt werden. Die Programmbeispiele für Kapitel 15 (Programmierung nach IEC 1131-3) für die Simatic S7–300 wurden mit PC und dem Programm Accon-ProSys der Firma Deltalogik geschrieben.

Die Programme bis Kapitel 11 können auch auf dem Gerät SIMATIC S5–100 U eingesetzt werden. Die Programmiersprache und die Software sind die gleichen wie bei der SIMATIC S5–101 U. Da das Gerät S5–100 U aus einzelnen Modulen aufgebaut wird, deren Steckplätze auf dem Gerät wahlfrei sind, bestimmt der Einbauort die Operandenadressen der Module. Der Benutzer muss gegebenenfalls sein Gerät organisieren, dass die erhaltenen Operandenadressen mit denen der Programme des Buches übereinstimmen. Gleiches gilt für die S7–300. Auch hier werden die Operandenadressen durch die Steckplätze der Module bestimmt.

Es empfiehlt sich, zwei achtkanalige Digital-Eingabebaugruppen auf den Steckplätzen „0" und „1" einzusetzen. Dadurch erfolgt die Adressierung der Eingänge, wie in den Beispielen des Buches angegeben. Zwei achtkanalige Digital-Ausgabegruppen können auf den Steckplätzen „2" und „3" eingesetzt werden. Dadurch erhöhen sich die in den Beispielen des Buches (bis Kapitel 11) angegebenen Operandenadressen der Ausgänge um „2" (d.h. anstatt A0.0 muss dann A2.0 und anstatt A1.0 muss dann A3.0 eingegeben werden). (Siehe hierzu Kapitel 12.1 Seite 205: Organisation des Gerätes S5–100 U.)

Das Kapitel 13 behandelt die Verarbeitung von Analogwerten mit einer SPS Simatic S5–100 U, bei der außer den Digitalmodulen noch eine Analogbaugruppe einzusetzen ist. Die Operandenadressen der Ein- und Ausgänge ergeben sich entsprechend den gewählten Steckplätzen an der SPS (siehe hierzu Kapitel 13: Analogwertverarbeitung).

Analogwerte können nicht mit der S5–101 U verarbeitet werden, da hier keine Analogbaugruppe eingesetzt werden kann.

Hinweise zu den Begleitdisketten des SPS-Buches „Automatisierungstechnik" mit der Siemens-SPS „S5–100 U und S5–101 U":

Diesem Buch sind zwei gepackte Disketten beigegeben. Auf den Disketten befinden sich Programme, die im Buch ausgedruckt und beschrieben sind, sowie zusätzliche Programme, die nur auf der Diskette vorhanden sind (ca. 80 Programme im Buch, ca. 230 Programme nur auf Diskette).

Die gepackten Disketten enthalten 8 Dateien:

1. liesmich.txt
   Diese Datei informiert über die Handhabung der Disketten und die Organisation der Verzeichnisse und Dateien im Buch und auf den Disketten.

2. inhaltsi.txt
   Diese Datei enthält das gesamte Inhaltsverzeichnis der Dateien, die sich im Buch und auf den Disketten befinden, sowie die Dateien, die sich nur auf den Disketten befinden. Der Inhalt ist kurz beschrieben.

3. entpacke.bat
   Diese Batch-Datei sorgt dafür, dass beim Entpacken die Verzeichnisse und Dateien in der Originalform auf die Festplatte geladen werden.

4. sisps1.zip und sisps2.zip
   Diese Dateien enthalten in gepackter Form alle Verzeichnisse und Dateien, die im Buch und auf den Disketten vorhanden sind. sisps1 und sisps2 sind Hauptverzeichnisse, unter denen die Verzeichnisse (Kapitel) mit den einzelnen Dateien komprimiert gespeichert sind.

5. pkunzip.exe

   Diese Datei sorgt dafür, dass die komprimierten Dateien sisps1.zip und sisps2.zip auf der Festplatte entpackt werden.

6. statisi.txt

   Diese Datei enthält eine tabellarische Gesamtübersicht aller Aufgaben der einzelnen Kapitel.

7. kapdatsi.txt

   Diese Datei enthält in grober Übersicht alle Programme, die sich im Buch und auf der Diskette befinden. Die Daten sind den Verzeichnissen und den Kapiteln zugeordnet.

8. sachwosi.txt

   Diese Datei enthält einen Sachwortkatalog in alphabetischer Reihenfolge, mit den zugehörigen Verzeichnissen, Kapiteln und Seitenzahlen.

Die Disketten können mit folgenden Befehlen entpackt werden:

A:\entpacke sisps1 bzw. A:\entpacke sisps2

Dabei müssen sich die Disketten in Laufwerk A befinden. Alle Verzeichnisse und Dateien werden dann unter den Hauptverzeichnissen SISPS1 bzw. SISPS2 auf die Festplatte entpackt.

Die unter den Hauptverzeichnissen SISPS1 und SISPS2 entpackten Unterverzeichnisse und Dateien benötigen auf der Festplatte einen Speicherplatz von ungefähr 5 MB. Die beiden gepackten Disketten haben zusammen einen Speicherplatz von ungefähr 1,6 MB. Die Verzeichnisse und Dateien sind also auf $1/3$ komprimiert worden.

Inhaltsverzeichnis

Dateienangaben hinter den Überschriften weisen darauf hin, dass die Programm im Buch und auf der Diskette zu finden sind.

Das Zeichen ⊟ unter den Kapiteln zeigt an, dass weitere Programm auf der Diskette verfügbar sind (siehe Inhalt.TXT der Verzeichnisse).

Alle Programme des Buches können von der Diskette geladen werden.

Firmen- und Quellenverzeichnis

Die Autoren haben sich in der nachstehend aufgeführten Literatur informiert und sie unmittelbar oder mittelbar verwendet:

> Allgäuer, Seeberger: „Beschreibung von Steuerungsaufgaben mit Funktionsplanen"; Siemens AG Deutsche Norm, DIN-Blätter
>
> Niedersächsisches Kultusministerium: „Speicherprogrammierte Steuerungen (SPS), Band 2"; Berenberg'sche Druckerei GmbH und Verlag, Hannover
>
> VDI-Bildungswerk
>
> VDI-Richtlinien

Autoren, Lektorat und Verlag bedanken sich darüber hinaus für Informationen der Herstellerfirmen:

Hamburger Schaltanlagenbau	DELTALOGIC-Automatisierungstechnik
Schleicher GmbH & Co	Rolf Lindener GmbH
Siemens AG	Relaiswerke KG

1 Struktur und Funktionsweise einer Steuerung

In jeder beliebigen Anlage muss der Betriebsablauf eingeleitet, beeinflusst, überwacht und beendet werden können. Diese Aufgabe kann entweder durch eine Steuerung oder eine Regelung erfüllt werden. Die notwendigen Glieder oder Systeme innerhalb der Steuerung oder Regelung können in Form einer Kettenstruktur aufeinanderfolgend – entsprechend dem beabsichtigten Wirkungszusammenhang – dargestellt werden.

Bei einer Regelung wird diese Kettenstruktur zu einem „Regelkreis" geschlossen, wodurch Signale von Gliedern innerhalb der Kette z.B. an den Anfang der Kette zurückgeführt werden **(Bild 1/1)**.

Bei einer Steuerung ist die Steuerkette offen, das heißt, die innerhalb der Steuerungskette wirksamen Signale wirken nur in einer Richtung und nicht auf den Anfang oder irgendeine andere Stelle der Kette zurück. In Steuerketten können jedoch Verzweigungen des Signalweges auftreten **(Bild 1/2a** und **Bild 1/2b)**.

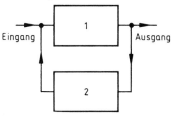

Bild 1/1: Schema eines Regelkreises

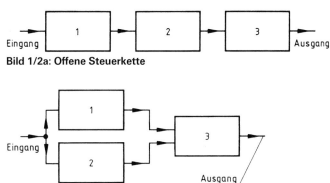

Bild 1/2a: Offene Steuerkette

Bild 1/2b: Offene Steuerkette mit Verzweigung

Kennzeichen einer Steuerung ist also ein offener Wirkungsablauf innerhalb der Steuerkette.

Durch eine aufgabengemäße Unterscheidung der Steuerkettenglieder ergibt sich eine feinere Gliederung der Steuerkette in Steuereinrichtung und Steuerstrecke:

Die **Steuerstrecke** ist derjenige Teil des Wirkungsweges, der den zu beeinflussenden Teil der Anlage darstellt. Dieser Bereich der Anlage führt den zu steuernden „Prozess" aus. Die Steuerstrecken werden daher im folgenden nur knapp besprochen, soweit es zum Verständnis der Steuerungsabläufe notwendig erscheint.

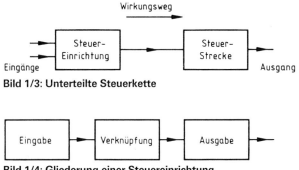

Bild 1/3: Unterteilte Steuerkette

Bild 1/4: Gliederung einer Steuereinrichtung

Die **Steuereinrichtung** ist derjenige Teil des Wirkungsweges, durch welchen die Steuerstrecke über ein Stellglied beeinflusst wird **(Bild 1/3)**. Die Steuereinrichtung kann weiter unterteilt werden in Eingabe, Verknüpfung, Ausgabe.

Zur **Eingabe** zählen alle in Wirkungsrichtung an vorderster Stelle vorkommenden Glieder, z.B.: Elektrische Schalter, elektrische Taster, Geber jeder Art (z.B. Drehfrequenzüberwachung, Strömungsschalter, Lichtschranken, Thermogeber, Lochstreifenleser, elektronische Zähler, usw.).

Zur **Ausgabe** gehören alle an letzter Stelle in Wirkungsrichtung vorkommenden Stellglieder, die auf die Steuerstrecke direkt einwirken, z.B.: Relais, Schütz, Leistungstransistor, Thyristor, Triac, hydraulische und pneumatische Ventile.

Verknüpfungsglieder dienen zur Verarbeitung der eingegebenen Signale. Die Verknüpfung der Signale erfolgt nach Programm. Die eingegebenen Signale einer bestimmten Steuerung werden daher stets in derselben Weise und mit stets gleichem Ergebnis zu Ausgangssignalen verarbeitet **(Bild 1/4)**.

Fragen zu Kapitel 1:

1. Welcher Unterschied besteht zwischen einer Steuerung und einer Regelung?
2. Was versteht man unter einer Steuerkette?
3. Wie kann eine Steuereinrichtung weiter unterteilt werden?
4. Welche Aufgabe erfüllen Verknüpfungsglieder in einer Steuerung?

2 Funktionsprinzip einer SPS

2.1 Signale in Steuerungen

Über die Eingangsglieder einer Steuerkette werden an die nachgeordneten Glieder Signale gegeben. Sie enthalten Informationen, um den Wirkungsablauf innerhalb der Steuerkette zu beeinflussen.

2.1.1 Analoge Signale

Von vielen Eingangsgliedern einer Steuerkette werden analoge Signale abgegeben. Analog heißt in diesem Zusammenhang: In einem Bereich möglicher Signale, zwischen einer oberen und einer unteren Grenze (z.B. eine Spannung zwischen den Werten 0 V bis 100 V), kann das Signal jeden beliebigen Wert annehmen. Jedem der Zwischenwerte ist dabei eine ganz bestimmte Information zugeordnet.

Beispiel: Mit Hilfe eines kleinen Generators (Tachomaschine) wird die Drehfrequenz einer Welle erfasst. Jedem Spannungswert der Tachomaschine entspricht nur eine bestimmte Drehfrequenz der Welle.

Analoge Signale haben besonders in der Messtechnik, der Verstärker- und Regelungstechnik eine Bedeutung.

2.1.2 Binäre Signale

Aus dem analogen Signal der Tachomaschine kann auch die Information abgeleitet werden, ob die Drehfrequenz der zu überwachenden Welle sich oberhalb oder unterhalb einer bestimmten Grenze befindet. Der Wertebereich eines analogen Signals kann dazu unterteilt werden, etwa für die Kennzeichnung „unterhalb" der Bereich 0 V bis 20 V, für „oberhalb" der Bereich 50 V bis 100 V. Der Bereich von 20 V bis 50 V wird zur eindeutigen Trennung des „unterhalb" vom „oberhalb" benötigt. Jeder Wert des Signalbereichs 0 V bis 20 V ergibt nun nur noch eine Information „unterhalb", die aus dem Signalzustand „niedrige Spannung" abgeleitet wird. Dieser Signalzustand wird mit „0-Signal" bezeichnet. Der Signalbereich 50 V bis 100 V – „oberhalb" – wird entsprechend mit „1-Signal" bezeichnet. Die so beschriebenen Signale „niedrige Spannung", entsprechend „0-Signal" und „hohe Spannung", entsprechend „1-Signal" werden als binäre Signale bezeichnet.

Binäre Signale sind in der Steuerungstechnik häufig anzutreffen, da viele Steuerungsabläufe durch zwei Signale, z. B. „Schalter ‚ein' oder ‚aus'" oder „Spannung vorhanden" bzw. „Spannung nicht vorhanden" eingeleitet werden. Binäre Signale werden nicht nur zur Beschreibung der Zustände innerhalb von Steuerketten angewendet, sondern dienen auch dazu, die Zustände innerhalb der beteiligten Geräte, z.B. der Verknüpfungsglieder, darzustellen.

2.1.3 Eingangssignale für eine SPS

Die von den Eingangsgliedern an eine SPS abzugebenden Signale müssen binäre Signale sein. Bei marktgängigen Steuerungen werden benutzt: für **1-Signal** eine Spannung von + 24 V (Bereich etwa 16 V bis 36 V), für **0-Signal** eine Spannung von 0 V (diese Spannung muss möglichst wenig von 0 V abweichen). Genaue Informationen über die anzuwendenden Signale sind dem jeder SPS beigegebenen **Handbuch** zu entnehmen.

2.2 Arbeitsweise einer SPS

Um eine SPS erfolgreich anwenden zu können, ist eine genaue Kenntnis des inneren Schaltungsaufbaus nicht notwendig. Es genügen einige wenige Informationen über die Arbeitsweise einer SPS.

2.2.1 Anweisungen

Eine SPS arbeitet nach einem Programm. Ein solches Programm besteht aus einer Folge von Verknüpfungsanweisungen, die die Funktion der Gesamtschaltung steuern. Zur Erstellung des Programms ist es daher notwendig, die Steuerungsaufgabe in einzelne **Anweisungen** zu zerlegen. In diesem Sinne ist eine Anweisung die kleinste Einheit eines Programms.

2.2.1.1 Nicht programmierbare Anweisungen

Die Programme einer SPS werden an Bildschirmgeräten, bei Kleinsteuerungen auch mit Homecomputern oder durch spezielle Programmiergeräte mit Tastaturen erstellt. Zur Bedienung solcher Geräte sind eine Reihe von Anweisungen notwendig, die nicht programmierbar sind, weil diese nur für die Programmentwicklung benötigt werden oder zur Überwachung des Programmablaufs notwendig sind. Während Bildschirmgeräte erlauben, das Programm wahlweise als Kontaktplan oder Funktionsplan oder Anweisungsliste zu entwickeln (Kap. 3), geben Kleinsteuerungen meist nur die Möglichkeit, eine Anweisungsliste mit Hilfe von Tasten in die Steuerung einzugeben. Die dafür notwendigen Anweisungen sind etwa für folgende Funktionen vorhanden:

"Schreiben" einer Anweisung in den Programmspeicher,

"Überschreiben" einer Anweisung im Programmspeicher,

"Suchen" einer Anweisung oder Programmstelle,

"Einfügen" einer Anweisung in das bestehende Programm,

"Löschen" einer Anweisung im bestehenden Programm,

"Lesen", womit die einzelnen Anweisungen nacheinander zur Kontrolle aufgerufen werden können,

"Programmtest", zur Programmüberwachung und Signaldarstellung während des Betriebes.

Genaue Informationen über diese Anweisungen sind dem Handbuch der SPS zu entnehmen.

2.2.1.2 Programmierbare Anweisungen

Das eigentliche Programm für eine SPS besteht aus anderen Anweisungen.

Bei der Erstellung eines Programms werden die erforderlichen Anweisungen in einer Liste (Anweisungsliste, AWL) zusammengefasst und niedergeschrieben, bevor eine Eingabe in die Steuerung erfolgt. Die Folge der Anweisungen ist für die Funktion der SPS – und damit der Steuerung – wesentlich; sie ergibt sich aus der Beachtung weniger **Programmierregeln.**

Alle Anweisungen werden mit einer laufenden Nummer **(Adresse)** niedergeschrieben, durch die die Anweisungen in der erforderlichen Reihenfolge angeordnet werden. Die SPS führt die Anweisungen in der Reihenfolge der Adressen aus.

Jede einzelne programmierbare Anweisung besteht aus:

OPERATION, das ist die ART der Verknüpfung

und

OPERAND, das sind Eingänge, Ausgänge, usw. der SPS, die verknüpft werden sollen.

Es ergibt sich das Schema einer Anweisung mit drei wesentlichen Bestandteilen **(Bild 2.2.1.2/1).**

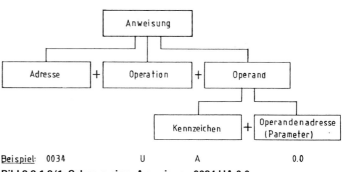

Beispiel: 0034   U   A   0.0

Bild 2.2.1.2/1: Schema einer Anweisung 0034 UA 0.0

Die Adressen werden fortlaufend durch Abzählen der eingegebenen Anweisungen gebildet. Das geschieht automatisch durch die Steuerung, wenn eine Anweisung während der Programmerstellung in die Steuerung eingegeben wird. Die Zählung der Adressen erfolgt bei der S5 – 101U hexadezimal (siehe Handbuch der Steuerung).

OPERATIONEN sind die für den Programmablauf notwendigen Signalverknüpfungen, die in Grundverknüpfungen und Sonderfunktionen einteilbar sind. Die wesentlichen Verknüpfungen sind:

Operation	Bezeichnung		
„Laden"	U	O	
„UND"	U	U(	)
„ODER"	O.	O(	)	O
„NICHT"	N		
„Zuweisung"	= (Verknüpfungsergebnis am Ausgang)		

Zur Programmorganisation können auch weitere Hilfsanweisungen vorhanden sein:

„NOP"	NOP (= keine Operation)
„Klammer"	( )
„ENDE"	BE (Ende des Programms)

Weitere Operationen wie Zählen, Zeit, Rechenfunktionen, Vergleichsfunktionen, u.ä. können außerdem in der SPS vorhanden sein.

Die Bezeichnungen für Eingänge, Ausgänge, Zähler und andere Funktionen einer SPS werden OPERANDEN genannt. Wie das Beispiel (Bild 2.2.1.2/1), Seite 13; zeigt, können Operanden-Bezeichnungen aus einem Buchstaben (Operandenkennzeichen) und einer Ziffer (Operandenadresse) bestehen. Wesentliche Operandenkennzeichen sind:

Ausgang	A
Eingang	E
Merker	M
Zeitstufe	T
Zähler	Z
Konstante	K

Die verschiedenen Operanden können gleiche Adressen haben, z.B. bei Eingängen und Ausgängen einer SPS. Damit die SPS „erkennt", welcher Teil der SPS vom Programm aufgerufen wird, muss in diesem Fall ein Operandenkennzeichen der Operandenadresse beigegeben werden. Beispiel: Gleiche Operandenadresse, verschiedene Operandenkennzeichen

Eingang   E 0.0   Ausgang   A 0.0

Von der Steuerung S5 – 101 U gibt es zur Zeit zwei Ausführungen, erkennbar an der Seriennummer 6ES5 – 101 – 8UA12 bzw. – 8UA13. Die letztere ist eine Weiterentwicklung der ersteren, wodurch eine größere Anzahl interner Merker zur Verfügung steht. Die Operandenadressen für normale Merker bzw. Haftmerker sind dabei verändert worden.

Bei der SPS S5 – 101 – U sind folgende Operandenadressen möglich:

Art	Version – 8UA12	Anzahl	Version – 8UA13	Anzahl
Eingänge	0.0 bis 2.3	20	0.0 bis 2.3	20
Ausgänge	0.0 bis 1.3	12	0.0 bis 1.3	12
Zeitglieder	0 bis 15	16	0 bis 15	16
Zähler	0 bis 15	16	0 bis 15	16
Merker	2.0 bis 14.7	104	32.0 bis 62.7	248
Haftmerker	0.0 bis 1.7	16	0.0 bis 31.7	256
Sondermerker	15.0 bis 15.7	8	63.0 bis 63.7	8

Damit diese Operandenadressen voneinander unterschieden werden können, müssen jeweils Operanden-Kennzeichen hinzugesetzt werden.

2.2.2 Bearbeitung der Anweisungen durch die SPS

Das Programm, bestehend aus derartigen Anweisungen, wird mit Hilfe eines Programmiergerätes (Bildschirmgerät, Tastengerät mit Display) in die SPS eingegeben und in einem Programmspeicher hinterlegt. Dabei werden aus der vorhandenen Anweisungsliste nur Operation und Operand entnommen und

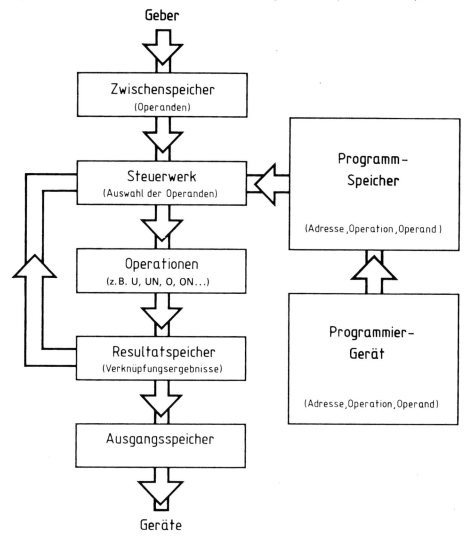

Bild 2.2.2/1: Arbeitsweise einer SPS

in das Gerät eingegeben. Die Adresse wird durch Zählen der Anweisungen automatisch vom Gerät gebildet. Die im Programmspeicher befindlichen Anweisungen werden mit Hilfe eines Mikroprozessor-Systems umgesetzt.

Das Betriebssystem des Prozessors legt die Arbeitsweise fest:

Zu Beginn jeder Programmausführung werden die Zustände der Operanden erfasst (z.B. Ein- und Ausgänge...) und von der SPS in einen Zwischenspeicher geladen. Ändert sich der Zustand des Operanden danach, so beeinflusst dies nicht mehr den im Zwischenspeicher festgehaltenen Zustand.

Danach werden die Anweisungen des Programms dem Programmspeicher entnommen und nacheinander ausgeführt, das heißt, die Operanden werden programmgemäß verknüpft. Das Verknüpfungsergebnis wird in einen Ergebnisspeicher eingespeichert und steht hier für weitere anschließende

15

Verknüpfungen bereit. Nach Bearbeitung sämtlicher Anweisungen des Programms wird das Ergebnis aller Verknüpfungen auf die betreffenden Ausgänge übertragen und steht hier zur Beeinflussung der Stellglieder in der Steuerungsanlage zur Verfügung. Danach beginnt der skizzierte Ablauf von vorn mit den Zwischenspeichern der Operandenzustände, usw. **(Bild 2.2.2/1).**

Die Arbeitsweise einer SPS ist **SERIELL,** das heißt, die eingegebenen Anweisungen werden **NACH-EINANDER** bearbeitet. Die Arbeitsweise ist außerdem **ZYKLISCH,** das heißt, das Programm wird **fortwährend wiederholt** durchlaufen. Die für einen Durchlauf benötigte Zeit heißt **ZYKLUSZEIT.**

Aus dieser Arbeitsweise einer SPS ergeben sich gewisse Eigenheiten, die beim Einsetzen von SPS beachtet werden sollten:

Je nach Konstruktion der SPS benötigt diese für die Bearbeitung einer Anweisung eine Zeit, die etwa 2 Mikrosekunden bis 100 Mikrosekunden betragen kann. Die Gesamtzeit eines Arbeitszyklus ist dann entsprechend soviel mal länger, je mehr Anweisungen bearbeitet werden müssen. Da durch die SPS am Anfang der Bearbeitung jeweils alle Zustände abgespeichert werden, kann während der Bearbeitung keine Zustandsänderung wirksam werden. Die Reaktionszeit einer SPS dauert daher um so länger, je länger ein Programm ist.

Da auch nicht mit einer Anweisung belegte Speicherplätze mitbearbeitet werden, kann die Reaktions-zeit einer SPS durch Anwendung einer Ende-Anweisung (BE) sehr verkürzt werden. Bei Erreichen von BE beginnt sofort ein neuer Arbeitszyklus. Anweisungen, die hinter BE stehen, werden nicht bearbeitet.

Aus der seriellen Arbeitsweise einer SPS folgt auch, dass zwei Anweisungen niemals gleichzeitig bear-beitet werden können. Daher ist es nötig, zu überlegen, in welcher Reihenfolge bestimmte Signale bearbeitet werden müssen. Dieses gilt besonders für die Verwendung von R-S-Speichern (s. Seite 31).

2.3 Speicherarten einer SPS

Die in einer SPS verwendeten Speicherarten **(Bild 2.3/1)** für die eingegebenen Anweisungen sind:

ROM (Read Only Memory = Nur-Lese-Speicher)
Bei dieser Speicherart wird das Programm bereits während der Herstellung dem Speicher eingegeben. Die Anweisungen des Programms können nachträglich nicht mehr geändert werden. Diese Speicher werden wegen der Herstellungskosten nur mit gleichem Programm in großer Stückzahl gefertigt.

PROM (Programmierbares ROM)
PROM-Speicher können durch den Benutzer einmalig mit einem geeigneten Gerät selbst programmiert werden. Danach können keine Änderungen mehr vorgenommen werden.

EPROM- und **EEPROM-**Speicher können durch den Anwender selbst programmiert werden. Löschen oder Neuprogrammieren verändern immer den gesamten Speicherinhalt. Diese Programmänderung erfordert ein spezielles Programmier- bzw. Löschgerät. Die Löschung eines EPROM wird mit UV-Licht, die eines EEPROM mit einem elektrischen Signal durchgeführt.
Alle **ROM-**Speicher behalten das eingegebene Programm auch bei Ausschalten der Steuerung, also auch im Störungsfall, z.B. bei Ausbleiben der Versorgungs-Netzspannung.

RAM (Random Access Memory = Schreib- und Lese-Speicher)
RAM-Speicher können durch den Anwender mit Hilfe des Programmiergerätes zu der SPS selbst programmiert werden. Die in den Speicher eingegebenen Anweisungen können leicht einzeln geändert werden, ohne den gesamten Speicher löschen zu müssen. RAM-Speicher verlieren jedoch das einge-gebene Programm bei Ausbleiben der Versorgungsspannung. Man benutzt deshalb eine Pufferbatterie in der SPS, die nur für die RAM-Speicher die Spannungsversorgung aufrechterhält, wenn die SPS aus-geschaltet wird oder im Störungsfall die Netzspannungs-Versorgung wegbleibt.
(Lebensdauer einer Pufferbatterie etwa 5 Jahre. Überwachung ist notwendig!)

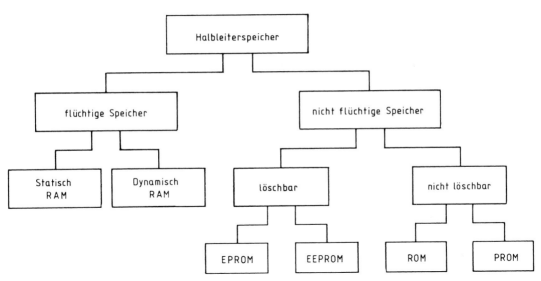

Bild 2.3/1: Speicherarten bei einer SPS

Bei SPS lassen sich hinsichtlich der verwendeten Speicher unterscheiden:

Freiprogrammierbare SPS

Bei freiprogrammierbaren SPS ist der eingebaute Speicher ein RAM. Das Programm lässt sich beliebig häufig durch ein neues ersetzen, ohne dass dazu der Speicher aus dem Gerät entnommen werden muss. RAM-Speicher sind daher in die Geräte fest eingebaut.

Austausch-programmierbare SPS

Zu dieser Gruppe gehören SPS mit den genannten ROM-Speichern, bei denen die Speicher als Ganzes austauschbar sind (Steckspeicher).

Moderne SPS können meist wahlweise freiprogrammierbar oder auch austauschprogrammierbar betrieben werden. Welche Betriebsweise jeweils infrage kommt, ist durch die Art der Anwendung bedingt sowie durch entstehende Kosten. Dem Vorteil der leichten Programmänderung bei Verwendung eines RAM steht der Nachteil eines möglichen Programmverlustes durch Erschöpfung der Pufferbatterie, durch Störungen aus dem Versorgungsnetz (Funkstörungen, Schaltvorgänge), durch Fehlbedienung des Anwenders oder Umwelteinflüsse gegenüber. SPS werden z.B. während der Programmentwicklung durch den Hersteller einer Anlage bis zur Inbetriebnahme mit RAM betrieben oder auch, wenn die Kosten für ein ROM eingespart werden sollen. Nach Inbetriebnahme wird in der Regel jedoch ein ROM (EPROM) eingesetzt.

Ein austauschbarer ROM-Speicher wird von den genannten Einflüssen nur wenig oder gar nicht berührt, so dass ein (teures) Programm im ROM besser gesichert ist. Eine Anpassung an veränderte Arbeitsbedingungen der Steuerung jedoch erfordert ein neues, anders programmiertes ROM.

Wenn für den Einsatz einer SPS verschiedene Programme wahlweise erforderlich sind, kann durch verschiedene, steckbare ROM-Speicher ein Programmwechsel einfacher vollzogen werden. Mit Hilfe von ROM-Speichern können daher Programme „auf Vorrat" gehalten werden, die die Möglichkeit eröffnen, Steuerungen mit SPS in großer Serie zu produzieren, die mechanisch alle gleich aufgebaut sind (Standardgeräte). Bei diesen Produkten wird die Anpassung an den Verwendungszweck endgültig erst durch Einsetzen eines entsprechenden ROM-Speichers vorgenommen.

2.4 Beschaltung der Eingänge einer SPS

Die im Inneren einer SPS vorhandene Elektronik ist gegen zu hohe Spannungen (Störimpulse aus der zu steuernden Anlage oder dem speisenden Netz) empfindlich. Es sind deshalb bereits bei der Herstellung der SPS **Schutzvorkehrungen** getroffen worden.

Um die Eingabe-Schaltung von der Innenschaltung der SPS zu trennen, damit Störimpulse nicht weitergeleitet werden, sind alle Eingänge über Optokoppler mit hoher Isolation geführt. Damit die Eingänge einwandfrei erkennbare, binäre Signale an die SPS übergeben, muss gewährleistet sein, dass entweder 0-Signal oder 1-Signal tatsächlich anliegt. Das 1-Signal wird aber verfälscht, wenn in Reihenschaltung zum Signalgeber ein zu großer Widerstand geschaltet ist. Es fließt dann nicht der notwendige Strom durch den Optokoppler (z.B. bei zu langen Steuerleitungen mit zu geringem Querschnitt; bei Transistoren im Eingangsstromkreis, die nicht genügend durchgesteuert sind, usw.). Das 0-Signal wird verfälscht, wenn parallel zum Signalgeber ein Widerstand geschaltet ist, so dass noch ein Strom durch den Optokoppler fließt und dieser daher kein 0-Signal an die SPS weitergibt (z.B. Schalter und Leitungen mit mangelhafter Isolation; ein Transistor, der nicht ganz zugesteuert ist, usw.). Das 0-Signal wird auch verfälscht, wenn die Eingangsspannung nicht 0 V beträgt. Da auch dann ein Reststrom fließt, gibt der Optokoppler des Einganges kein 0-Signal an die SPS weiter.

Damit impulsartige Störungen (Schaltvorgänge im Netz oder der Anlage) keine Fehlschaltungen bewirken können, sind alle Eingänge intern mit R-C-Kombinationen beschaltet. Diese Filter bewirken eine geringe Verzögerungszeit für die Signale, weswegen die Eingangssignale eine gewisse Mindestzeit anstehen müssen, wenn sie wirksam werden sollen. Die Eingangssignale müssen auch wegen der zyklischen Arbeitsweise der SPS mindestens eine Zykluszeit anstehen, weil sie sonst nicht in den Zwischenspeicher übernommen werden. Durch diese zyklische Arbeitsweise der SPS werden Störungen außerhalb des Übernahmezeitpunktes ausgeblendet, also unwirksam.

Die Eingänge der SPS werden von einer eigenen Spannungsquelle versorgt, die auch die Geberstromversorgung mit einschließt. Da die Optokoppler alle einpolig untereinander verbunden sind, ist außerhalb der SPS nur eine Leitung von der Versorgung (+ Pol) über den Geber an den betreffenden Eingang zu führen (s. „Handbuch" der SPS) (Bild 2.4./1).

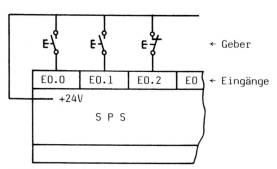

Bild 2.4/1: Beschaltung der Eingänge

2.5 Beschaltung der Ausgänge der SPS

Die im Inneren der SPS vorhandene Elektronik ist nicht in der Lage, größere Ströme zu schalten, die von angeschlossenen Geräten gefordert werden können. Es ist deshalb in der Regel erforderlich, die Schaltleistung der SPS durch Leistungsschaltgeräte bereits im Inneren der SPS zu verstärken.

Zum Schalten größerer Motoren, größerer Lampen, von Magnetventilen usw. müssen außerdem zur weiteren Verstärkung der Schaltleistung entsprechend bemessene Leistungsschütze außerhalb der SPS vorgesehen werden.

SPS sind mit verschiedener Technologie der Ausgänge lieferbar: (s. „Handbücher").

2.5.1 Ausgänge mit internen Hilfsrelais

Durch Relaisausgänge der SPS wird eine vollständige Trennung zwischen Außenschaltung und Innenschaltung der SPS an den Ausgängen erreicht. Relais sind jedoch mechanisch schaltende Geräte; die Lebensdauer der Relais ist daher – abhängig von der Kontaktbeanspruchung – begrenzt (z.B. 500 000 bis 3 000 000 Schaltspiele). Die Wahl der Spannung und Stromart ist bei Relaisausgängen frei (üblich: max. 220 V). Um die Beanspruchung der Kontakte während des Schaltens herabzusetzen (Schaltfunken), ist den Kontakten der Relais eine R-C-Kombination oder ein Varistor parallelgeschaltet. Bei Betrieb mit Wechselstrom fließt durch die R-C-Schaltung ein Strom, wenn der Relaiskontakt offen ist. Ein „hochohmiges" Gerät, mit geringer Eigenleistung, kann nicht einwandfrei geschaltet werden. In diesem Falle muss durch einen zusätzlich zum Gerät parallelzuschaltenden Widerstand R der Gesamtwiderstand (damit auch die Spannung am Gerät) verringert werden (Bild 2.5.1/1).

Bei Verwendung der SPS mit Relaisausgängen in Gleichstromkreisen können beim Ausschalten von Spulen (Schütze, Motoren, Ventile) durch den Schaltlichtbogen die Relaiskontakte beschädigt werden. In diesem Fall ist eine Freilauf-Diode parallel zur betreffenden Spule einzubauen (**Bild 2.5.1/2**).

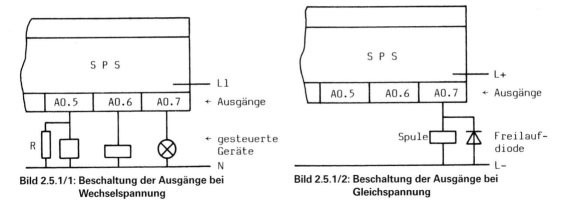

Bild 2.5.1/1: Beschaltung der Ausgänge bei Wechselspannung

Bild 2.5.1/2: Beschaltung der Ausgänge bei Gleichspannung

2.5.2 Ausgänge mit internem Triac

Triac-Ausgänge können, wegen der Eigenschaften dieser Halbleiter-Bauelemente, nur bei Speisung des Laststromkreises mit Wechselspannung verwendet werden. Die Größe der Spannung ist meist auf 230 V begrenzt. Wegen des Einbaus der Triac in das Gehäuse der SPS ist die Wärmeabfuhr von den Halbleitern eingeschränkt, weshalb auch die Größe des schaltbaren Stromes begrenzt ist. Der Strom reicht aber aus, um damit Leistungsschütze, Magnetventile zu schalten. Zum Schutz der Triac ist ebenfalls eine Beschaltung mit R-C-Gliedern oder Varistoren vorhanden (s. Relais). Eine Trennung von Außenschaltung und Innenschaltung der SPS wird erreicht, wenn die Triac intern von der SPS über Optokoppler gesteuert werden.

2.5.3 Ausgänge mit internem Transistor

Ausgänge mit internem Transistor innerhalb der SPS können nur bei Speisung des Laststromkreises mit Gleichspannung verwendet werden. Die Größe der schaltbaren Spannung ist begrenzt und entspricht den in Elektronikstromkreisen vorkommenden Werten (z.B. 24 V). Der mit den Transistoren schaltbare Strom reicht aus, um kleinere Motoren, Magnetventile, Lampen zu schalten. Zum Schutz der Transistoren vor Schaltüberspannungen ist eine Freilaufdiode bereits eingebaut, um eine Zerstörung der Transistoren beim Schalten von Spulen zu verhindern.

Die Polarität der an die Ausgänge gelegten Gleichspannung ist zu beachten.

2.5.4 Überlastschutz der Ausgänge

Die Ausgänge der SPS sind überstromempfindlich gegen Dauerströme und gegen Stoßströme durch angeschlossene Geräte. Einen Schutz gegen Überlastung der Ausgänge bieten entsprechend bemessene Sicherungen oder Schutzschalter. Beim Aufladen von Kondensatoren, beim Einschalten von Metallfadenlampen und bei Kurzschluss treten Stoßströme auf, die ein Mehrfaches des Dauerstromes betragen. Hier muss entweder eine Sicherung so bemessen sein, dass sie bei Überschreiten der zulässigen Werte sicher auslöst oder ein Schutzwiderstand ist einzubauen, der den Strom auf zulässige Werte begrenzt.

2.6 Fehlersicherheit der SPS

Bei der Herstellung von SPS werden Erkenntnisse der Mikrocomputertechnik angewendet. Fehleranfällige Verdrahtungen im Innern von Geräten entfallen. Während der Herstellung der SPS wird durch vielfältige Prüfungen, Tests, Auswahl der Bauelemente, lange Lebensdauer der Bauteile eine gute Fertigungsqualität erzielt. Die Fehlerwahrscheinlichkeit einer SPS ist daher gering, es treten praktisch nur geringe durch eine SPS bedingte Stillstandszeiten auf. Erfahrungsgemäß treten 95% aller elektrisch bedingten Fehler außerhalb der SPS auf, die durch beschädigte Leitungen, fehlerhafte Signalgeber oder Stellglieder verursacht werden.

Die Erkennung von Fehlern konzentriert sich auf:

2.6.1 Interne Fehler einer SPS

Zur Überwachung der SPS während des Betriebes und zur Erfassung möglicher Fehler während des Betriebsablaufes in der SPS sind Überwachungsfunktionen eingebaut, z.B. Anzeige mit LED für

– Anzeige, wenn die Pufferbatterie für RAM-Speicher verbraucht ist;

– Netzspannungskontrolle;

– Zykluskontrolle.

Im Fall, dass ein Zyklus nicht innerhalb von 300 ms abgeschlossen ist, werden sämtliche Ausgänge automatisch auf 0-Signal gesetzt. Die Arbeit der SPS wird dadurch unterbrochen. Gefährliche Fehlschaltungen, die Personen- oder Sachschäden hervorrufen könnten, werden somit unterbunden.

Eine Überwachung bzw. Fehlersuche ist möglich, wenn der Programmablauf mit einem Bildschirmgerät verfolgt wird. Bei diesen Geräten kann das Programm als Kontaktplan oder Funktionsplan dargestellt werden. Während des Programmablaufes wird zusätzlich dargestellt, welche Signale innerhalb der SPS wirksam sind.

2.6.2 Äußere Fehler in der Anlage

Das Erkennen äußerer Fehler in einer SPS-gesteuerten Anlage und das Auffinden der Fehler ist sehr von dem Aufbau des steuernden Programms in der Anlage abhängig.

Wird eine Anlage mit einer Verknüpfungssteuerung ausgeführt (s. Schützschaltungen Seite 78), so ist die Fehlersuche schwierig, weil aus den auftretenden Fehlersymptomen auf die Art des vorliegenden Fehlers geschlossen werden muss.

Wird die Anlage als Ablaufsteuerung (s. Schrittketten Seite 100) ausgeführt, bei der der Programmablauf in kleinere, überschaubare Schritte unterteilt ist, so ist die Fehlererkennung leichter. Bei dieser Art der Programmtechnik bleibt die Steuerung an der Stelle des Programms „hängen", wo das Weiterschalten auf den folgenden Programmschritt aufgrund des Fehlers nicht geschehen ist. Wenn diese Programmstelle bekannt ist, kann die Ursache der Störung einfacher gefunden werden.

Einfache äußere Fehler, an Gebern oder Leitungen, können auch schon aus der Anzeige der LED an Ein- oder Ausgängen erkannt werden, wenn die SPS eingeschaltet ist, das Programm aber nicht abläuft.

2.7 Anwendungen der SPS

Das Anwendungsgebiet der SPS ist nicht der Ersatz herkömmlicher Schützschaltungen für Maschinen. Vielmehr werden die Vorteile einer SPS erst ersichtlich, wenn eine Anlage mit komplexer Funktion, also vielen internen Verknüpfungen gebaut werden soll. Gegenüber einer Schützsteuerung mit einem hohen Aufwand an Verdrahtungsarbeit müssen bei einer SPS nur die Signalgeber und die zu steuernden Geräte angeschlossen werden. Die Verdrahtung der Verknüpfungen entfällt und wird durch Programmieren der SPS ersetzt. Ebenso lassen sich SPS leicht an geänderte Betriebsbedingungen durch Abändern des Programms anpassen. Mit zunehmendem Automatisierungsgrad in der Steuerungstechnik wird daher der Einsatz von SPS – auch bei kleineren Anlagen – zunehmen. Dies gilt besonders, weil außer den erforderlichen Grundverknüpfungen der Signale auch Zählvorgänge, Rechenvorgänge, sowie auch Regelvorgänge mit SPS bewältigt werden können, die in Großsteuerungen vorkommen. Diese Aufgaben würden in herkömmlichen Anlagen zusätzliche Geräte erfordern.

Fragen zu Kapitel 2:

1. Welcher Unterschied besteht zwischen einem analogen Signal und einem binären Signal?

2. Die Folge der Anweisungen eines Programms muss geordnet werden. Wie geschieht das?

3. Aus welchen wesentlichen Teilen besteht eine Anweisung?

4. Auf welche verschiedenartige Weise kann die Art von Operanden gekennzeichnet werden?

5. Wodurch werden Eingänge oder Ausgänge einer SPS für das Programm unterscheidbar gemacht?

6. Die Arbeitsweise einer SPS ist seriell. Was bedeutet diese Angabe für den Betrieb einer Anlage mit SPS?

7. Welche Bedeutung hat die Zykluszeit für den Betrieb einer SPS?

8. Wie kann die Zykluszeit durch den Anwender verkürzt werden?

9. Welche Unterschiede bestehen zwischen dem Betrieb einer SPS mit ROM-Speicher oder Betrieb mit RAM-Speicher?

10. Weshalb ist bei einer SPS mit RAM-Speicher eine Pufferbatterie eingebaut?

11. Welche Unterschiede bestehen zwischen einer freiprogrammierbaren SPS und einer austauschprogrammierbaren SPS?

12. Weshalb werden bei einer SPS die Eingangssignale über Optokoppler eingespeist?

13. Wodurch können Eingangssignale an einer SPS verfälscht werden?

14. Wodurch können die mit einer SPS schaltbaren Ströme vergrößert werden?

15. Für welche Spannungsart können SPS mit Relaisausgängen oder Transistorausgängen oder Triacausgängen eingesetzt werden?

16. Womit werden einfache äußere Fehler an einer SPS erkennbar gemacht?

3 Unterlagen für die Programmierung von Steuerungen (SSTEUER)

3.1 Schützsteuerungen

In Schützschaltungen werden elektromagnetisch betätigte Schalter sowohl zur Signalverknüpfung als auch zur Signalanpassung bei den Ausgabegliedern eingesetzt. Die Schütze werden als Einzelteile montiert. Die gewünschte Verknüpfung der Eingangssignale wird durch eine geeignete Verdrahtung hergestellt, so dass die Steuerungsaufgabe erfüllt wird. Dadurch ist die Steuerung nur für **eine** Steuerungsaufgabe ausgelegt. Jede Veränderung der Aufgabe erfordert eine Änderung der Verdrahtung der Schütze, also des Programms der Steuerung.

Für Steuerungen mit Schützen wird das Programm der Steuerung durch Schaltpläne dargestellt. Verschiedene Darstellungen derselben Schaltung dienen zur

– Herstellung der Verdrahtung der Schütze,
– Prüfung der Schaltung,
– Fehlersuche in der Schaltung
– Herstellung der Leitungen zu Ein- und Ausgabegliedern.

Die in den Schaltbildern verwendeten Schaltzeichen sind genormt (s. DIN). Für verschiedenartige Aufgabenstellung werden unterschiedliche Schaltungsdarstellungen angewendet:

– Übersichtsschaltplan
– Stromlaufplan
– Klemmenanschlussplan
– Leitungsplan
– Stückliste

Die angeführten Schaltplanarten brauchen mit Rücksicht auf entstehende Kosten nicht alle vorzuliegen. Es genügt, einige dieser Planarten der Anlage beizugeben. Die Pläne dürfen auch in Mischform, z.B. Leitungsplan und Klemmenanschlussplan in einer Darstellung angefertigt werden.

3.2 Speicherprogrammierte Steuerungen (ssteu1)

Bei Steuerungen dieser Art wird das Programm nicht durch eine Verdrahtung fest vorgegeben. Das Programm besteht hier aus einer Folge von Verknüpfungsanweisungen für Ein- und Ausgänge der Schaltung, die in einen elektronischen Speicher eingegeben werden. Die Anweisungen werden durch ein Mikroprozessorsystem aus dem Speicher abgerufen und so verarbeitet, dass die beabsichtigten Verknüpfungen zwischen Ein- und Ausgängen entstehen. Für die Darstellung einer Steuerung mit SPS werden gleiche oder ähnliche Schaltpläne, wie bei Schützsteuerung erwähnt, angewendet:

3.2.1 Kontaktplan

Der Kontaktplan hat große Ähnlichkeit mit dem Stromlaufplan der Schützschaltungstechnik und bietet daher den mit dieser Technik vertrauten Anwendern einen leichten Zugang zum Programm einer Steuerung mit SPS. Vielfach wird daher von Anwendern auch versucht, einen Stromlaufplan einer gegebenen Steuerung in einen Kontaktplan zu überführen (z.B. wenn eine vorhandene Steuerung auf eine Ausführung mit SPS umgestellt werden soll). Bei diesem Verfahren müssen jedoch bestimmte Programmierregeln beachtet werden. Aus einem vorhandenen Kontaktplan kann ohne Schwierigkeiten die Liste der in den Speicher einzugebenden Anweisungen erstellt werden (s. Anweisungsliste).

Abweichungen in der Darstellung gegenüber einem Stromlaufplan:

Die Stromwege werden in einem Kontaktplan waagerecht dargestellt und untereinander angeordnet. Durch diese Darstellungsweise ist es möglich, diese Pläne auf Bildschirmgeräten oder mit Druckern maschinell zu erzeugen.

Es werden im wesentlichen drei Symbole verwendet:

- -] [- -   Kontaktsymbol für einen **Eingang,** der das Eingangssignal NICHT UMKEHRT, d.h. ein vorhandenes 1-Signal wird als 1-Signal verknüpft,

    ein vorhandenes 0-Signal wird als 0-Signal verknüpft.

- -]/[- -   Kontaktsymbol für einen **Eingang,** der das Eingangssignal UMKEHRT, d.h. ein vorhandenes 1-Signal wird als 0-Signal verknüpft, ein vorhandenes 0-Signal wird als 1-Signal verknüpft.

- -( )- -   Kontaktsymbol für einen Signal**ausgang,** bei Ansteuerung mit 1-Signal gibt der Signalausgang ein 1-Signal ab. Dieses Symbol ist nur an der rechten Seite des Kontaktplanes zu zeichnen, es schließt jeweils einen Signalweg ab.

An die gezeigten Kontaktsymbole werden in einem Kontaktplan die dargestellten Operanden angeschrieben, woraus hervorgeht, um welchen Eingang oder Ausgang es sich handelt.

Die Kontaktsymbole stellen nicht die an die SPS angeschlossenen Geber (S- oder Ö-Kontakte) dar, sondern sie geben lediglich an, wie das eingegebene Signal verarbeitet wird, d.h. ob es negiert oder nicht negiert wird **(Bild 3.2.1/1).**

```
PB 1                                A:SSTEU1ST.S5D                    LAE=9
                                                                     BLATT   1
NETZWERK 1             0000
!
!E 0.1                                                               A 0.0
+---] [---+---------+---------+---------+---------+---------+---------+--(   )-!
!         !
!E 0.2    !
+---] [---+                                                          :BE
!
```
Bild 3.2.1/1: Beispiel eines Kontaktplans

3.2.2 Anweisungsliste

Programmieren heißt, den Speicher mit einem Programm zu laden. Die für den Betrieb der Anlage notwendigen Verknüpfungen, das Programm, werden in Form einer Liste der einzelnen Anweisungen angegeben. Die einzuhaltende Reihenfolge der einzelnen Anweisungen ergibt sich aus den für die SPS geltenden Programmierregeln **(Bild 3.2.2/1).**

Anweisungslisten können von den SPS mit Druckern oder auf Bildschirmgeräten ausgegeben werden, so dass bei einer vorhandenen Anlage das im Speicher vorhandene Programm z.B. für eine Störungssuche jederzeit kontrolliert werden kann. Da eine solche Anweisungsliste eine beachtliche Anzahl von Anweisungen enthalten kann, werden diese zwecks besseren Auffindens nummeriert. Beim Arbeiten mit Anweisungslisten wird die Liste in „Netzwerke" gegliedert, wodurch die Signalwege des Kontaktplanes besser auffindbar werden. Die Anweisungslisten werden außerdem leichter lesbar, wenn z.B. Ein- und Ausgänge der Signalwege des Kontaktplanes als solche in der Anweisungsliste durch Beschriftung („Kommentar") kenntlich gemacht werden. Beispiele hierzu im Kap. 8 und folgende.

```
NETZWERK 1              0000
0000        :U    E    0.1
0001        :O    E    0.2
0002        :=    A    0.0
0003        :BE
```
Bild 3.2.2/1: Beispiel einer Anweisungsliste

3.2.3 Zuordnungsliste

Aus der Zuordnungsliste wird ersichtlich,

– mit welchen Gebern die Eingänge der SPS beschaltet sind; dazu die Angabe, welche Funktion diese in der Anlage haben;

– mit welchen Geräten die Ausgänge der SPS beschaltet sind; dazu die Angabe, welche Funktion diese in der Anlage haben;

– welche in der SPS intern vorhandenen Funktionen (Merker, Zähler, Zeitstufen…) für den beabsichtigten Steuerungsablauf verwendet wurden und für welchen Zweck diese eingesetzt wurden.

Der Kurzkommentar in der Zuordnungsliste erleichtert das Verstehen der Steuerungsbedingungen der Anlage und damit das der Gesamtfunktion.

```
Datei  A:SSTEU1ZO.SEQ                          BLATT          1


    OPERAND        SYMBOL      KOMMENTAR

    E0.1           S1          Eingang fuer Geber S1 (Schliesser)
    E0.2           S2          Eingang fuer Geber S2 (Schliesser)
    A0.0           H1          Ausgang fuer Melder H1
```
Bild 3.2.2/1: Beispiel einer Zuordnungsliste

3.2.4 Klemmenanschlussplan (Beschaltung der SPS)

Der Klemmenanschlussplan dient zur Darstellung der Verbindungen zu den Geräten außerhalb der SPS. Soweit es sich um die Leitungen in dem Steuerungsgerät der Anlage handelt, werden hierfür die Schaltzeichen der Schützsteuerungstechnik verwendet.

In der Regel bestehen außerhalb der SPS drei Stromkreise:

– Der Versorgungs-Netzanschluss (z.B. 230 V, 50 Hz);

– Die Versorgung der Signaleingänge der SPS mit einer Gleichspannung z.B. 24 V;

– die Spannung zum Betrieb der an den Ausgängen angeschlossenen Geräte, wie Schütze, Magnetventile, Melder usw. (z.B. 230 V, 50 Hz).

Die Leitungsführung außerhalb des Steuerungsgerätes hin zu den gesteuerten Bauteilen (Motoren, Bremsen, Magnetventile, Melder usw.) entspricht weitgehend der Installation in Anlagen mit Schützsteuerung.

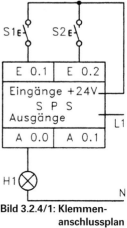

Bild 3.2.4/1: Klemmen-anschlussplan (Kurzform)

3.2.5 Funktionsplan

Funktionspläne (Logikpläne) dienen besonders bei größeren SPS zur schnellen Übersicht über die Funktion einer Steuerung. Funktionspläne können mittels Drucker aufgezeichnet oder auf Bildschirmgeräten dargestellt werden. In Funktionsplänen werden Symbole der digitalen Schaltungstechnik (Bild 8.2/1, Seite 84) oder die verkürzte Darstellung mit Makrobefehlen (Bild 8.2/5, Seite 85) verwendet, s.a. DIN 40719.

3.2.6 Querverweisliste

In einer Querverweisliste wird für jeden verwendeten Operanden angegeben, in welchem Netzwerk dieser aufzufinden ist. Mit einem Stern * wird angezeigt, dass in dem angegebenen Netzwerk ein Ausgang vorhanden ist. Für einen Operanden können mehrere Netzwerke angeführt sein, entsprechend dem Vorhandensein des Operanden in der Steuerung. Ein Beispiel einer Querverweisliste ist Bild 9.15.6 (siehe Seite 160).

3.2.7 Kurzbeschreibung

Zum Verständnis der Wirkungsweise einer Anlage, auch als Unterlage für die Projektierung, ist eine möglichst genaue kurze Beschreibung der Steuerungsaufgabe notwendig. Dabei müssen besonders die Bedingungen angegeben werden, unter denen in der Anlage eine Funktion eintreten soll.

Beispiele von Kurzbeschreibungen sind in den folgenden Abschnitten zu finden.

3.2.8 Technologieschema

Zur Veranschaulichung der Textbeschreibung einer Anlage kann ein Schema des Verfahrensablaufs beigegeben werden, aus dem die prinzipielle Funktion und der technische Aufbau der Anlage hervorgeht. Aus der schematischen Darstellung können Einblicke in den zu steuernden Prozess gewonnen werden, sowie über die Zahl und Anordnung der zur Sicherung der Anlage vorhandenen Sicherheitsschalter (Grenzwertschalter, Verriegelungsschalter, Notschalter usw.). Beispiele für schematische Darstellungen von gesteuerten Anlagen in den folgenden Kapiteln.

Fragen zu Kapitel 3:

1. Welche Bedeutung haben die Symbole

   --][-- --]/[-- --( )--

   die in Schaltplänen für SPS verwendet werden?

2. Wie ist eine Anweisungsliste aufgebaut?

3. Was steht in einer Zuordnungsliste?

4. Zu welchem Zweck wird eine Querverweisliste (Referenzliste) erstellt?

---

4 Programmieren von Grundverknüpfungen (SGRUND)

4.1 Eingabe der Anweisungen

4.1.1 Operationen

Grundverknüpfungen werden durch Anwendung der in Abschnitt 2.2.1.2 angeführten Operationen erzeugt.

Die Grundverknüpfungen werden im folgenden

– als Stromlaufplan (wie in der Schütztechnik üblich)

– in einer Arbeitstabelle (Definition)

– in einer Anweisungsliste für SPS (AWL)

– als Kontaktplan (KOP)

– als Funktionsplan (FUP)

dargestellt.

4.1.2 Eingaberegeln

Bei der Programmerstellung der Grundverknüpfungen sind gewisse Programmierregeln zu beachten (siehe auch das Handbuch der SPS).

1. Die in den Programmen verwendeten Merker sollen keine Haftmerker sein, außer, wo ausdrücklich die Verwendung derselben vorgesehen ist. Die Merker müssen also nach Spannungsausfall ihre gespeicherte Information verlieren und nach Spannungswiederkehr nicht mehr gesetzt sein.

2. Nach Programmierung einer Zuweisung (=) beginnt ein neuer Programmabschnitt (Sequenz). Es muss ein Netzwerkabschluss (***) oder eine Endanweisung BE folgen.

3. Werden R-S-Speicher in einem Programm verwendet, so muss innerhalb desselben Netzwerkes, in dem die Setzanweisung „S" steht, auch die Rücksetzanweisung „R" stehen. Nach der Rücksetzanweisung folgt der Netzwerkabschluss „***".

4. Speicher, Zeitstufen oder Zähler haben eine bestimmte Anzahl von Ein- und Ausgängen:

Speicher	2 Eingänge	1 Ausgang
Zeitstufe	3 Eingänge	1 Ausgang
Zähler	5 Eingänge	2 Ausgänge

Die Ein- und Ausgänge müssen in der Reihenfolge programmiert werden, wie sie im Kontaktplan zu sehen sind. Werden Ein- oder Ausgänge nicht benutzt, so ist für jeden nicht benutzten Ein- oder Ausgang ein NOP 0 zu programmieren.

Verzichtet man auf die Eingabe der NOP 0-Anweisung, so hat dies keinen Einfluss auf das Funktionieren der Steuerung. Lediglich kann dann eine Dokumentation nur als Anweisungsliste AWL erfolgen. Die NOP 0-Anweisungen sind nur notwendig, um das Programm auch als KOP und FUP ausdrucken zu können; gleiches gilt für den oben erwähnten Netzwerkabschluss „***".

4.1.3 Programmieren

Die Programme (Anweisungen nach Anweisungslisten) müssen in den Programmspeicher der SPS geladen werden. Dabei muss jede Anweisung nach Eingabe durch einen Anschlussbefehl („Enter") abgeschlossen und somit in den Speicher übernommen werden. Dieser Vorgang kann nur geschehen, wenn sich die SPS im Programmiermodus („STOP") befindet.

Die Programmausführung geschieht, wenn sich die SPS im Betriebsmodus („RUN") befindet. Programmänderungen sind dann nicht möglich, weil während des Betriebes der Anlage durch falsche Anweisungen schwere Schäden oder Unfälle eintreten könnten.

4.2 Schalten eines Ausgangs

4.2.1 Betätigter Schließer (s4grv1)

Aufgabe: Bei Betätigen eines Gebers S1 (Schließer) soll der Melder H1 leuchten. (Bei Nichtbetätigen des Gebers S1 soll der Melder H1 nicht leuchten.)

Dieses Programm befindet sich im Buch und auf der Diskette.

Der Text zu diesem Programm befindet sich ausschließlich im Buch.

	S1	H1	
nicht bet.	↓	0	leuchtet nicht
betätigt	↑	1	leuchtet

Arbeitstabelle 4.2.1/1 (kürzeste Darstellung der Funktion der Schaltung)

Zuordnungsliste

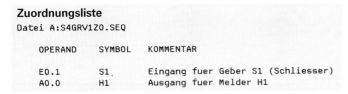

```
Datei A:S4GRV1ZO.SEQ

   OPERAND      SYMBOL    KOMMENTAR

   E0.1         S1        Eingang fuer Geber S1 (Schliesser)
   A0.0         H1        Ausgang fuer Melder H1
```

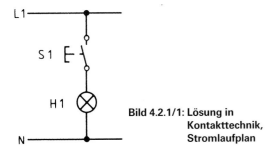

Bild 4.2.1/1: Lösung in Kontakttechnik, Stromlaufplan

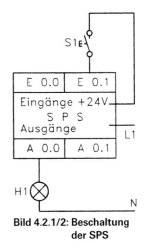

Bild 4.2.1/2: Beschaltung der SPS

Überlegung zur Programmerstellung für die SPS:

– Damit der Melder leuchtet, muss der Ausgang 1-Signal abgeben.

– Der Ausgang A0.0 gibt 1-Signal ab, wenn er vom Eingang E0.1 mit 1-Signal angesteuert wird.

– Der Geber S1 erzeugt bei Betätigung 1-Signal am Eingang E0.1, der Eingang muss das 1-Signal ohne Veränderung weitergeben.

– Programmierung des Eingangs daher: U...

```
PB 1                            A:S4GRV1ST.S5D              LAE=8
                                                           BLATT   1
NETZWERK 1          0000     Betaetigter Schliesser
0000        :U    E    0.1
0001        :=    A    0.0
0002        :BE
```

```
PB 1                            A:S4GRV1ST.S5D              LAE=8
                                                           BLATT   1
NETZWERK 1          0000     Betaetigter Schliesser
!
!E 0.1                                                      A 0.0
+---] [---+---------+---------+---------+---------+---------+--(   )-!
!
!
!                                                           :BE
!
```
Bild 4.2.1/3: AWL und KOP

```
PB 1                            A:S4GRV1ST.S5D              LAE=8
                                                           BLATT   1
NETZWERK 1          0000     Betaetigter Schliesser
                +---+       +------+
 E 0.1     ---! & !--+-! =     ! A 0.0
                +---+       +------+:BE
```
Bild 4.2.1/4: FUP „betätigter Schließer"

– Kontaktplan (KOP) und Anweisungsliste (AWL) enthalten keine Angaben über den Geber S1. Es wird nur dargestellt, wie der Eingang das Signal des Gebers weitergibt.

– Ausgangssymbole werden nur am rechten Ende des Signalweges im Kontaktplan (KOP) gezeichnet; entsprechend wird dieser Abschluss durch *** (Netzwerkende) oder BE (Bausteinende) in der Anweisungsliste gekennzeichnet und kommentiert.

– Zuweisungen für Ausgänge dürfen in einer Schaltung nur einmal verwendet werden; mehrfache Verwendung verursacht Störungen in Programmablauf.

4.2.2 Nichtbetätigter Schließer (s4grv2)

Aufgabe:

Bei Nichtbetätigen des Gebers S1 (Schließer) soll der Melder H1 leuchten.

Dieses Programm befindet sich im Buch und auf der Diskette.

Der Text zu diesem Programm befindet sich ausschließlich im Buch.

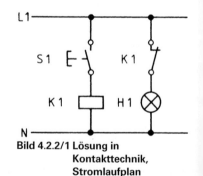

S1	H1	
nicht bet. ↓	1	leuchtet
betätigt ↑	0	leuchtet nicht

Arbeitstabelle 4.2.2/1

Bild 4.2.2/1 Lösung in Kontakttechnik, Stromlaufplan

Zuordnungsliste

Datei A:S4GRV2ZO.SEQ

OPERAND	SYMBOL	KOMMENTAR
E0.1	S1	Eingang fuer Geber S1 (Schliesser)
A0.0	H1	Ausgang fuer Melder H1

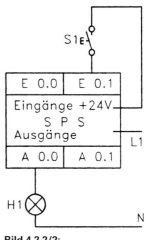

Bild 4.2.2/2:
Beschaltung der SPS

Überlegung zur Programmerstellung für die SPS

– Damit der Melder leuchtet, muss der Ausgang 1-Signal abgeben.

– Der Ausgang A0.0 gibt 1-Signal ab, wenn er vom Eingang E0.1 mit 1-Signal angesteuert wird.

– Der Geber S1 erzeugt bei Betätigung 1-Signal am Eingang E0.1, bei Nichtbetätigung aber 0-Signal. Das 0-Signal muss also umgekehrt werden.

– Programmierung des Eingangs daher UN...

Die Forderung der Aufgabenstellung (Nichtbetätigen des Schließerkontaktes im Geber S1) führt dazu, dass das Signal des Einganges umgekehrt (invertiert) werden muss.

Aus **Sicherheitsgründen** ist diese Schaltung **nicht zugelassen,** da nach einem Drahtbruch am Eingang E0.1 das angeschlossene Gerät nicht ausgeschaltet werden kann. In Kontakttechnik ist diese Schaltung ohne Hilfsschütz nicht ausführbar.

```
PB 1                         A:S4GRV2ST.S5D                LAE=8
                                                           BLATT    1

NETZWERK 1              0000      Nicht betaetigter Schliesser
0000        :UN    E      0.1
0001        :=     A      0.0
0002        :BE
```

```
PB 1                         A:S4GRV2ST.S5D                LAE=8
                                                           BLATT    1

NETZWERK 1             0000      Nicht betaetigter Schliesser
!
!E 0.1                                                        A 0.0
+---]/[---+---------+---------+---------+---------+---------+--(    )-!
!
!
!                                                            :BE
!
```
Bild 4.2.2/3: AWL und KOP

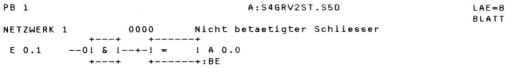

```
PB 1                         A:S4GRV2ST.S5D                LAE=8
                                                           BLATT    1

NETZWERK 1            0000      Nicht betaetigter Schliesser
                  +---+        +------+
 E 0.1        --0! &  !--+-!  =   ! A 0.0
                  +---+        +------+:BE
```
Bild 4.2.2/4: FUP „Nichtbetätigter Schließer"

4.2.3 Nichtbetätigter Öffner (s4grv3)

Aufgabe:

Bei Nichtbetätigen des Gebers S1 (Öffner) soll der Melder H1 leuchten.

Dieses Programm befindet sich im Buch und auf der Diskette.

Der Text zu diesem Programm befindet sich ausschließlich im Buch.

		S1	H1
nicht bet.	↓	1	leuchtet
betätigt	↑	0	leuchtet nicht

Arbeitstabelle 4.2.3/1

Zuordnungsliste

```
Datei A:S4GRV3Z0.SEQ

   OPERAND     SYMBOL    KOMMENTAR

   E0.1        S1        Eingang fuer Geber S1 (Oeffner)
   A0.0        H1        Ausgang fuer Melder H1
```

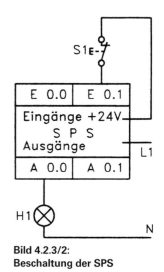

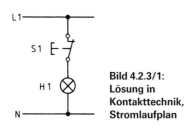

Bild 4.2.3/1:
Lösung in
Kontakttechnik,
Stromlaufplan

Bild 4.2.3/2:
Beschaltung der SPS

Überlegung zur Programmerstellung für die SPS

– Damit der Melder H1 leuchtet, muss der Ausgang 1-Signal abgeben.

– Der Ausgang gibt 1-Signal ab, wenn er vom Eingang E0.1 mit 1-Signal angesteuert wird.

– Der Geber erzeugt bei Nichtbetätigung 1-Signal, der Eingang E0.1 muss dieses Signal ohne Veränderung weitergeben.

– Programmierung daher U...

```
PB 1                              A:S4GRV3ST.S5D                    LAE=8
                                                                   BLATT    1
NETZWERK 1          0000     Nicht betaetigter Oeffner
¦
¦E 0.1                                                             A 0.0
+---] [---+---------+---------+---------+---------+---------+---------+--(   )-¦
¦
¦
¦                                                                  :BE
¦


PB 1                              A:S4GRV3ST.S5D                    LAE=8
                                                                   BLATT    1
NETZWERK 1            0000    Nicht betaetigter Oeffner
0000        :U    E     0.1
0001        :=    A     0.0
0002        :BE
```

Bild 4.2.3/3: AWL und KOP

```
NETZWERK 1          0000        Nicht betaetigter Oeffner
                +---+      +------+
  E 0.1     ---! & !--+-! =    ! A 0.0
                +---+      +------+:BE
```

Bild 4.2.3/4: FUP „nichtbetätigter Öffner"

Das Programm zu dieser Aufgabe ist gleich dem zu 4.2.1, obgleich in beiden Fällen verschiedene Aufgabenstellungen vorliegen. 4.2.2 hat dieselbe Aufgabenstellung wie obige Aufgabe. Wegen der Verwendung eines Öffnerkontaktes ist es hier nicht notwendig, das Eingangssignal umzukehren.

4.2.4   Betätigter Öffner (s4grv4)

Aufgabe: Bei Betätigen des Gebers S1 (Öffner) soll der Melder H1 leuchten.

Dieses Programm befindet sich im Buch und auf der Diskette.

Der Text zu diesem Programm befindet sich ausschließlich im Buch.

```
              S1 │ H1
nicht bet. ↓ │ 0  leuchtet nicht
betätigt     ↑ │ 1  leuchtet
```

Arbeitstabelle 4.2.4/1

Zuordnungsliste

```
Datei A:S4GRV4ZO.SEQ

   OPERAND      SYMBOL    KOMMENTAR

   E0.1         S1        Eingang fuer Geber S1 (Oeffner)
   A0.0         H1        Ausgang fuer Melder H1
```

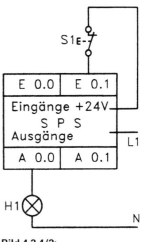

Bild 4.2.4/2:
Beschaltung der SPS

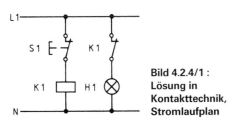

Bild 4.2.4/1 :
Lösung in
Kontakttechnik,
Stromlaufplan

Überlegung zur Programmerstellung für die SPS

– Damit der Melder H1 leuchtet, muss der Ausgang 1-Signal abgeben.

– Der Ausgang A0.0 gibt 1-Signal ab, wenn er vom Eingang E0.1 mit 1-Signal angesteuert wird.

– Der Geber S1 erzeugt bei Betätigung 0-Signal, der Eingang muss das 0-Signal umkehren.

– Programmierung des Eingangs daher: UN...

Das Programm zu dieser Aufgabe ist gleich dem zu 4.2.2, obgleich die Aufgabenstellung in beiden Fällen verschieden ist. Aufgabe 4.2.1 hat dieselbe Aufgabenstellung wie obige Aufgabe. Wegen der Verwendung eines Öffnerkontaktes ist es hier notwendig, das Eingangssignal umzukehren.

Aus **Sicherheitsgründen** ist diese Schaltung **nicht zulässig,** da ein Drahtbruch am Eingang E0.1 das angeschlossene Gerät einschaltet.

```
PB 1                          A:S4GRV4ST.S5D                    LAE=8
                                                               BLATT    1
NETZWERK 1            0000        Betaetigter Oeffner
0000         :UN   E     0.1
0001         :=    A     0.0
0002         :BE
```

```
PB 1                          A:S4GRV4ST.S5D                    LAE=8
                                                               BLATT    1
NETZWERK 1            0000        Betaetigter Oeffner
!
!E 0.1                                                         A 0.0
+---]/[---+----------+----------+----------+----------+----------+--(  )-!
!
!
!                                                             :BE
!
```
Bild 4.2.4/3: AWL und KOP

```
PB 1                          A:S4GRV4ST.S5D                    LAE=8
                                                               BLATT    1
NETZWERK 1            0000        Betaetigter Oeffner
                  +---+     +------+
 E 0.1       --0! & !--+-! =    ! A 0.0
                  +---+     +------+:BE
```
Bild 4.2.4/4: FUP „betätigter Öffner"

4.3 Schalten mehrerer Ausgänge von einem Eingang (s4aus1)

Dieses Programm befindet sich im Buch und auf der Diskette.

Der Text zu diesem Programm befindet sich ausschließlich im Buch.

	S1	H1	H2	H3	
nicht bet.	↓	0	0	0	leuchtet nicht
betätigt	↑	1	1	1	leuchtet

Arbeitstabelle 4.3/1

Zuordnungsliste

```
Datei A:S4AUS1ZO.SEQ

    OPERAND      SYMBOL     KOMMENTAR

    E0.1         S1         Eingang fuer Geber S1 (Schliesser)
    A0.0         H1         Ausgang fuer Melder H1
    A0.1         H2         Ausgang fuer Melder H2
    A0.2         H3         Ausgang fuer Melder H3
```

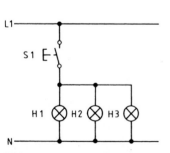

Bild 4.3/1: Lösung in Kontakttechnik, Stromlaufplan

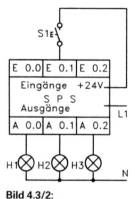

**Bild 4.3/2:
Beschaltung der SPS**

Programmerstellung:

– Der Eingang für den Geber S1 muss mit U… programmiert werden, damit die Melder bei Betätigung von S1 leuchten.

– Alle Ausgänge werden von einem Eingang gesteuert.

```
PB  1                           A:S4AUS1ST.S5D              LAE=10
                                                            BLATT    1

NETZWERK 1            0000      Schalten mehrerer Ausgaenge
0000        :U     E    0.1
0001        :=     A    0.0
0002        :=     A    0.1
0003        :=     A    0.2
0004        :BE

PB  1                           A:S4AUS1ST.S5D              LAE=10
                                                            BLATT    1

NETZWERK 1            0000      Schalten mehrerer Ausgaenge
!
!E 0.1                                                      A 0.0
+---] [---+--------+---------+--------+---------+---------+--(   )-!
!                                                          !       !
!                                                          !A 0.1
!                                                          +--(   )-!
!                                                          !       !
!                                                          !A 0.2
!                                                          +--(   )-!
!
!                                                          :BE
!
```
Bild 4.3/3: AWL und KOP

```
PB  1                           A:S4AUS1ST.S5D              LAE=10
                                                            BLATT    1

NETZWERK 1            0000      Schalten mehrerer Ausgaenge
                 +---+    +------+
  E 0.1       ---! & !--+-! =    ! A 0.0
                 +---+  ! +------+
                        ! +------+
                        +-! =    ! A 0.1
                        ! +------+
                        ! +------+
                        +-! =    ! A 0.2
                        +------+:BE
```
Bild 4.3/4: FUP „mehrere Ausgänge"

Die Melder H 1, H2, H3 können auch von einem Ausgang gesteuert werden, wenn dieser genügend stromergiebig ist und wenn dem keine weiteren Schaltbedingungen entgegenstehen.

4.4 Schalten speichernder Ausgänge (RS-Speicher) (s4rssp)

Dieses Programm befindet sich im Buch und auf der Diskette.

Der Text zu diesem Programm befindet sich ausschließlich im Buch.

Im Gegensatz zu den in den Abschnitten 4.1 bis 4.3 dargestellten Verhalten nichtspeichernder Ausgänge (Ausgang solange eingeschaltet, solange die Verknüpfungsbedingungen erfüllt sind), gibt es Ausgänge, die eingeschaltet bleiben, wenn sich die Verknüpfungsbedingungen geändert haben, also z.B. das Eingangssignal nicht mehr vorhanden ist. Solche Ausgänge sind **bistabil**. Sie haben zwei Ruhelagen, zwischen denen mit zwei verschiedenen Schaltanweisungen umgeschaltet werden muss.

Die Schaltanweisungen lauten je nach Fabrikat der SPS:

        S = Set; Setzen   für „Einschalten"

        R = Reset; Rücksetzen   für „Ausschalten"

Aufgabe:

– Nach Betätigen des Gebers S1 soll der Melder H1 leuchten,
  auch wenn der Geber S1 nicht mehr betätigt wird.

– Nach Betätigen des Gebers S0 soll der Melder H1 nicht
  mehr leuchten.

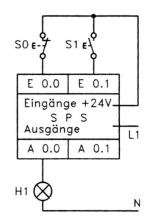

Zuordnungsliste

Datei A:S4RSSPZO.SEQ

```
   OPERAND      SYMBOL     KOMMENTAR

   E0.0         S0         Eingang fuer Geber S0 (Oeffner)
   E0.1         S1         Eingang fuer Geber S1 (Schliesser)
   M10.0        MERKER     Merker M10.0 (RS-Speicher)
   A0.0         H1         Ausgang fuer Melder H1
```

Bild 4.4/1:
Beschaltung der SPS

```
PB 1                              A:S4RSSPST.S5D                    LAE=12
                                                                   BLATT   1
NETZWERK 1           0000      Schalten speich.Ausgaenge (RS)
0000        :U    E    0.1
0001        :S    M   10.0
0002        :UN   E    0.0
0003        :R    M   10.0
0004        :U    M   10.0
0005        :=    A    0.0
0006        :BE
```

```
PB 1                              A:S4RSSPST.S5D                    LAE=12
                                                                   BLATT   1
NETZWERK 1           0000      Schalten speich.Ausgaenge (RS)
!             M 10.0
!E 0.1         +-----+
+---] [---+-!S    !
!         !   !                                                     A 0.0
!E 0.0    !   !
+---]/[---+-!R   Q!-+----------+----------+----------+----------+----------+--(   )-!
!         +-----+
!
!                                                                  :BE
!
```

Bild 4.4/2: AWL und KOP „speichernder Ausgang"

```
PB 1                              A:S4RSSPST.S5D                    LAE=12
                                                                   BLATT   1
NETZWERK 1           0000      Schalten speich.Ausgaenge (RS)

Schalten ueber einen Merker
            M 10.0
            +-----+
E 0.1       --!S    !
            !   !      +------+
E 0.0       -0!R   Q!-+-! =    ! A 0.0
            +-----+    +------+:BE
```

Bild 4.4/3: FUP „speichernder Ausgang"

32

- Zur Darstellung von Ausgängen dieser Art werden zwei Ausgänge gleicher Operandenadresse M0.0 für den Setz- und Rücksetzvorgang benötigt.
- Bei gleichzeitiger Betätigung von S1 und S0, also Setzen und Rücksetzen, wirkt die zuletzt erteilte Anweisung (die serielle Arbeitsweise bewirkt, dass eine Anweisung der beiden zuletzt erfolgen muss).
- Dadurch kann bei einem speichernden Ausgang entweder das „Setzen" oder das „Rücksetzen", je nach Reihenfolge der beiden Anweisungen im Programm, mit Vorrang geschehen.

Der Verdeutlichung dieses Sachverhalts dienen die beiden folgenden Programme:

a) Bei der ersten Schaltung (s4rsr1) steht das Rücksetzsignal S0 zuletzt, daher bleibt bei gleichzeitiger Betätigung von S1 und S0 der Ausgang A0.0 **ständig rückgesetzt (Rücksetzen dominant).**

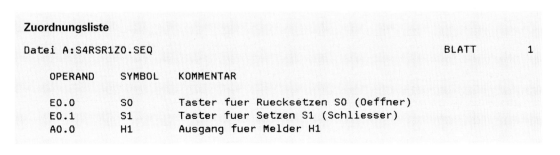

```
Zuordnungsliste

Datei A:S4RSR1Z0.SEQ                                    BLATT      1

    OPERAND      SYMBOL     KOMMENTAR

    E0.0         S0         Taster fuer Ruecksetzen S0 (Oeffner)
    E0.1         S1         Taster fuer Setzen S1 (Schliesser)
    A0.0         H1         Ausgang fuer Melder H1
```

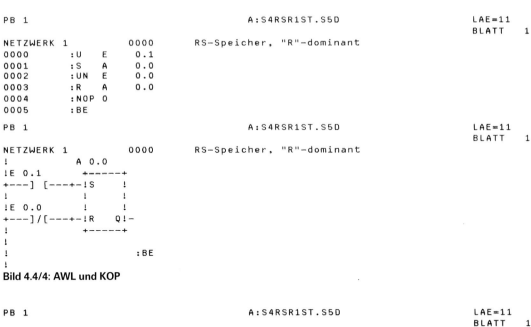

```
PB 1                          A:S4RSR1ST.S5D              LAE=11
                                                          BLATT   1

NETZWERK 1              0000     RS-Speicher, "R"-dominant
0000          :U    E    0.1
0001          :S    A    0.0
0002          :UN   E    0.0
0003          :R    A    0.0
0004          :NOP  0
0005          :BE
```

```
PB 1                          A:S4RSR1ST.S5D              LAE=11
                                                          BLATT   1

NETZWERK 1              0000     RS-Speicher, "R"-dominant
!                A 0.0
!E 0.1          +-----+
+---] [---+-!S   !
!         !      !
!E 0.0    !      !
+---]/[---+-!R   Q!-
!         +-----+
!
!                          :BE
!
```

Bild 4.4/4: AWL und KOP

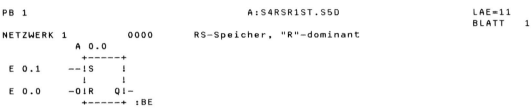

```
PB 1                          A:S4RSR1ST.S5D              LAE=11
                                                          BLATT   1

NETZWERK 1              0000     RS-Speicher, "R"-dominant
                 A 0.0
                +-----+
  E 0.1        --!S   !
                !     !
  E 0.0        -0!R   Q!-
                +-----+ :BE
```

Bild 4.4/5: Funktionsplan

b) Für die zweite Schaltung (s4rss1) ergibt sich dieselbe Zuordnung wie oben, jedoch ist die Folge der Anweisungen für R und S im Programm vertauscht worden.

33

```
PB 1                          A:S4RSS1ST.S5D                    LAE=11
                                                                BLATT    1
NETZWERK 1          0000    RS-Speicher, "S"-dominant
0000        :UN   E    0.0
0001        :R    A    0.1
0002        :U    E    0.1
0003        :S    A    0.1
0004        :NOP  0
0005        :BE
```

```
PB 1                          A:S4RSS1ST.S5D                    LAE=11
                                                                BLATT    1
NETZWERK 1          0000    RS-Speicher, "S"-dominant
!            A 0.1
!E 0.0       +-----+
+---]/[---+-!R   !
!         !  !   !
!E 0.1    !  !   !
+---] [---+-!S   Q!-
!            +-----+
!
!                    :BE
!
```
Bild 4.4/6: AWL und KOP

```
PB 1                          A:S4RSS1ST.S5D                    LAE=11
                                                                BLATT    1
NETZWERK 1          0000    RS-Speicher, "S"-dominant
             A 0.1
             +-----+
 E 0.0     -0!R   !
           !  !   !
 E 0.1     --!S   Q!-
             +-----+  :BE
```
Bild 4.4/7: Funktionsplan

– Bei der zweiten Schaltung steht das Setzsignal zuletzt. Daher wird bei gleichzeitiger Betätigung von S1 und S0 der Ausgang A0.0 **ständig gesetzt**. Es kann bei dieser Anordnung nur abgeschaltet werden, wenn S1 nicht mehr betätigt ist. **(Setzen ist dominant.)**

4.5 Verwendung von Merkern (s4mer1 und 2)

In den vorausgegangenen Abschnitten wurden Ausgänge in Zusammenhang mit Grundverknüpfungen programmiert. Ausgänge werden benötigt, um von der SPS zu steuernde Geräte (Leistungsschütze, Melder, Ventile usw.) an die SPS anzuschließen. Die Anzahl der verfügbaren Ausgänge einer SPS ist begrenzt. Für Verknüpfungen innerhalb der Steuerung, bei denen keine Signalabgabe außerhalb der SPS erforderlich ist, werden deshalb Merker eingesetzt.

– Merker sind in einer größeren Anzahl in dem SPS-Gerät vorhanden (siehe Tabelle, Seite 14).

– Merker entsprechen in der Verwendung den Hilfsschützen der Schütztechnik.

– Merker werden durch Speicherzellen des RAM-Speichers der SPS gebildet.

– Merker werden wie Ausgänge programmiert.

Es besteht jedoch keine Möglichkeit, an diese Merker außerhalb der SPS Geräte anzuschließen: ebenso entfällt eine Überwachung der Merker mit LED-Anzeige (wie bei den Ausgängen der SPS). Die Merker können jedoch auf den logischen Zustand in der SPS intern abgefragt werden. Das Abfrageergebnis kann weiterverarbeitet werden. Mit Merkern können Verriegelungen programmiert werden.

Verknüpfungsergebnisse können mit ihrer Hilfe gespeichert werden und es können Schrittketten damit gebildet werden.

Bei Ausfall der Betriebsspannung der SPS geht der gespeicherte Inhalt von Merkern verloren. Ein Teil der vorhandenen Merker ist jedoch nullspannungssicher, d.h., durch eine Batterie in der SPS wird bei Spannungsausfall die Betriebsspannung aufrechterhalten. Die logischen Zustände dieser **HAFTmerker** (remanente Merker) bleiben deshalb bei Spannungsausfall erhalten.

4.5.1 Normalmerker (s4mer1)

Aufgabe:

– Nach Betätigen des Gebers S1 soll der Melder H1 leuchten, auch wenn der Geber S1 nicht mehr betätigt wird.

– Nach Betätigen des Gebers S0 soll der Melder H1 nicht mehr leuchten.

Dieses Programm befindet sich im Buch und auf der Diskette.

Der Text zu diesem Programm befindet sich ausschließlich im Buch.

Zuordnungsliste

```
Datei A:S4MER1ZO.SEQ

   OPERAND      SYMBOL     KOMMENTAR

   E0.0         S0         Eingang fuer Geber S0 (Oeffner)
   E0.1         S1         Eingang fuer Geber S1 (Schliesser)
   M40.0        MERKER     Merker M40.0 (nicht remanent)
   A0.0         H1         Ausgang fuer Melder H1
```

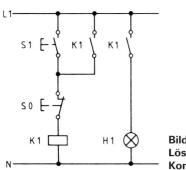

Bild 4.5.1/1:
Lösung in
Kontakttechnik

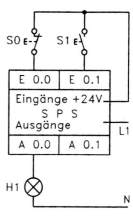

Bild 4.5.1/2:
Beschaltung der SPS

```
PB  1                         A:S4MER1ST.S5D                      LAE=15
                                                                  BLATT   1
NETZWERK  1              0000      Programm eines Merkers,Normalmer
0000
0001        :U (
0001        :O     E    0.1            01
0002        :O     M   40.0            01
0003        :)                         01
0004        :U     E    0.0
0005        :=     M   40.0                  Normalmerker fuer SPS 101U
0006        :***


NETZWERK  2              0007
0007        :U     M    4.0                  Abfrage des Merkers
0008        :=     A    0.0
0009        :BE
```

Bild 4.5.1/3: AWL und KOP *(Fortsetzung auf der folgenden Seite)*

Funktionsbeschreibung:

Normalmerker (s4mer1): Zur Verfügung stehende Normalmerker: Siehe Tabelle Seite 14.

Bei Betätigen des Gebers S1 bekommt z.B. der Merker M40.0 ein 1-Signal und geht in Selbsthaltung; der Melder H1 leuchtet.

Wenn die Netzspannung ausfällt oder ein RUN-STOP gegeben wurde, verlischt der Melder H1, der Zustand des Merkers bleibt bestehen. Kehrt die Netzspannung wieder, so leuchtet der Melder H1 erst dann wieder, wenn ein erneutes „RUN" gegeben wurde UND der Geber S1 betätigt wurde.

Bedeutung: Die mittels eines **Normalmerkers** gespeicherte **Information geht verloren,** wenn die SPS ausgeschaltet wird oder die Versorgungsspannung unterbrochen wird.

Die genannten Merker sind also **nicht nullspannungssicher (nicht remanent).**

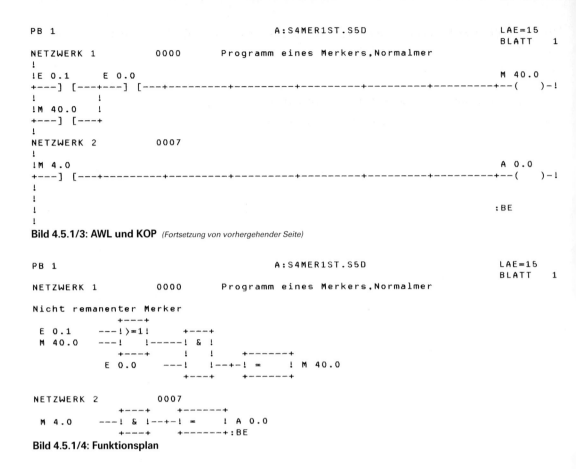

```
PB 1                          A:S4MER1ST.S5D                    LAE=15
                                                               BLATT    1
NETZWERK 1          0000      Programm eines Merkers,Normalmer
!
!E 0.1      E 0.0                                              M 40.0
+---] [---+---] [---+---------+---------+---------+---------+--(   )-!
!         !                                                       !
!M 40.0   !
+---] [---+
!
NETZWERK 2          0007
!
!M 4.0                                                         A 0.0
+---] [---+---------+---------+---------+---------+---------+--(   )-!
!                                                                 !
!                                                                 !
!                                                              :BE
!
```

Bild 4.5.1/3: AWL und KOP *(Fortsetzung von vorhergehender Seite)*

```
PB 1                          A:S4MER1ST.S5D                    LAE=15
                                                               BLATT    1
NETZWERK 1          0000      Programm eines Merkers,Normalmer

Nicht remanenter Merker
                   +---+
  E 0.1      ---!>=1!      +---+
  M 40.0     ---!   !------! & !
                   +---+    !   !    +-------+
       E 0.0       ---!   !--+-! =    ! M 40.0
                   +---+    +-------+

NETZWERK 2          0007
                   +---+    +-------+
  M 4.0      ---! & !--+-! =    ! A 0.0
                   +---+    +-------+:BE
```

Bild 4.5.1/4: Funktionsplan

4.5.2 Haftmerker (s4mer2)

Aufgabe:

– Nach Betätigen des Gebers S1 soll der Melder H1 leuchten, auch wenn der Geber S1 nicht mehr betätigt wird.

– Nach Betätigen des Gebers S0 soll der Melder nicht mehr leuchten.

Dieses Programm befindet sich im Buch und auf der Diskette.

Der Text zu diesem Programm befindet sich ausschließlich im Buch.

Zuordnungsliste

Datei A:S4MER2ZO.SEQ   BLATT   1

OPERAND	SYMBOL	KOMMENTAR
E0.0	S0	Eingang fuer Geber S0 (Oeffner)
E0.1	S1	Eingang fuer Geber S1 (Schliesser)
M0.0	HAMERK	Haftmerker M0.0 (remanent)
A0.0	H1	Ausgang fuer Melder H1

Funktionsbeschreibung:

Haftmerker: Zur Verfügung stehende Haftmerker: Siehe Tabelle, Seite 14.

Eine mit Geber S1 gegebene Selbsthaltung, z.B. über Merker M0.0, bleibt bestehen, auch wenn die Netzspannung ausfällt oder ein RUN-STOP gegeben wurde.

Wird nach Wiederkehr der Spannung ein „RUN" gegeben, leuchtet der Melder H1 wieder, ohne dass der Geber S1 erneut betätigt werden muss.

Bedeutung:

Bei Verwendung von **Haftmerkern** bleibt der jeweilige **Signalzustand des Merkers gespeichert, auch wenn die Spannung ausfällt oder ein RUN-STOP erfolgt.**

Die genannten Merker sind also nullspannungssicher **(remanent).**

Anwendung:

Haftmerker werden z.B. benötigt, um Prozessdaten (Füllstand, zurückgelegter Weg, usw.) zu speichern, damit auch nach einem Ausfall der Netzspannung ein genaues Bild vom Zustand der gesteuerten Anlage erhalten wird.

```
PB  1                                 A:S4MER2ST.S5D                       LAE=15
                                                                           BLATT   1
NETZWERK  1              0000         Programm eines Merkers(Haftmerk)
0000         :U(
0001         :O    E     0.1                 01
0002         :O    M     0.0                 01
0003         :)                              01
0004         :U    E     0.0
0005         :=    M     0.0                           Haftmerker fuer SPS 101U
0006         :***


NETZWERK  2              0007
0007         :U    M     0.0
0008         :=    A     0.0
0009         :BE
```

```
PB  1                                 A:S4MER2ST.S5D                       LAE=15
                                                                           BLATT   1
NETZWERK  1              0000         Programm eines Merkers(Haftmerk)
!
!E 0.1      E 0.0                                                          M 0.0
+---] [---+---] [---+---------+---------+---------+---------+---------+--(   )-!
!         !
!M 0.0    !
+---] [---+
!
NETZWERK  2              0007
!
!M 0.0                                                                     A 0.0
+---] [---+---------+---------+---------+---------+---------+---------+--(   )-!
!
!
!                                                                         :BE
!
```
Bild 4.5.2/1: AWL und KOP

```
PB  1                                 A:S4MER2ST.S5D                       LAE=15
                                                                           BLATT   1
NETZWERK  1              0000         Programm eines Merkers(Haftmerk)

Remanenter Merker
                +---+
  E 0.1      ---!>=1!         +---+
  M 0.0      ---!    !-----! & !
                +---+         !   !     +------+
              E 0.0    ---!   !--+-! =   ! M 0.0
                       +---+     +------+

NETZWERK  2              0007
                +---+    +------+
  M 0.0      ---! & !--+-! =    ! A 0.0
                +---+    +------+:BE
```
Bild 4.5.2/2: Funktionsplan

4.6 UND-Verknüpfung

4.6.1 UND-Verknüpfung mit zwei betätigten Schließern (s4und1)

Aufgabe:

Bei Betätigen des Gebers S1 **UND** des Gebers S2 soll der Melder H1 leuchten.

Dieses Programm befindet sich im Buch und auf der Diskette.

Der Text zu diesem Programm befindet sich ausschließlich im Buch.

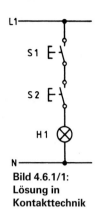

	S1	S2	H1	
nicht bet.	↓	↓	0	leuchtet nicht
	↓	↑	0	
	↑	↓	0	
betätigt	↑	↑	1	leuchtet

Arbeitstabelle 4.6.1/1

Bild 4.6.1/1:
Lösung in
Kontakttechnik

Zuordnungsliste

```
Datei A:S4UND1ZO.SEQ

   OPERAND      SYMBOL     KOMMENTAR

   E0.1         S1         Eingang fuer Geber S1 (Schliesser)
   E0.2         S2         Eingang fuer Geber S2 (Schliesser)
   A0.0         H1         Ausgang fuer Melder H1
```

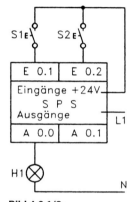

Bild 4.6.1/2:
Beschaltung der SPS

Programmerstellung:

– Die Eingänge werden entsprechend den Abschnitten 4.2.1 bis 4.2.4 programmiert.

– Es wird eine UND-Verknüpfung angewendet: U...

Die UND-Verknüpfung, als Lösung der Aufgabe, ist in Kontakttechnik eine Reihenschaltung der Geber. Es gibt bei der UND-Verknüpfung immer nur einen Zustand, bei dem die Verknüpfungsbedingung erfüllt ist (siehe hierzu die Arbeitstabelle als Definition dieser Verknüpfung).

Die UND-Verknüpfung enthält eine Gleichzeitigkeitsbedingung für die Betätigung der Geber.

```
PB 1                             A:S4UND1ST.S5D                    LAE=9
                                                                  BLATT    1
NETZWERK 1            0000      UND-Verk.2 betaetigte Schliesser
0000        :U    E     0.1
0001        :U    E     0.2
0002        :=    A     0.0
0003        :BE

PB 1                             A:S4UND1ST.S5D                    LAE=9
                                                                  BLATT    1
NETZWERK 1            0000      UND-Verk.2 betaetigte Schliesser
!
!E 0.1      E 0.2                                                  A 0.0
+---] [---+---] [---+---------+---------+---------+---------+---------+---------+--(   )-!
!
!
!                                                                  :BE
!
```

Bild 4.6.1/3: AWL und KOP

```
NETZWERK 1            0000      UND-Verk.2 betaetigte Schliesser
                 +---+
E 0.1     ---! & !     +------+
E 0.2     ---!   !--+-! =   ! A 0.0
                 +---+     +------+:BE
```
Bild 4.6.1/4: Funktionsplan einer UND-Verknüpfung

4.6.2 UND-Verknüpfung mit zwei nichtbetätigten Öffnern (s4und2)

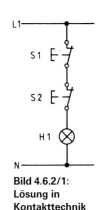

Aufgabe:

Bei Nichtbetätigen des Gebers S1 **UND** des Gebers S2 soll der
Melder H1 leuchten.

Dieses Programm befindet sich im Buch und auf der Diskette.

Der Text zu diesem Programm befindet sich ausschließlich im Buch.

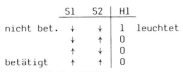

	S1	S2	H1	
nicht bet.	↓	↓	1	leuchtet
	↓	↑	0	
	↑	↓	0	
betätigt	↑	↑	0	

Arbeitstabelle 4.6.2/1

**Bild 4.6.2/1:
Lösung in
Kontakttechnik**

Zuordnungsliste

```
Datei A:S4UND2ZO.SEQ

   OPERAND      SYMBOL    KOMMENTAR

    E0.1         S1       Eingang fuer Geber S1 (Oeffner)
    E0.2         S2       Eingang fuer Geber S2 (Oeffner)
    A0.0         H1       Ausgang fuer Melder H1
```

Programmerstellung:

– Die Eingänge werden entsprechend den Abschnitten 4.2.1 bis
  4.2.4 programmiert.

– Es wird eine UND-Verknüpfung angewendet: U…

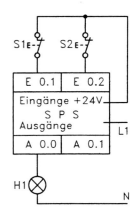

Die Lösung dieser Aufgabe ergibt dasselbe Programm wie 4.6.1.
Diese Schaltung wird für Ausschaltung, Notschaltung, usw. angewendet, weil die Schaltung bei Drahtbruch der Leitungen, wie
bei Betätigen der Geber S1 oder S2, den Ausgang abschaltet.

**Bild 4.6.2/2:
Beschaltung der SPS**

```
NETZWERK 1            0000      UND-Verk.2 nicht bet.Oeffner
0000      :U    E    0.1
0001      :U    E    0.2
0002      :=    A    0.0
0003      :BE
```
Bild 4.6.2/3: AWL und KOP *(Fortsetzung auf der folgenden Seite)*

```
PB 1                        A:S4UND2ST.S5D                    LAE=9
                                                              BLATT  1
NETZWERK 1         0000       UND-Verk.2 nicht bet.Oeffner
!
!E 0.1      E 0.2                                             A 0.0
+---] [---+---] [---+---------+---------+---------+---------+---------+--(    )-!
!
!
!                                                              :BE
!
```

Bild 4.6.2/3: AWL und KOP *(Fortsetzung von vorhergehender Seite)*

```
PB 1                        A:S4UND2ST.S5D                    LAE=9
                                                              BLATT  1
NETZWERK 1          0000      UND-Verk.2 nicht bet.Oeffner
                   +---+
 E 0.1       ---! & !    +------+
 E 0.2       ---!   !--+-! =    ! A 0.0
                   +---+    +------+:BE
```
Bild 4.6.2/4: Funktionsplan einer UND-Verknüpfung

4.6.3 UND-Verknüpfung mit zwei betätigten Öffnern (s4und3)

Aufgabe:

Bei Betätigen des Gebers S1 **UND** des Gebers S2
soll der Melder H1 leuchten.

Dieses Programm befindet sich im Buch und auf
der Diskette.

Der Text zu diesem Programm befindet sich ausschließlich im Buch.

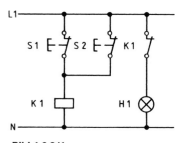

Bild 4.6.3/1:
Lösung in Kontakttechnik

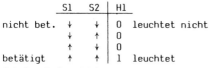

	S1	S2	H1	
nicht bet.	↓	↓	0	leuchtet nicht
	↓	↑	0	
	↑	↓	0	
betätigt	↑	↑	1	leuchtet

Arbeitstabelle 4.6.3/1

Zuordnungsliste
Datei A:S4UND3ZO.SEQ

```
   OPERAND    SYMBOL    KOMMENTAR

   E0.1       S1        Eingang fuer Geber S1 (Oeffner)
   E0.2       S2        Eingang fuer Geber S2 (Oeffner)
   A0.0       H1        Ausgang fuer Melder H1
```

Programmerstellung:

– Die Eingänge werden entsprechend den Abschnitten 4.2.1 bis
  4.2.4 programmiert.

– Es wird eine UND-Verknüpfung angewendet: U...

Nach Betätigen der Geber gelangt an die Eingänge der SPS laut
Aufgabe 0-Signal. Daher muss bei beiden Eingängen das Signal
umgekehrt werden.

Programmierung daher für Eingang E0.1 mit UN E...

Programmierung daher für Eingang E0.2 mit UN E...

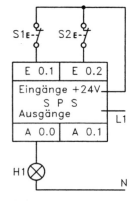

Bild 4.6.3/2:
Beschaltung der SPS

40

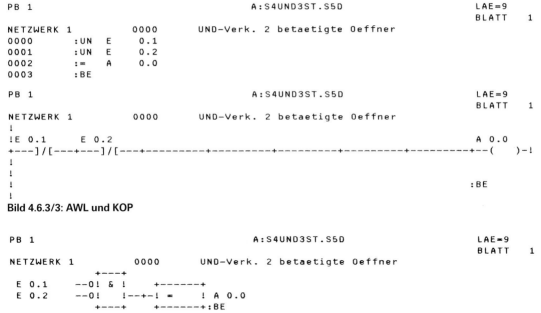

```
PB 1                          A:S4UND3ST.S5D                    LAE=9
                                                               BLATT    1
NETZWERK 1            0000      UND-Verk. 2 betaetigte Oeffner
0000        :UN   E    0.1
0001        :UN   E    0.2
0002        :=    A    0.0
0003        :BE


PB 1                          A:S4UND3ST.S5D                    LAE=9
                                                               BLATT    1
NETZWERK 1            0000      UND-Verk. 2 betaetigte Oeffner
!
!E 0.1      E 0.2                                                   A 0.0
+---]/[---+---]/[---+---------+---------+---------+---------+---------+--(   )-!
!
!
!                                                                    :BE
!
```
Bild 4.6.3/3: AWL und KOP

```
PB 1                          A:S4UND3ST.S5D                    LAE=9
                                                               BLATT    1
NETZWERK 1            0000      UND-Verk. 2 betaetigte Oeffner
                    +---+
 E 0.1       --0! & !     +------+
 E 0.2       --0!   !--+-! =    ! A 0.0
                    +---+   +------+:BE
```
Bild 4.6.3/4: Funktionsplan einer UND-Verknüpfung

4.7 ODER-Verknüpfung

4.7.1 ODER-Verknüpfung mit zwei betätigten Schließern (s4ode1)

Aufgabe: Bei Betätigen des Gebers S1 **ODER** des Gebers S2 soll der Melder H1 leuchten.
Dieses Programm befindet sich im Buch und auf der Diskette.
Der Text zu diesem Programm befindet sich ausschließlich im Buch.

	S1	S2	H1	
nicht bet.	↓	↓	0	
	↓	↑	1	leuchtet
	↑	↓	1	leuchtet
betätigt	↑	↑	1	leuchtet

Arbeitstabelle 4.7.1/1

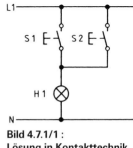

Bild 4.7.1/1 :
Lösung in Kontakttechnik

Zuordnungsliste

```
Datei A:S4ODE1ZO.SEQ

    OPERAND     SYMBOL    KOMMENTAR

    E0.1        S1        Eingang fuer Geber S1 (Schliesser)
    E0.2        S2        Eingang fuer Geber S2 (Schliesser)
    A0.0        H1        Ausgang fuer Melder H1
```

Programmerstellung:

– Die Eingänge werden entsprechend den Abschnitten 4.2.1 bis 4.2.4 programmiert.

– Es wird eine ODER-Verknüpfung angewendet: O...

41

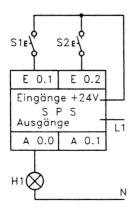

Die ODER-Verknüpfung, als Lösung der Aufgabe, ist in Kontakt-technik eine Parallelschaltung der Geber.

Es gibt bei der ODER-Verknüpfung immer mehrere Zustände, bei denen die Verknüpfungsbedingung erfüllt ist. (Siehe hierzu die Arbeitstabelle als Definition dieser Verknüpfung.)

Die ODER-Verknüpfung erfordert keine Gleichzeitigkeit, sondern eine Auswahl der Betätigung.

Bild 4.7.1/2: Beschaltung der SPS

```
PB  1                              A:S40DE1ST.S5D                LAE=9
                                                                BLATT    1
NETZWERK  1            0000      ODER-Verk. 2 betaet.Schliesser
0000        :O     E    0.1
0001        :O     E    0.2
0002        :=     A    0.0
0003        :BE
```

```
PB  1                              A:S40DE1ST.S5D                LAE=9
                                                                BLATT    1
NETZWERK  1            0000      ODER-Verk. 2 betaet.Schliesser
!
!E 0.1                                                          A 0.0
+---] [---+----------+----------+----------+----------+----------+--(    )-!
!         !
!E 0.2    !
+---] [---+                                                     :BE
!
```

Bild 4.7.1/3: AWL und KOP

```
PB  1                              A:S40DE1ST.S5D                LAE=9
                                                                BLATT    1
NETZWERK  1            0000      ODER-Verk. 2 betaet.Schliesser
                   +---+
  E 0.1      ---!>=1!    +------+
  E 0.2      ---!    !--+-!  =   ! A 0.0
                   +---+    +------+:BE
```

Bild 4.7.1/4: Funktionsplan einer ODER-Verknüpfung

4.7.2 Selbsthaltung durch ODER-Verknüpfung (ohne Ausschalten) (s4ode2)

Aufgabe:

Nach Betätigen des Gebers S1 soll der Melder H1 leuchten, auch wenn der Geber S1 nicht betätigt wird.

Dieses Programm befindet sich im Buch und auf der Diskette.

Der Text zu diesem Programm befindet sich ausschließlich im Buch.

42

	S1	H1	
nicht bet.	↓	0	
betätigt	↑	1	leuchtet
nicht bet.	↓	1	leuchtet

Arbeitstabelle 4.7.2/1

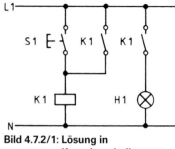

Bild 4.7.2/1: Lösung in Kontakttechnik

Zuordnungsliste

```
Datei A:S4ODE2ZO.SEQ

   OPERAND      SYMBOL    KOMMENTAR

   E0.1         S1        Eingang fuer Geber S1 (Schliesser)
   A0.0         H1        Ausgang fuer Melder H1
```

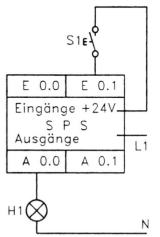

Bild 4.7.2/2: Beschaltung der SPS

Programmerstellung:

– Die Eingänge werden entsprechend den Abschnitten 4.2.1 bis 4.2.4 programmiert.

– Der Zustand des Ausgangs A0.0 wird innerhalb der SPS – ohne dafür einen Eingang zu benötigen – „abgefragt".

– Der Eingang E0.1 wird mit der „Abfrage" des Ausgangs A0.0 ODER-verknüpft.

```
PB 1                          A:S4ODE2ST.S5D                  LAE=9
                                                              BLATT   1
NETZWERK 1            0000    Selbsthaltung, ODER-Verknuepfung
0000        :O    E    0.1
0001        :O    A    0.0
0002        :=    A    0.0
0003        :BE
```

```
PB 1                          A:S4ODE2ST.S5D                  LAE=9
                                                              BLATT   1
NETZWERK 1            0000    Selbsthaltung, ODER-Verknuepfung
!
!E 0.1                                                                  A 0.0
+---] [---+----------+----------+----------+----------+----------+--(   )-!
!         !
!A 0.0    !
+---] [---+                                                            :BE
!
```

Bild 4.7.2/3: AWL und KOP

```
PB 1                          A:S4ODE2ST.S5D                  LAE=9
                                                              BLATT   1
NETZWERK 1            0000    Selbsthaltung, ODER-Verknuepfung
                 +---+
 E 0.1       ---! >=1!    +------+
 A 0.0       ---!   !--+-! =   ! A 0.0
                 +---+    +------+:BE
```

Bild 4.7.2/4: Funktionsplan einer Selbsthaltung

Das Verhalten dieser Schaltung wird in der Schütztechnik „Selbsthaltung" genannt. Das 1-Signal des Ausgangs (nach Betätigen des Gebers S1) wird in ODER-Verknüpfung auf den Ausgang zurückgeführt und bewirkt ein Dauer-1-Signal (s. Arbeitstabelle und Funktionsplan).

Ausgänge in Selbsthaltung können speichernde Ausgänge (siehe Abschnitt 4.4) ersetzen.

4.7.3 Selbsthaltung durch ODER-Verknüpfung (mit Abschalten) (s4ode3)

Aufgabe:

Nach Betätigen des Gebers S1 soll der Melder H1 leuchten, auch wenn der Geber S1 nicht mehr betätigt wird.

Nach Betätigen des Gebers S0 soll der Melder H1 nicht mehr leuchten.

Dieses Programm befindet sich im Buch und auf der Diskette.

Der Text zu diesem Programm befindet sich ausschließlich im Buch.

```
            S1   S0 │ H1
nicht bet.  ↓    ↓  │ 0
            ↑    ↓  │ 1   leuchtet
            ↓    ↓  │ 1   leuchtet
            ↓    ↑  │ 0
            ↓    ↓  │ 0
```
Arbeitstabelle 4.7.3/1

Zuordnungsliste

Datei A:S4ODE3ZO.SEQ

OPERAND	SYMBOL	KOMMENTAR
E0.1	S1	Eingang fuer Geber S1 (Schliesser)
E0.0	S0	Eingang fuer Geber S0 (Oeffner)
A0.0	H1	Ausgang fuer Melder H1

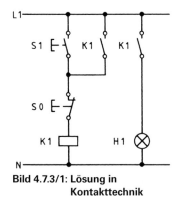

Bild 4.7.3/1: Lösung in Kontakttechnik

Programmerstellung:

– Die Eingänge werden entsprechend den Abschnitten 4.2.1 bis 4.2.4 programmiert.

Durch den Geber S0 muss das 1-Signal der Abfrage des Ausgangs A0.0 und des Gebers S1 unterbrochen werden können („Ausschalten" mit Vorrang vor „Einschalten").

Das 1-Signal des Ausgangs A0.0 (nach Betätigen des Gebers S1) wird auf den Eingang zurückgeführt und bewirkt in ODER-Verknüpfung ein Dauer-1-Signal, nun unabhängig vom Geber S1 (s. Arbeitstabelle und Funktionsplan). Der Geber S0 hat – unbetätigt – ein 1-Signal.

In UND-Verknüpfung mit dem 1-Signal von der ODER-Verknüpfung wird am Ausgang A0.0 ein 1-Signal erzeugt.

Wenn der Geber S0 betätigt wird, ist die UND-Verknüpfung nicht mehr erfüllt (siehe Abschnitt 4.6.1) und die Selbsthaltung des Ausgangs A0.0 wird unterbrochen.

Der Geber S0 muss ein Öffnerkontakt sein, damit die Selbsthaltung auch bei Drahtbruch aufgehoben werden kann.

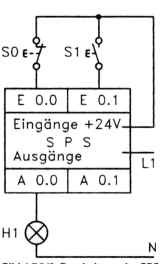

Bild 4.7.3/2: Beschaltung der SPS

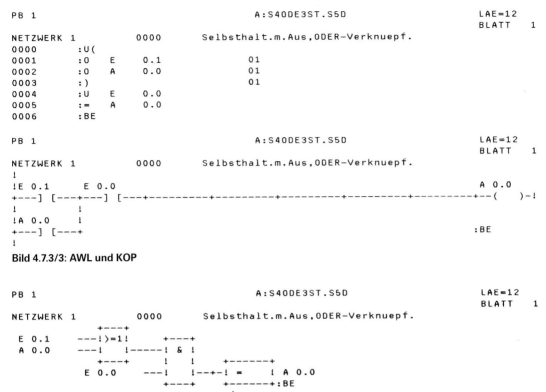

```
PB 1                          A:S40DE3ST.S5D                    LAE=12
                                                               BLATT   1
NETZWERK 1              0000      Selbsthalt.m.Aus,ODER-Verknuepf.
0000        :U(
0001        :O    E    0.1        O1
0002        :O    A    0.0        O1
0003        :)                    O1
0004        :U    E    0.0
0005        :=    A    0.0
0006        :BE
```

```
PB 1                          A:S40DE3ST.S5D                    LAE=12
                                                               BLATT   1
NETZWERK 1              0000      Selbsthalt.m.Aus,ODER-Verknuepf.
!
!E 0.1      E 0.0                                                A 0.0
+---] [---+---] [---+---------+---------+---------+---------+--(  )-!
!         !                                                      
!A 0.0    !                                                    :BE
+---] [---+
!
```

Bild 4.7.3/3: AWL und KOP

```
PB 1                          A:S40DE3ST.S5D                    LAE=12
                                                               BLATT   1
NETZWERK 1              0000      Selbsthalt.m.Aus,ODER-Verknuepf.
                  +---+
  E 0.1      ---!>=1!        +---+
  A 0.0      ---!   !-----! & !
                  +---+      !   !    +------+
       E 0.0      ---!   !--+-!  =   ! A 0.0
                  +---+      +------+:BE
```

Bild 4.7.3/4: Funktionsplan einer Selbsthaltung

4.7.4 ODER-Verknüpfung mit zwei betätigten Öffnern (s4ode4)

Aufgabe:

Bei Betätigen des Gebers S1 **ODER** des Gebers S2 soll der Melder H1 leuchten.

Dieses Programm befindet sich im Buch und auf der Diskette.

Der Text zu diesem Programm befindet sich ausschließlich im Buch.

	S1	S2	H1	
nicht bet.	↓	↓	0	
	↓	↑	1	leuchtet
	↑	↓	1	leuchtet
	↑	↑	1	leuchtet

Arbeitstabelle 4.7.4/1

Zuordnungsliste

Datei A:S40DE4ZO.SEQ

OPERAND	SYMBOL	KOMMENTAR
E0.1	S1	Eingang fuer Geber S1 (Oeffner)
E0.2	S2	Eingang fuer Geber S2 (Oeffner)
A0.0	H1	Ausgang fuer Melder H1

Programmerstellung:

– Die Eingänge werden entsprechend den Abschnitten 4.2.1 bis 4.2.4 programmiert.

– Es wird eine ODER-Verknüpfung angewendet.

Nach Betätigen der Geber gelangt 0-Signal an die Eingänge der SPS, daher müssen die Anweisungen umgekehrt werden.

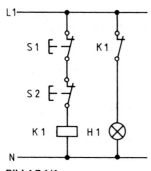

Bild 4.7.4/1:
Lösung in Kontakttechnik

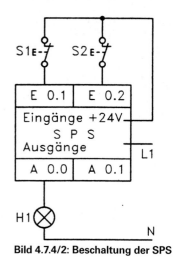

Bild 4.7.4/2: Beschaltung der SPS

```
PB  1                              A:S40DE4ST.S5D              LAE=9
                                                              BLATT    1
NETZWERK  1            0000     ODER-Verknuepf. 2 betaet.Oeffner
0000        :ON    E     0.1
0001        :ON    E     0.2
0002        :=     A     0.0
0003        :BE
```

```
PB  1                              A:S40DE4ST.S5D              LAE=9
                                                              BLATT    1
NETZWERK  1            0000     ODER-Verknuepf. 2 betaet.Oeffner
!
!E 0.1                                                        A 0.0
+---]/[---+---------+---------+----------+---------+---------+--(    )-!
!         !                                                   
!E 0.2    !
+---]/[---+                                                   :BE
!
```

Bild 4.7.4/3: AWL und KOP

```
PB  1                              A:S40DE4ST.S5D              LAE=9
                                                              BLATT    1
NETZWERK  1            0000     ODER-Verknuepf. 2 betaet.Oeffner
                   +---+
E 0.1       --0!>=1!     +------+
E 0.2       --0!   !--+-!  =   ! A 0.0
                   +---+   +------+:BE
```

Bild 4.7.4/4: Funktionsplan der Schaltung

4.8 Zusammenfassung der Programmierregeln für Grundverknüpfungen:

– Jede Verknüpfung beginnt mit einer UND- bzw. ODER-Anweisung zu Beginn eines Netzwerkes.

– Jede Verknüpfung wird mit einer Zuweisung oder Setzanweisung (=, S, R) abgeschlossen.

– Beliebig viele Ausgänge können mit einem Eingang verknüpft sein.

– Jeder Ausgang darf (als Signalausgang für angeschlossene Geräte) nur einmal im Programm vorkommen. Mehrmalige Zuweisung ergibt Störungen im Programmablauf.

– Jede Verknüpfungsaufgabe kann mit Gebern gelöst werden, die Öffner- oder Schließerkontakte haben können. Durch entsprechende Programmierung der SPS kann jedes Verknüpfungsziel erreicht werden.

Ob diese Lösung technisch immer brauchbar ist (Sicherheits-Gesichtspunkte beachten), muss in jedem einzelnen Fall bedacht werden.

– Zur Verkürzung der Zykluszeit werden alle Programme mit der BE-Anweisung (Bausteinende) abgeschlossen.

5 Äquivalente Schaltungen (SÄQUIVA)

Die kürzeste Beschreibung einer Schaltungsfunktion ist mit einer Arbeitstabelle (Definition der Funktion) möglich.

Haben verschiedene Schaltungen dieselbe Arbeitstabelle, so ist die Schaltungsfunktion ebenfalls dieselbe.

Im folgenden werden Beispiele für solche voneinander verschiedene Schaltungen gegeben, die eine gleiche Arbeitstabelle und daher dieselbe Funktion haben. Solche Schaltungen mit gleicher Funktion heißen **äquivalente Schaltungen**.

5.1 UND-Verknüpfungen (s5aqu1und2)

Diese Programme befinden sich im Buch und auf der Diskette.

Der Text zu diesen Programmen befindet sich ausschließlich im Buch.

Der Melder H1 leuchtet, wenn S1 UND S2 betätigt sind (Schließer).

Der Melder H1 leuchtet, wenn S1 UND S2 betätigt sind (Öffner).

S1	S2	H1	
↓	↓	0	
↓	↑	0	
↑	↓	0	
↑	↑	1	H1 leuchtet

Arbeitstabelle 5.1/1

S1	S2	K1	H1	
↓	↓	1	0	
↓	↑	1	0	
↑	↓	1	0	
↑	↑	0	1	H1 leuchtet

Arbeitstabelle 5.1/2

Datei A:S5AQU1ZO.SEQ   **Zuordnungsliste**

OPERAND	SYMBOL	KOMMENTAR
E0.1	S1	Eingang Geber S1 (s)
E0.2	S2	Eingang Geber S2 (s)
A0.0	H1	Ausgang Melder H1

Datei A:S5AQU2ZO.SEQ   **Zuordnungsliste**

OPERAND	SYMBOL	KOMMENTAR
E0.1	S1	Eingang Geber S1 (o)
E0.2	S2	Eingang Geber S2 (o)
M10.0	MERKER	Merker M10.0
A0.0	H1	Ausgang Melder H1

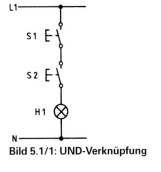

Bild 5.1/1: UND-Verknüpfung

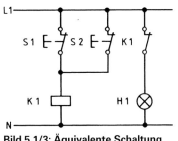

Bild 5.1/3: Äquivalente Schaltung (UND-Verknüpfung)

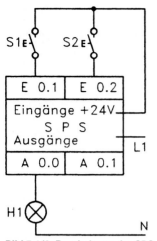

Bild 5.1/2: Beschaltung der SPS

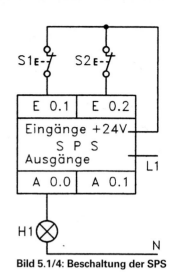

Bild 5.1/4: Beschaltung der SPS

```
PB 1                                A:S5AQU1ST.S5D              LAE=9
                                                               BLATT   1
NETZWERK 1              0000    UND-Verk. 2 Oeffner in Reihe
0000        :U    E    0.1
0001        :U    E    0.2
0002        :=    A    0.0
0003        :BE
```

```
PB 1                                A:S5AQU1ST.S5D              LAE=9
                                                               BLATT   1
NETZWERK 1              0000    UND-Verk. 2 Oeffner in Reihe
!
!E 0.1      E 0.2                                              A 0.0
+---] [---+---] [---+---------+---------+---------+---------+--(   )-!
!
!
!                                                             :BE
!
```

Bild 5.1/5: AWL und KOP

```
PB 1                                A:S5AQU2ST.S5D              LAE=12
                                                               BLATT   1
NETZWERK 1              0000    UND-Verk. 2 Oeffner parallel
0000        :O    E    0.1
0001        :O    E    0.2
0002        :=    M   10.0
0003        :***


NETZWERK 2             0004
0004        :UN   M   10.0
0005        :=    A    0.0
0006        :BE
```

```
PB 1                                A:S5AQU2ST.S5D              LAE=12
                                                               BLATT   1
NETZWERK 1              0000    UND-Verk. 2 Oeffner parallel
!
!E 0.1                                                         M 10.0
+---] [---+---------+---------+---------+---------+---------+--(   )-!
!         !
!E 0.2    !
+---] [---+
!
```

Bild 5.1/6: AWL und KOP *(Fortsetzung auf nächster Seite)*

48

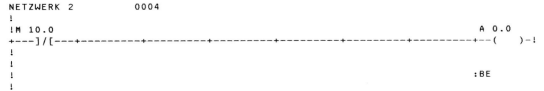

```
NETZWERK 2          0004
!
!M 10.0                                                                          A 0.0
+---]/[---+---------+---------+---------+---------+---------+---------+--(   )-!
!
!
!                                                                                :BE
!
```

Bild 5.1/6: AWL und KOP *(Fortsetzung von vorhergehender Seite)*

Eine UND-Verknüpfung kann also mit Schließerkontakten in Reihenschaltung oder mit Öffnerkontakten in Parallelschaltung (wobei ein Schütz notwendig ist) gebildet werden. Das Programm für die SPS ist angegeben; anstelle eines Schützes wird ein Merker verwendet.

5.2 ODER-Verknüpfungen (s5aqo1und2)

Der Melder H1 leuchtet, wenn S1 ODER S2 betätigt sind.

```
S1   S2 | H1                           S1   S2 | K1   H1
 ↓    ↓ | 0                             ↓    ↓ | 1    0
 ↓    ↑ | 1 H1 leuchtet                 ↓    ↑ | 0    1 H1 leuchtet
 ↑    ↓ | 1 H1 leuchtet                 ↑    ↓ | 0    1 H1 leuchtet  Arbeitstabelle
 ↑    ↑ | 1 H1 leuchtet  Arbeitstabelle 5.2/1   ↑    ↑ | 0    1 H1 leuchtet  5.2/2
```

```
Datei A:S5AQO1ZO.SEQ         Zuordnungsliste    Datei A:S5AQO2ZO.SEQ          Zuordnungsliste

   OPERAND    SYMBOL   KOMMENTAR                    OPERAND    SYMBOL   KOMMENTAR
                                                    E0.1       S1       Eingang Geber S1 (o)
   E0.1       S1       Eingang Geber S1 (s)         E0.2       S2       Eingang Geber S2 (o)
   E0.2       S2       Eingang Geber S2 (s)         M10.0      MERKER   Merker M10.0
   A0.0       H1       Ausgang Melder H1            A0.0       H1       Ausgang Melder H1
```

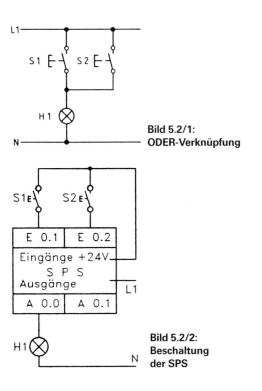

Bild 5.2/1:
ODER-Verknüpfung

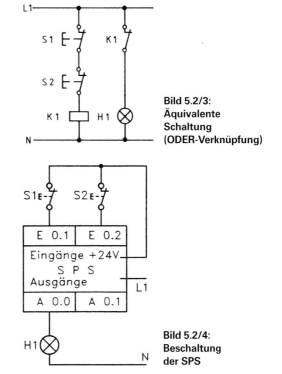

Bild 5.2/3:
Äquivalente
Schaltung
(ODER-Verknüpfung)

Bild 5.2/2:
Beschaltung
der SPS

Bild 5.2/4:
Beschaltung
der SPS

```
PB 1                              A:S5AQ01ST.S5D                    LAE=9
                                                                   BLATT    1
NETZWERK 1          0000      ODER-Verk. 2 Schliesser parallel
0000        :O    E    0.1
0001        :O    E    0.2
0002        :=    A    0.0
0003        :BE


PB 1                              A:S5AQ01ST.S5D                    LAE=9
                                                                   BLATT    1
NETZWERK 1          0000      ODER-Verk. 2 Schliesser parallel
!
!E 0.1                                                             A 0.0
+---] [---+---------+---------+---------+---------+---------+---------+--(   )-!
!         !
!E 0.2    !
+---] [---+                                                        :BE
!
```

Bild 5.2/5: AWL und KOP

```
PB 1                              A:S5AQ02ST.S5D                    LAE=12
                                                                   BLATT    1
NETZWERK 1          0000      ODER-Verk. 2 Oeffner in Reihe
0000        :U    E    0.1
0001        :U    E    0.2
0002        :=    M   10.0
0003        :***


NETZWERK 2          0004
0004        :UN   M   10.0
0005        :=    A    0.0
0006        :BE


PB 1                              A:S5AQ02ST.S5D                    LAE=12
                                                                   BLATT    1
NETZWERK 1          0000      ODER-Verk. 2 Oeffner in Reihe
!
!E 0.1      E 0.2                                                  M 10.0
+---] [---+---] [---+---------+---------+---------+---------+---------+--(   )-!
!
NETZWERK 2          0004
!
!M 10.0                                                            A 0.0
+---]/[---+---------+---------+---------+---------+---------+---------+--(   )-!
!
!
!                                                                 :BE
!
```

Bild 5.2/6: AWL und KOP

Eine ODER-Verknüpfung kann also mit Schließerkontakten in Parallelschaltung oder mit Öffnerkontakten in Reihenschaltung (wobei ein Schütz notwendig ist) gebildet werden. Das Programm für die SPS ist angegeben; anstelle des Schützes wird ein Merker verwendet.

5.3 Zusammenfassung

Aus der UND-Verknüpfung (Bild 5.1/1 und Bild 5.1/3, Seite 47) und den zugehörigen Arbeitstabellen (Tabelle 5.1/1 und Tabelle 5.1/2, Seite 47) ist erkennbar, dass bei **gleichzeitiger** Betätigung von S1 und S2 der Melder H1 ein 1-Signal hat.

Die Funktion der Schaltung ist also gleich.

Die gleiche Betrachtung gilt entsprechend für die ODER-Verknüpfung (Bild 5.2/1 und Bild 5.2/3, Seite 49) und die zugehörigen Arbeitstabellen (Tabelle 5.2/1 und Tabelle 5.2/2, Seite 49). Hier ist erkennbar, dass bei **wahlweiser** Betätigung von S1 bzw. S2 der Melder H1 leuchtet.

Es ist daher möglich, eine bestimmte Grundverknüpfung von Signalen durch zwei verschiedene Schaltungen zu erreichen.

Fragen zu Kapitel 5:

1. Womit kann festgestellt werden (außer durch Ausprobieren), ob die Funktion zweier verschiedener Schaltungen dieselbe ist?

2. Welche Möglichkeiten bieten äquivalente Schaltungen zum Programmieren von Verknüpfungen innerhalb einer Steuerung?

6 Anwendung von Zeitstufen (SZEIT)

6.1 Funktionsprinzip von Zeitstufen

6.1.1 Analoge Zeitbildung

Bei Zeitstufen dieser Art wird die Aufladung eines Kondensators C über einen Widerstand R zur Zeitbildung ausgenutzt. Durch Verstellen des Widerstandes R kann die Zeit in Grenzen verändert werden.

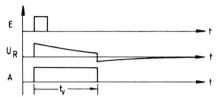

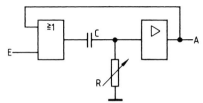

Bild 6.1.1/1: Zeitdiagramm einer Zeitstufe   **Bild 6.1.1/2: FUP einer Zeitstufe**

Analoge Zeitbildung hat den Vorteil einfachen Aufbaus und unkomplizierter Zeiteinstellung „mit Schraubendreher". Die Wiederkehr-Genauigkeit der eingestellten Zeit ist ausreichend.

Zeitstufen mit dieser Art der Zeitbildung sind unabhängig von dem Aufbau der SPS, mit der sie zusammengeschaltet werden sollen. Diese Zeitstufen werden daher als zusätzliche (externe) Zeitstufen verwendet oder auch bei Steuerungen eingesetzt, die aus Modulen nach Bedarf zusammengestellt werden.

6.1.2 Digitale Zeitbildung

Bei Zeitstufen dieser Art wird der SPS-interne Takt der Mikroprozessorsteuerung mit einem Rückwärtszähler gezählt. Der Zähler wird auf eine gewünschte Zeit voreingestellt und zählt dann – nach dem Start – bis zum Stand des Zählers „Null". Bei Erreichen dieses Standes wird ein Ausgangssignal abgegeben.

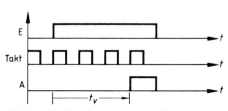

Bild 6.1.2/1: Zeitdiagramm einer Zeitstufe

Digitale Zeitbildung hat den Vorteil großer Wiederkehrgenauigkeit, da der Zähltakt von dem Quarzgenerator des Mikroprozessors abgeleitet wird. Die gewünschte Zeit wird per Programm eingestellt und kann deshalb vom Anwender nicht ohne Programmiergerät verändert werden.

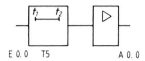

Bild 6.1.2/2: FUP einer Zeitstufe

6.2 Eigenschaften einer Zeitstufe mit digitaler Zeitbildung

6.2.1 Einschaltverzögerung (s6zei1)

Aufgabe: Der Geber S1 wird betätigt, nach $t = 5$ s soll der Melder H1 aufleuchten.

Dieses Programm befindet sich im Buch und auf der Diskette.

Der Text zu diesem Programm befindet sich ausschließlich im Buch.

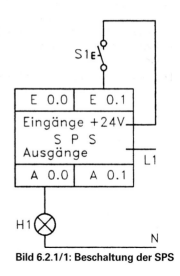

Eigenschaften der Zeitstufe

Die Zeitstufe (Timer) wird zurückgesetzt, wenn die Eingangsbedingung E0.1 ausgeschaltet wird oder ein Spannungsausfall der Versorgung auftritt.

Aus dem programmierten Zeitfaktor KT errechnet sich die tatsächliche Laufzeit t der Zeitstufe in Sekunden:

$$t = 0,1 \text{ mal } KT$$

Bild 6.2.1/1: Beschaltung der SPS

```
PB 1                            A:S6ZEI1ST.S5D                      LAE=15
                                                                   BLATT   1
NETZWERK 1            0000       Zeitstufe anzugsverzoegert
0000        :U    E     0.1
0001        :L    KT 005.2
0003        :SE   T     5
0004        :NOP  0
0005        :NOP  0
0006        :NOP  0
0007        :U    T     5
0008        :=    A     0.0
0009        :BE
```

```
PB 1                            A:S6ZEI1ST.S5D                      LAE=15
                                                                   BLATT   1
NETZWERK 1            0000       Zeitstufe anzugsverzoegert
!           T 5
!E 0.1         +-----+
+---] [---+--!T!-!0!
!KT 005.2 --!TW DU!-
!          !   DE!-
!          !     !
!          !     !                                              A 0.0
!       +-!R    Q!-+----------+----------+----------+----------+--(   )-
!       +-----+
!
!                                                                  :BE
!
```

Bild 6.2.1/2: AWL und KOP einer Einschaltverzögerung

```
PB 1                            A:S6ZEI1ST.S5D                      LAE=15
                                                                   BLATT   1
NETZWERK 1            0000       Zeitstufe anzugsverzoegert
            T 5
          +-----+
E 0.1     --!T!-!0!
KT 005.2  --!TW DU!-
          !   DE!-
          !    !     +------+
          --!R   Q!-+-!  =    ! A 0.0
          +-----+     +------+:BE
```

Bild 6.2.1/3: FUP einer Einschaltverzögerung

52

Das Ausgangssignal tritt nach Ablauf der Laufzeit am Ausgang A0.0 auf. Der Melder H1 leuchtet dann, solange der Geber S1 betätigt wird. Die Zeitstufe kehrt in die Ruhelage (programmierte Ausgangsstellung) zurück, wenn 0-Signal am Eingang E0.1 ansteht.

Das Beispiel zeigt eine **Einschaltverzögerung** mit $t = 5$ s.

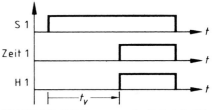

Bild 6.2.1/4: Zeitdiagramm der Zeitstufe T5

Anmerkung:

Werden bei Speicher-, Zeit- oder Zählfunktionen der SPS nicht alle Ein- oder Ausgänge im Programm benutzt, so sind diese mit einem NOP 0 zu belegen (siehe hierzu die entsprechenden Programme). Wird die NOP-Anweisung nicht eingegeben, so kann nur eine AWL gedruckt werden.

6.2.2 Abschaltverzögerung (s6zei2)

Aufgabe: Der Geber S1 wird betätigt, der Melder H1 leuchtet sofort. Der Melder H1 soll jedoch $t = 5$ s länger leuchten als der Geber S1 betätigt wird.

Dieses Programm befindet sich im Buch und auf der Diskette.

Der Text zu diesem Programm befindet sich ausschließlich im Buch.

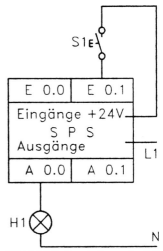

Zuordnungsliste

Datei A:S6ZEI2ZO.SEQ

OPERAND	SYMBOL	KOMMENTAR
E0.1	S1	Eingang fuer Geber S1 (Schliesser)
T5	WISCHIMP	programmierbare Zeit fuer Wischimpuls
A0.0	H1	Ausgang fuer Melder H1

Betätigen des Gebers S1 bringt den Ausgang A0.0 in Selbsthaltung. Die Laufzeit der Zeitstufe beginnt erst, wenn der Geber S1 nicht mehr betätigt wird. Nach Ablauf der programmierten Zeit wird die Selbsthaltung des Ausganges A0.0 unterbrochen, H1 verlischt. Der Melder leuchtet $t = 5$ s länger als der Geber S1 betätigt wird; die Schaltung bewirkt eine **Abschaltverzögerung** mit $t = 5$ s.

Bild 6.2.2/1: Beschaltung der SPS

```
PB  1                            A:S6ZEI2ST.S5D              LAE=22
                                                             BLATT   1

NETZWERK  1            0000      Ausgang A0.0 abfallverzoegert
0000        :U(
0001        :O   E    0.1              01
0002        :O   A    0.0              01
0003        :)                         01
0004        :UN  T    5
0005        :=   A    0.0
0006        :***


NETZWERK  2            0007      Zeitstufe abfallverzoegert
0007        :U   A    0.0
0008        :UN  E    0.1
0009        :L   KT 005.2
000B        :SE  T    5
000C        :NOP 0
000D        :NOP 0
000E        :NOP 0
000F        :NOP 0
0010        :BE
```

Bild 6.2.2/2: AWL und KOP einer Abschaltverzögerung *(Fortsetzung auf nächster Seite)*

```
NETZWERK 1              0000        Ausgang A0.0 abfallverzoegert
!
!E 0.1       T 5                                                        A 0.0
+---] [---+---]/[---+----------+----------+----------+----------+----------+--(   )-!
!         !
!A 0.0    !
+---] [---+
!
NETZWERK 2             0007        Zeitstufe abfallverzoegert
!                       T 5
!A 0.0      E 0.1         +-----+
+---] [---+---]/[---+--!T!-!0!
!          KT 005.2 --!TW DU!-
!                   !   DE!-
!                   !     !
!                   !     !
!                   +-!R  Q!-
!                     +-----+
!
!
!                             :BE
!
```

Bild 6.2.2/2: AWL und KOP einer Abschaltverzögerung *(Fortsetzung von vorhergehender Seite)*

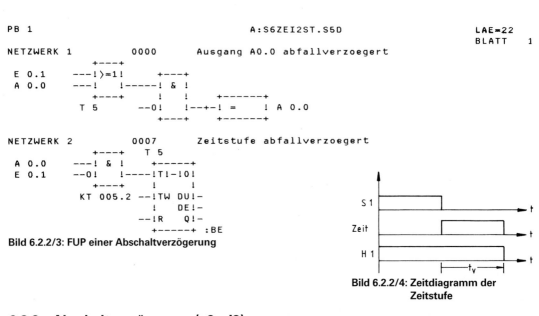

```
NETZWERK 1              0000        Ausgang A0.0 abfallverzoegert
                  +---+
  E 0.1    ---!>=1!      +---+
  A 0.0    ---!   !-----! & !
                  +---+   !   !     +------+
          T 5      --0!   !--+-! =    ! A 0.0
                  +---+     +------+

NETZWERK 2              0007        Zeitstufe abfallverzoegert
                  +---+    T 5
  A 0.0    ---! & !     +-----+
  E 0.1    --0!   !----!T!-!0!
                  +---+    !     !
          KT 005.2 --!TW DU!-
                   !   DE!-
                  --!R  Q!-
                   +-----+ :BE
```

Bild 6.2.2/3: FUP einer Abschaltverzögerung

Bild 6.2.2/4: Zeitdiagramm der Zeitstufe

6.2.3 Abschaltverzögerung (s6zei3)

Mit einem Gerät der Serie – 8UA 13 ist auch nachfolgende Programmierung einer Abschaltverzögerung möglich:

Aufgabe: Der Geber S1 wird betätigt, der Melder H1 leuchtet sofort. Der Melder H1 soll $t = 5$ s länger leuchten als der Geber S1 betätigt wird.

Dieses Programm befindet sich im Buch und auf der Diskette.

Der Text zu diesem Programm befindet sich ausschließlich im Buch.

Zuordnungsliste

```
Datei A:S6ZEI3ZO.SEQ

    OPERAND    SYMBOL    KOMMENTAR

    E0.1       S1        Eingang fuer Geber S1 (Schliesser)
    T5         ZEITWIS   programmierbare Zeit fuer Wischimpuls
    A0.0       H1        Ausgang fuer Melder H1
```

54

```
PB 1                           A:S6ZEI3ST.S5D                    LAE=15
                                                                 BLATT    1
NETZWERK 1              0000        Zeitstufe abfallverzoegert
0000        :U    E     0.1
0001        :L    KT  005.2
0003        :SA   T     5
0004        :NOP  0
0005        :NOP  0
0006        :NOP  0
0007        :U    T     5
0008        :=    A     0.0
0009        :BE
```

```
PB 1                           A:S6ZEI3ST.S5D                    LAE=15
                                                                 BLATT    1
NETZWERK 1              0000        Zeitstufe abfallverzoegert
!              T 5
!E 0.1           +-----+
+---] [---+-!0!-!T!
!KT 005.2 --!TW DU!-
!              !  DE!-
!              !     !
!              !     !                                                    A 0.0
!           +-!R   Q!-+----------+----------+----------+----------+----------+--(   )-!
!           +-----+
!
!
!                                                                         :BE
!
```

Bild 6.2.3/1: AWL und KOP einer Abschaltverzögerung

```
PB 1                           A:S6ZEI3ST.S5D                    LAE=15
                                                                 BLATT    1
NETZWERK 1              0000        Zeitstufe abfallverzoegert

Abfallverzoegerung mit SA-Anweisung
                 T 5
              +-----+
E 0.1      --!0!-!T!
KT 005.2   --!TW DU!-
              !  DE!-
              !     !  +------+
           --!R   Q!-+-!  =   ! A 0.0
              +-----+  +------+:BE
```

Bild 6.2.3/2: FUP einer Abschaltverzögerung

6.3 Blinkgeber (s6bli1)

Aufgabe:

Solange der Geber S1 betätigt wird, soll der Melder H1 blinken. Blinkfrequenz f = 0,5 Hz.

Dieses Programm befindet sich im Buch und auf der Diskette.

Der Text zu diesem Programm befindet sich ausschließlich im Buch.

Der Blinkgeber besteht aus einem astabilen Multivibrator, geschaltet mit den Zeitstufen 5 und 6. Der Geber S1 startet die Zeitstufe 5. Nach Ablauf der Zeit 5 wird die Zeitstufe 6 gestartet. Während der Zeit 6 leuchtet der Melder H1. Bei Ablauf der Zeit 6 wird die Zeitstufe 5 zurückgesetzt; danach auch die Zeitstufe 6. Der Melder H1 verlischt.

Solange der Geber S1 betätigt wird, wiederholt sich der Vorgang. Die Dauer einer Blinkperiode ist:

$$\text{Zeit 5} + \text{Zeit 6} \quad (\text{hier: 2 s}),$$

entsprechend einer Blinkfrequenz $f = 1/(t5 + t6) = 0{,}5$ Hz

Zuordnungsliste

Datei A:S6BLI1ZO.SEQ

OPERAND	SYMBOL	KOMMENTAR
E0.1	S1	Eingang fuer Geber S1 (Schliesser)
T5	BLITAKT	Blinkgenerator, Takt
T6	BLI	Blinkgenerator
A0.0	H1	Ausgang fuer Melder H1

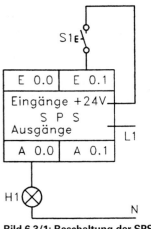

Bild 6.3/1: Beschaltung der SPS

```
PB 1                              A:S6BLI1ST.S5D              LAE=25
                                                              BLATT    1

NETZWERK 1            0000      Blinkgenerator,2 Zeitstuf. Takt
0000       :U    E    0.1
0001       :UN   T    6
0002       :L    KT 001.2
0004       :SE   T    5
0005       :NOP  0
0006       :NOP  0
0007       :NOP  0
0008       :U    T    5
0009       :=    A    0.0
000A       :***
NETZWERK 2            000B      Blinkgenerator
000B       :U    T    5
000C       :L    KT 001.2
000E       :SE   T    6
000F       :NOP  0
0010       :NOP  0
0011       :NOP  0
0012       :NOP  0
0013       :BE
```

```
PB 1                              A:S6BLI1ST.S5D              LAE=25
                                                              BLATT    1

NETZWERK 1            0000      Blinkgenerator,2 Zeitstuf. Takt
!                          T 5
!E 0.1      T 6          +-----+
+---] [---+---]/[---+-!T!-!0!
!          KT 001.2 --!TW DU!-
!                   !    DE!-
!                   !     !
!                   !     !                                                     A 0.0
!                   +-!R    Q!-+-----------+-----------+-----------+---------+--(   )-!
!                   +-----+
!
NETZWERK 2            000B      Blinkgenerator
!                          T 6
!T 5        +-----+
+---] [---+-!T!-!0!
!KT 001.2 --!TW DU!-
!           !    DE!-
!           !     !
!           !     !
!           +-!R    Q!-
!           +-----+
!
!                      :BE
```

Bild 6.3/2: AWL und KOP eines astabilen Multivibrators

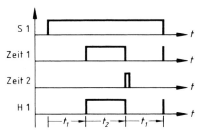

Bild 6.3/3: Zeitdiagramm der Blinkschaltung

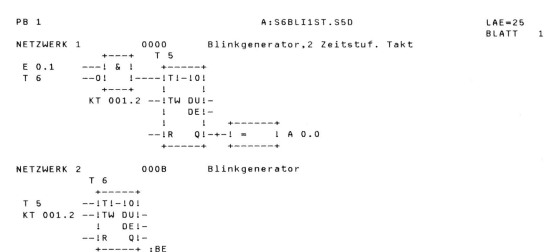

```
PB 1                              A:S6BLI1ST.S5D                    LAE=25
                                                                   BLATT   1
NETZWERK 1           0000        Blinkgenerator,2 Zeitstuf. Takt
                  +---+    T 5
  E 0.1    ---! & !    +-----+
  T 6      --0!   !----!T!-!0!
                  +---+    !      !
              KT 001.2 --!TW DU!-
                         !    DE!-
                         !    !     +------+
                       --!R   Q!-+-!  =   ! A 0.0
                         +-----+    +------+

NETZWERK 2           000B        Blinkgenerator
               T 6
            +-----+
  T 5     --!T!-!0!
  KT 001.2 --!TW DU!-
            !    DE!-
          --!R   Q!-
            +-----+  :BE
```
Bild 6.3/4: FUP eines astabilen Multivibrators

6.4   Erzeugen von Impulsen

6.4.1 Wiederkehrende Impulse

Wiederkehrende Impulse können mit einem Blinkgenerator (s. Kap 6.3), Zeitstufe 6, erzeugt werden. Dazu muss der Ausgang A0.0 von Zeitstufe 6 gesteuert werden. Manche SPS enthalten spezielle Merker (Sondermerker), die solche häufig benötigten Impulsfolgen abgeben.

6.4.2 Einmalige Impulse (s6imp1)

Aufgabe: Bei Einschalten der Spannung bzw. RUN soll am Ausgang A0.0 ein kurzer Impuls abgegeben werden.

Dieses Programm befindet sich im Buch und auf der Diskette.

Der Text zu diesem Programm befindet sich ausschließlich im Buch.

Zuordnungsliste

Datei A:S6IMP1ZO.SEQ   BLATT   1

OPERAND	SYMBOL	KOMMENTAR
E0.0	S0	Ruecksetztaster S0 der Impulsanzeige H2
A0.0	H1	Impuls an H1
A0.1	H2	Gespeicherter Impuls an H2
M40.1	HIME	Hilfsmerker f.Impuls/Zyklus,nicht reman.
M40.2	MEIMP	Merker Impuls/Zyklus, nicht remanent

Nach Einschalten der SPS (Versorgungsspannung und RUN-Betrieb) werden die Merker M40.2 und M40.1 (beide nicht remanent) gesetzt. Der Merker M40.1 wird als RS-Speicher betrieben: deshalb bleibt dieser nach dem Setzen (S M40.1) bis zum Abschalten der SPS gesetzt. Der Ausgang M40.2 wird jedoch nach Ablauf einer Zykluszeit zurück gesetzt, da die Abfrage UN M40.1 dann ein 0-Signal liefert.

Es ergibt sich am Ausgang A0.0 ein einmaliger Impuls mit der Länge einer Zykluszeit.

Der Impuls am Ausgang A0.0 ist sehr kurz, Melder H 1 leuchtet deshalb nur kurz auf (nicht sichtbar). Mit Hilfe einer gespeicherten Anzeige (U A0.0, S A0.1) für Melder H2 kann das Auftreten des Impulses an H1 nachgewiesen werden; Melder H2 leuchtet danach dauernd und kann mit der Taste S0 (U E0.0, R A0.1) rückgesetzt werden.

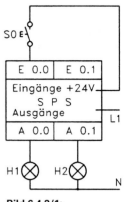

Bild 6.4.2/1:
Beschaltung der SPS

Solche einmaligen kurzen Impulse können zum Rücksetzen von Zählern, Schieberegistern und Zeitstufen nach dem Einschalten der Spannung erforderlich sein (Richtimpulse).

```
PB 1                            A:S6IMP1ST.S5D                      LAE=18
                                                                   BLATT   1
NETZWERK 1            0000    Einmaliger Impuls bei RUN-Beginn
0000        :UN   M   40.1                 Hilfsmerker Impuls/Zyklus
0001        :=    M   40.2                 Merker Impuls/Zyklus, nicht rem.
0002        :S    M   40.1                 Hilfsmerker Impuls/Zyklus,ni.rem
0003        :***


NETZWERK 2            0004    Ausgang Impuls/Zyklus H1
0004        :U    M   40.2                 Impuls/Zyklus
0005        :=    A    0.0                 Ausgang Impuls/Zyklus H1
0006        :***


NETZWERK 3            0007    Gespeicherte Anzeige Impuls H2
0007        :U    A    0.0                 Abfrage Impuls
0008        :S    A    0.1                 Gespeicherte Anzeige Impuls H2
0009        :U    E    0.0                 Ruecksetzen Anzeige Impuls H2
000A        :R    A    0.1                 Anzeige Impuls H2 geloescht
000B        :NOP  0
000C        :BE
```

```
PB 1                            A:S6IMP1ST.S5D                      LAE=18
                                                                   BLATT   1
NETZWERK 1           0000    Einmaliger Impuls bei RUN-Beginn
!
!M 40.1                                                           M 40.2
+---]/[---+---------+---------+---------+---------+---------+--- (   )-!
!                                                                 !
!                                                                 !M 40.1
!                                                                 +--(S   )-!
!
NETZWERK 2           0004    Ausgang Impuls/Zyklus H1
!
!M 40.2                                                           A 0.0
+---] [---+---------+---------+---------+---------+---------+--- (   )-!
!
```

Bild 6.4.2/2: AWL und KOP *(Fortsetzung auf nächster Seite)*

58

```
NETZWERK 3          0007        Gespeicherte Anzeige Impuls H2
!          A 0.1
!A 0.0          +-----+
+---] [---+-!S    !
!         !      !
!E 0.0    !      !
+---] [---+-!R   Q!-
!         +-----+
!
!                          :BE
```

Bild 6.4.2/2: AWL und KOP *(Fortsetzung von vorhergehender Seite)*

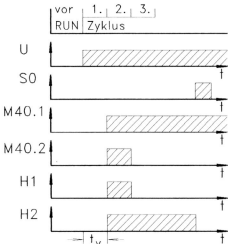

Bild 6.4.2/3: Zeitdiagramm der Impulsschaltung

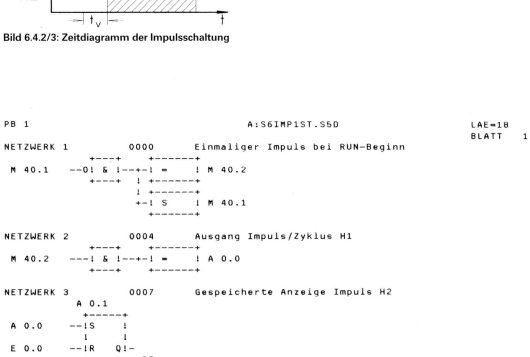

```
PB 1                        A:S6IMP1ST.S5D                LAE=18
                                                          BLATT    1
NETZWERK 1          0000        Einmaliger Impuls bei RUN-Beginn
                +---+    +------+
  M 40.1    --0! & !--+-! =   ! M 40.2
                +---+  ! +------+
                       ! +------+
                       +-! S   ! M 40.1
                         +------+

NETZWERK 2          0004        Ausgang Impuls/Zyklus H1
                +---+    +------+
  M 40.2    ---! & !--+-! =   ! A 0.0
                +---+    +------+

NETZWERK 3          0007        Gespeicherte Anzeige Impuls H2
            A 0.1
            +-----+
  A 0.0    --!S   !
           !      !
  E 0.0    --!R   Q!-
            +-----+ :BE
```

Bild 6.4.2/4: FUP

6.4.3 Einmaliger Impuls, Impulslänge programmierbar (s6imp2)

Aufgabe:

Beim Einschalten der Spannung bzw. RUN soll am Ausgang A0.0 ein einmaliger Impuls mit programmierbarer Länge abgegeben werden.

Dieses Programm befindet sich im Buch und auf der Diskette.

Der Text zu diesem Programm befindet sich ausschließlich im Buch.

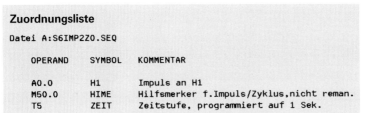

Zuordnungsliste

Datei A:S6IMP2ZO.SEQ

OPERAND	SYMBOL	KOMMENTAR
A0.0	H1	Impuls an H1
M50.0	HIME	Hilfsmerker f.Impuls/Zyklus,nicht reman.
T5	ZEIT	Zeitstufe, programmiert auf 1 Sek.

Bild 6.4.3/1: Beschaltung der SPS

```
PB 1                              A:S6IMP2ST.S5D               LAE=19
                                                               BLATT   1
NETZWERK 1           0000    Einmaliger Impuls, mit Zeitstufe
0000      :UN  M   50.0                  nicht remanenter Merker
0001      :L   KT 001.2
0003      :SI  T    5
0004      :NOP 0
0005      :NOP 0
0006      :NOP 0
0007      :U   T    5
0008      :=   A    0.0                   Ausgang Impuls/Zyklus
0009      :***


NETZWERK 2           000A    Hilfsmerker fuer Wischimpuls
000A      :ON  T    5
000B      :O   M   50.0
000C      :=   M   50.0                   nicht remanenter Merker
000D      :BE
```
Bild 6.4.3/2: AWL

```
PB 1                              A:S6IMP2ST.S5D               LAE=19
                                                               BLATT   1
NETZWERK 1           0000    Einmaliger Impuls, mit Zeitstufe
!            T 5
!M 50.0        +-----+
+---]/[---+-!1_-_ !
!KT 001.2 --!TW DU!-
!          !    DE!-
!          !     !
!          !     !                                            A 0.0
!       +-!R   Q!-+-----------+---------+---------+---------+--(   )-!
!       +-----+
!
NETZWERK 2           000A    Hilfsmerker fuer Wischimpuls
!
!T 5                                                         M 50.0
+---]/[---+---------+---------+---------+---------+---------+--(   )-!
!         !
!M 50.0   !
+---] [---+                                                  :BE
!
```
Bild 6.4.3/3: KOP

60

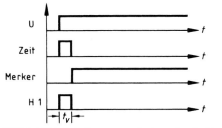

Nach dem Einschalten der SPS (Versorgungs-spannung) läuft die Zeitstufe ab. Der Merker wird in Selbsthaltung gesetzt und blockiert ein erneutes Ablaufen der Zeitstufe.

Der vom Ausgang A0.0 abgegebene Impuls ist $t = 0,1$ s lang. Anstelle der Zeitstufe kann auch ein Merker eingesetzt werden. Der Impuls ist dann eine Zykluszeit lang (siehe 6.4.2).

Bild 6.4.3/4: Zeitdiagramm der Impulsschaltung

```
PB 1                              A:S6IMP2ST.S5D                    LAE=19
                                                                   BLATT   1
NETZWERK 1           0000        Einmaliger Impuls, mit Zeitstufe
                T 5
                +------+
 M 50.0      -0!1_-_ !
 KT 001.2    --!TW DU!-
              !    DE!-
              !     !       +------+
            --!R   Q!-+-! =    ! A 0.0
              +------+   +------+

NETZWERK 2           000A        Hilfsmerker fuer Wischimpuls
                +---+
 T 5         --0!>=1!       +------+
 M 50.0      ---!   !--+-! =    ! M 50.0
                +---+   +------+:BE
```

Bild 6.4.3/5: FUP

6.4.4 Wischimpuls, Impulslänge programmierbar (s6wis1)

Aufgabe:

Jeweils beim Betätigen des Gebers S1 soll ein kurzer Impuls abgegeben werden, der von der Betäti-gungsdauer des Gebers S1 unabhängig ist (Wischimpuls).

Dieses Programm befindet sich im Buch und auf der Diskette.

Der Text zu diesem Programm befindet sich ausschließlich im Buch.

Zuordnungsliste

Datei A:S6WIS1ZO.SEQ

OPERAND	SYMBOL	KOMMENTAR
E0.1	S1	Eingang fuer Geber S1 (Schliesser)
T5	ZEITWIS	programmierbare Zeit fuer Wischimpuls
A0.0	H1	Ausgang fuer Melder H1

Die Schaltung erzeugt beim Betätigen des Gebers S1 einen Impuls am Ausgang A0.0, dessen Dauer durch die Zeitstufe T5 bestimmt wird. Die Betätigungsdauer des Gebers S1 hat keinen Einfluss auf die Impulsdauer. Die Zeitstufe fällt erst wieder in die Ruhelage zu-rück, wenn der Geber S1 nicht mehr betätigt wird. Danach erst kann ein weiterer Impuls ausgelöst werden.

Die Zeitstufe kann durch einen Merker ersetzt werden. Dann ist der Impuls eine Zykluszeit lang.

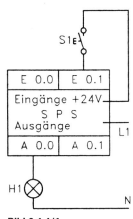

Bild 6.4.4/1:
Beschaltung der SPS

61

```
NETZWERK 1           0000     Wischimpuls,m.Merker u.Zeitstufe
0000        :U(
0001        :U    E    0.1              01
0002        :O    A    0.0              01
0003        :)                          01
0004        :UN   T    5
0005        :=    A    0.0
0006        :***


NETZWERK 2           0007     Zeitstufe fuer Wischimpuls
0007        :U(
0008        :U    E    0.1              01
0009        :O    A    0.0              01
000A        :)                          01
000B        :L    KT 001.2
000D        :SE   T    5
000E        :NOP  0
000F        :NOP  0
0010        :NOP  0
0011        :NOP  0
0012        :BE
```

Bild 6.4.4/2: AWL

```
NETZWERK 1           0000     Wischimpuls,m.Merker u.Zeitstufe
!
!E 0.1     T 5                                                    A 0.0
+---] [---+---]/[---+---------+---------+---------+---------+---------+--(   )-!
!         !
!A 0.0    !
+---] [---+
!
NETZWERK 2           0007     Zeitstufe fuer Wischimpuls
!           T 5
!E 0.1         +-----+
+---] [---+-!T!-!0!
!         ! !     !
!A 0.0    ! !     !
+---] [---+ !     !
!KT 001.2 --!TW DU!-
!          !    DE!-
!          !     !
!          !     !
!        +-!R   Q!-
!        +-----+
!
!                 :BE
!
```

Bild 6.4.4/3: KOP

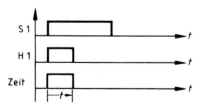

Bild 6.4.4/4: Zeitdiagramm der Impulsschaltung

```
NETZWERK 1           0000        Wischimpuls,m.Merker u.Zeitstufe

Abgabe eines Impulses, unabhaengig von der Betaetigungsdauer des Gebers S1
                    +---+
E 0.1      ---!>=1!       +---+
A 0.0      ---!   !-----! & !
           +---+     !   !       +------+
          T 5      --0!   !--+-! =    ! A 0.0
                    +---+       +------+

NETZWERK 2           0007        Zeitstufe fuer Wischimpuls
                    +---+               T 5
E 0.1      ---!>=1!       +---+   +-----+
A 0.0      ---!   !-----! & !----!T!-!0!
           +---+     !   +---+   !     !
                  KT 001.2 --!TW DU!-
                          !    DE!-
                       --!R    Q!-
                          +-----+  :BE
```
Bild 6.4.4/5: FUP

6.4.5 Wischimpuls, Impulslänge programmierbar (s6wis2)

Aufgabe:

Jeweils bei Betätigen des Gebers S1 soll ein kurzer Impuls abgegeben werden (Wischimpuls).

Dieses Programm befindet sich im Buch und auf der Diskette.

Der Text zu diesem Programm befindet sich ausschließlich im Buch.

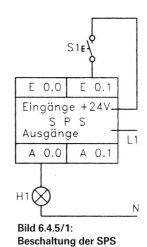

Bild 6.4.5/1:
Beschaltung der SPS

Zuordnungsliste

```
Datei A:S6WIS2ZO.SEQ

   OPERAND    SYMBOL   KOMMENTAR

   E0.1       S1       Eingang fuer Geber S1 (Schliesser)
   T5         ZEITWIS  programmierbare Zeit fuer Wischimpuls
   A0.0       H1       Ausgang fuer Melder H1
```

Die Schaltung erzeugt jeweils bei Betätigen des Gebers S1 einen Impuls am Ausgang A0.0, dessen Dauer durch die Zeitstufe T5 bestimmt wird. Die Zeitstufe fällt wieder in die Ruhelage zurück, wenn der Geber S1 nicht mehr betätigt wird; daher muss der Geber länger betätigt werden als die programmierte Zeit. Danach erst kann ein weiterer Impuls ausgelöst werden.

Die Zeitstufe kann durch einen Merker ersetzt werden. Dann ist der Impuls eine Zykluszeit lang.

```
NETZWERK 1               0000        Wischimpuls, mit Zeitstufe
0000        :U     E     0.1
0001        :L     KT  001.2
0003        :SI    T     5
0004        :NOP 0
0005        :NOP 0
0006        :NOP 0
0007        :U     T     5
0008        :=     A     0.0
0009        :BE
```
Bild 6.4.5/2: AWL

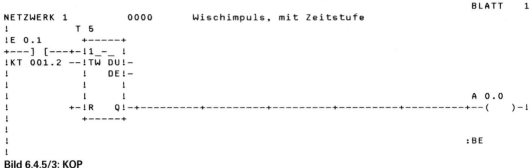

```
NETZWERK 1          0000      Wischimpuls, mit Zeitstufe
!           T 5
!E 0.1          +-----+
+---] [---+-!1_-_ !
!KT 001.2 --!TW DU!-
!         !    DE!-
!         !      !
!         !      !                                            A 0.0
!         +-!R   Q!-+--------+--------+--------+--------+-----+--(   )-!
!         +-----+
!
!
!                                                            :BE
!
```

Bild 6.4.5/3: KOP

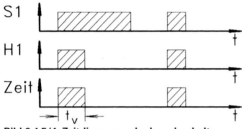

S1

H1

Zeit

t_v

Bild 6.4.5/4: Zeitdiagramm der Impulsschaltung

NETZWERK 1   0000   Wischimpuls, mit Zeitstufe

Abgabe eines Wischimpulses, unabhaengig von der Betaetigungsdauer des Gebers S1

```
              T 5
            +-----+
E 0.1    --!1_-_ !
KT 001.2 --!TW DU!-
           !    DE!-
           !    !    +-------+
         --!R   Q!-+-! =    ! A 0.0
           +-----+   +-------+:BE
```

Bild 6.4.5/5: FUP

6.5 Lange Verzögerungszeiten

6.5.1 Zeitstufenkette (s6zkt1)

SPS enthalten Zeitstufen von begrenztem einstellbaren Zeitumfang. Es sind aber meist mehrere Zeitstufen vorhanden. Um längere Zeiten zu erzeugen, können diese Zeitstufen hintereinander geschaltet werden (Zeitstufenkette, Kaskade).

Aufgabe:

Mit einer Zeitstufenkette soll eine lange Verzögerungszeit erzeugt werden.

Dieses Programm befindet sich im Buch und auf der Diskette.

Der Text zu diesem Programm befindet sich ausschließlich im Buch.

Beispiel:

Die von mehreren Zeitstufen mit Hilfe einer Zeitstufenkette erzeugte Verzögerungszeit ist:

$$t\,(ges) = t5 + t6 + t7 \text{ usw.}$$

Mit drei Zeitstufen wird eine maximale Verzögerungszeit von:

$$t\,(\text{ges}) \quad = 3 \times (999 \times 10\ \text{sek}) = 29\,970\ \text{sek}$$

$$= 8{,}325\ \text{Std. erreicht.}$$

Anmerkung:

Zum Testen der Funktion einer derartigen Kette sollte bei den
Zeitstufen T5, T6, T7 etwa ein KT = 9.2 eingegeben werden,

entsprechend einer Gesamtzeit der Zeitstufenkette
von $t\,(\text{ges}) = 3 \times 9 = 27\ \text{sek.}$

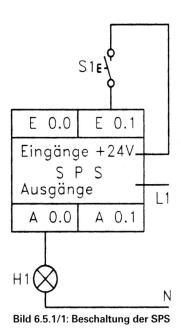

Bild 6.5.1/1: Beschaltung der SPS

Zuordnungsliste

```
Datei A:S6ZKT1ZO.SEQ

    OPERAND      SYMBOL    KOMMENTAR

    E0.1          S1       Eingang fuer Geber S1 (Schliesser)
    T5            ZT5      Zeitstufe 5, programmiert auf 9 Sek.
    T6            ZT6      Zeitstufe 6, programmiert auf 9 Sek.
    T7            ZT7      Zeitstufe 7, programmiert auf 9 Sek.
    A0.0          H1       Ausgang fuer Melder H1
```

```
PB  1                          A:S6ZKT1ST.S5D                    LAE=35
                                                                 BLATT   1
NETZWERK  1              0000        Zeitstufenkette, lange Verzoeger

Lange Verzoegerungszeiten durch nacheinander folgende Ansteuerung der Zeit=
stufen
0000        :U     E     0.1
0001        :L     KT 009.2                         9 Sekunden
0003        :SE    T     5                          Zeitstufe T5
0004        :NOP 0
0005        :NOP 0
0006        :NOP 0
0007        :NOP 0
0008        :***


NETZWERK  2             0009        Zeitstufe T6
0009        :U     T     5
000A        :L     KT 009.2                         9 Sekunden
000C        :SE    T     6                          Zeitstufe T6
000D        :NOP 0
000E        :NOP 0
000F        :NOP 0
0010        :NOP 0
0011        :***


NETZWERK  3             0012        Zeitstufe T7
0012        :U     T     6
0013        :L     KT 009.2                         9 Sekunden
0015        :SE    T     7                          Zeitstufe T7
0016        :NOP 0
0017        :NOP 0
0018        :NOP 0
0019        :NOP 0
001A        :***
```

Bild 6.5.1/2: AWL und KOP *(Fortsetzung auf nächster Seite)*

```
NETZWERK  4            001B       Ausgangssignal
001B       :U    T     7
001C       :=    A     0.0                              Ausgangssignal
001D       :BE


PB  1                              A:S6ZKT1ST.S5D                    LAE=35
                                                                     BLATT    1
NETZWERK  1            0000       Zeitstufenkette,  lange Verzoeger
```

Lange Verzoegerungszeiten durch nacheinander folgende Ansteuerung der Zeit=
stufen

```
!            T 5
!E 0.1         +-----+
+---] [---+-!T!-!0!
!KT 009.2 --!TW DU!-
!          !    DE!-
!          !      !
!          !      !
!        +-!R    Q!-
!          +-----+
!
NETZWERK  2            0009       Zeitstufe  T6
!            T 6
!T 5           +-----+
+---] [---+-!T!-!0!
!KT 009.2 --!TW DU!-
!          !    DE!-
!          !      !
!          !      !
!        +-!R    Q!-
!          +-----+
!
NETZWERK  3            0012       Zeitstufe  T7
!            T 7
!T 6           +-----+
+---] [---+-!T!-!0!
!KT 009.2 --!TW DU!-
!          !    DE!-
!          !      !
!          !      !
!        +-!R    Q!-
!          +-----+
!
NETZWERK  4            001B       Ausgangssignal
!
!T 7                                                                A 0.0
+---] [---+----------+----------+----------+----------+----------+--(   )-!
!
!
!                                                                  :BE
```

Bild 6.5.1/2: AWL und KOP *(Fortsetzung von vorhergehender Seite)*

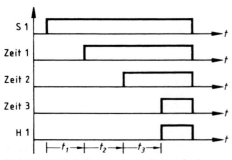

Bild 6.5.1/3: Zeitdiagramm der Zeitstufenkette

NETZWERK 1   0000   Zeitstufenkette, lange Verzoeger

Lange Verzoegerungszeiten durch nacheinander folgende Ansteuerung der Zeit=
stufen
```
                  T 5
                  +-----+
 E  0.1      --!T!-!0!
 KT 009.2    --!TW DU!-
             !    DE!-
             --!R   Q!-
                  +-----+
```

NETZWERK 2   0009   Zeitstufe T6
```
                 T 6
                 +-----+
  T 5        --!T!-!0!
  KT 009.2   --!TW DU!-
             !    DE!-
             --!R   Q!-
                 +-----+
```

NETZWERK 3   0012   Zeitstufe T7
```
                 T 7
                 +-----+
  T 6        --!T!-!0!
  KT 009.2   --!TW DU!-
             !    DE!-
             --!R   Q!-
                 +-----+
```

NETZWERK 4   001B   Ausgangssignal
```
                 +---+     +------+
  T 7        ---! & !--+-! =   ! A 0.0
                 +---+     +------+:BE
```
Bild 6.5.1/4: FUP

6.5.2 Zählen von Impulsen (s6kiz1)

Aufgabe:

Mit einer Kippstufe und einem Zähler soll eine sehr lange Verzögerungszeit erzeugt werden.

Ein Blinkgeber wird programmiert (s. 6.3); die abgegebenen Impulse werden mit einem Zähler gezählt.

Dieses Programm befindet sich im Buch und auf der Diskette.

Der Text zu diesem Programm befindet sich ausschließlich im Buch.

Beispiel:

Ein Blinkgeber besteht aus zwei Zeitstufen:

    1. Zeitstufe $t5$ = 99 sek

    2. Zeitstufe $t6$ = 99 sek

    Die Zählung der Impulse des Blinkgebers erfolgt mit einem Zähler, der bis 65535 zählen kann.

Diese Schaltung ergibt ein Ausgangssignal nach einer (größten) Laufzeit von

    t (ges) (99 s + 99 s) $\times$ 99 = 19602 sek = 5,445 Stunden.

Die Verzögerungszeit kann durch Programmieren der Kippzeit des Impulsgenerators, sowie durch den wählbaren Zählumfang des Zählers verändert werden.

Zuordnungsliste

Datei A:S6KIZ1ZO.SEQ

OPERAND	SYMBOL	KOMMENTAR
E0.1	S1	Eingang fuer Geber S1 (Schliesser)
T5	ZT5	Zeitstufe 5, programmiert auf 99 Sek.
T6	ZT6	Zeitstufe 6, programmiert auf 99 Sek.
Z1	ZAEHL1	Zaehler, 99 Zaehlschritte
A0.0	H1	Ausgang fuer Melder H1

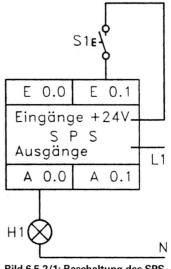

Bild 6.5.2/1: Beschaltung des SPS

```
PB 1                          A:S6KIZ1ST.S5D                    LAE=39
                                                                BLATT   1
NETZWERK 1              0000     Astabile Kippstufe fuer Zaehler
0000        :U    E     0.1
0001        :UN   T     6
0002        :L    KT 099.2
0004        :SE   T     5
0005        :NOP  0
0006        :NOP  0
0007        :NOP  0
0008        :NOP  0
0009        :***


NETZWERK 2             000A     Astabile Kippstufe fuer Zaehler
000A        :U    T     5
000B        :L    KT 099.2
000D        :SE   T     6
000E        :NOP  0
000F        :NOP  0
0010        :NOP  0
0011        :NOP  0
0012        :***


NETZWERK 3             0013     Zaehlen von Impulsen
0013        :U    T     5
0014        :ZR   Z     1
0015        :NOP  0
0016        :UN   E     0.0
0017        :L    KZ 099
0019        :S    Z     1
001A        :NOP  0
001B        :NOP  0
001C        :NOP  0
001D        :NOP  0
001E        :***


NETZWERK 4             001F     Impulse auf Ausgang A0.0
001F        :UN   Z     1
0020        :=    A     0.0              Impulse auf Ausgang A0.0
0021        :BE
```

Bild 6.5.2/2: AWL und KOP *(Fortsetzung auf nächster Seite)*

```
NETZWERK 1              0000         Astabile Kippstufe fuer Zaehler
!                          T 5
!E 0.1      T 6         +-----+
+---] [---+---]/[---+-!T!-!0!
!          KT 099.2 --!TW DU!-
!                    !    DE!-
!                    !      !
!                    !      !
!                    +-!R   Q!-
!                      +-----+
!
NETZWERK 2              000A         Astabile Kippstufe fuer Zaehler
!          T 6
!T 5         +-----+
+---] [---+-!T!-!0!
!KT 099.2 --!TW DU!-
!           !   DE!-
!           !     !
!           !     !
!           +-!R  Q!-
!             +-----+
!
NETZWERK 3              0013         Zaehlen von Impulsen
!          Z 1
!T 5         +-----+
+---] [---+-!ZR  !
!           !     !
!           !     !
!           +-!ZV !
!           !     !
!E 0.0      !     !
+---]/[---+-!S   !
!KZ 099   --!ZW DU!-
!           !  DE!-
!           !    !
!           !    !
!           +-!R  Q!-
!             +-----+
!
NETZWERK 4              001F         Impulse auf Ausgang A0.0
!
!Z 1                                                                  A 0.0
+---]/[---+----------+----------+----------+----------+----------+--(   )-!
!
!
!                                                                    :BE
!
```

Bild 6.5.2/2: AWL und KOP *(Fortsetzung von vorhergehender Seite)*

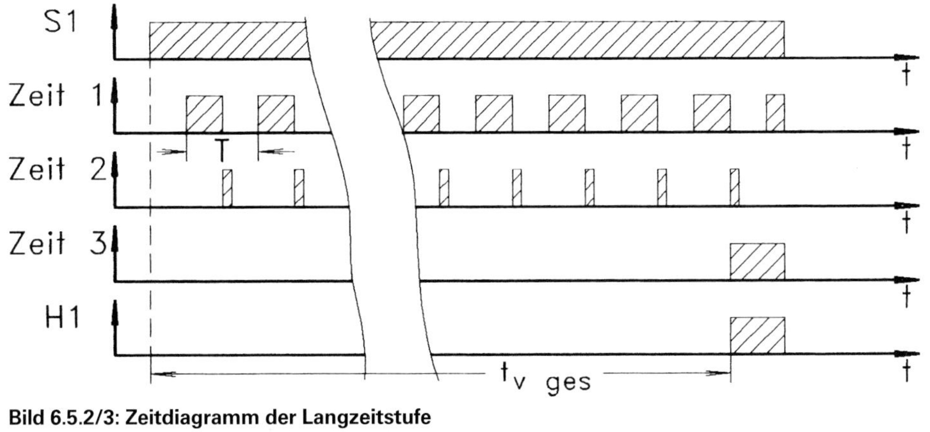

Bild 6.5.2/3: Zeitdiagramm der Langzeitstufe

```
NETZWERK 1              0000      Astabile Kippstufe fuer Zaehler

Lange Verzoegerungszeit mit Blinkstufe und nachgeschaltetem Zaehler
                  +---+    T 5
  E 0.1      ---! & !    +-----+
  T 6        --0! !----!T!-!0!
                  +---+    !     !
             KT 099.2 --!TW DU!-
                        !    DE!-
                      --!R   Q!-
                        +-----+


NETZWERK 2              000A      Astabile Kippstufe fuer Zaehler
                T 6
               +-----+
  T 5        --!T!-!0!
  KT 099.2   --!TW DU!-
               !    DE!-
             --!R   Q!-
               +-----+


NETZWERK 3              0013      Zaehlen von Impulsen
                Z 1
               +-----+
  T 5        --!ZR   !
             --!ZV   !
  E 0.0      -0!S    !
  KZ 099     --!ZW DU!-
               !    DE!-
             --!R   Q!-
               +-----+


NETZWERK 4              001F      Impulse auf Ausgang A0.0
               +---+    +-----+
  Z 1        --0! & !--+-! =   ! A 0.0
               +---+    +-----+:BE
```

Bild 6.5.2/4: FUP

Anmerkung:

Zum Testen der Anordnung sollten z.B. die beiden Zeitstufen auf KT = 5.2 und der Zähler auf KZ = 25 eingestellt werden.

Die Verzögerungszeit beträgt dann:

$$t\,(\text{ges}) = 1 \times (5 + 5)\ \text{s} \times 25 = 250\ \text{s}$$

Fragen zu Kapitel 6:

1. Wodurch wird die Zeitmessung in
   a) analogen Zeitstufen,
   b) in digitalen Zeitstufen ausgeführt?

2. Weshalb ist die Wiederkehrgenauigkeit der eingestellten Zeit bei einer digitalen Zeitstufe besser?

3. Weshalb muss das Signal zur Betätigung einer Zeitstufe mit Einschaltverzögerung länger als die Verzögerungszeit anstehen?

4. Eine Zeitstufe gemäß 6.2.1 hat eine Laufzeit von 5 Sekunden. Welche Verzögerungsfunktion hat ein von der Zeitstufe betätigter Ausgang
   a) der einschaltet,
   b) der ausschaltet?

5. Weshalb muss bei der Schaltung Bild 6.2.2/2 mit Abfallverzögerung der Ausgang für den Melder H1 in Selbsthaltung programmiert werden?

6. Wie können wiederkehrende Impulse erzeugt werden?

7. Wie können lange Verzögerungszeiten erzeugt werden?

8. Wie lang ist die kürzeste Verzögerungszeit einer Zeitstufe?

70

7 Programmieren von Zählern (SZÄHL)

7.1 Grundschaltung von Zählern (s7zvr1)

Zähler in SPS-Geräten werden zum Erfassen von Mengen eingesetzt (z.B. Stückzahlen, Flüssigkeits-mengen, Gewichten, usw.) oder auch zur Bildung langer Verzögerungszeiten (s.a. Abschnitt 6.5.2).

SPS enthalten meist mehrere Zähler, die unabhängig voneinander eingesetzt werden können. Sind die Zählstufen als Vorwärtszähler organisiert, so kann der jeweils erreichte Zählerstand nur über Vergleiche ausgewertet werden.

Vielfach jedoch werden Rückwärtszähler benutzt, die von einem programmierten Ausgangszustand nach Null hin zählen und jeweils bei Erreichen des Zählstandes „NULL" ein Signal abgeben. Diese Art der Zählerorganisation ermöglicht, Zumessungsaufgaben leichter zu erfüllen (Füllmengen usw.). Das Errei-chen der vorgegebenen Menge ist dann in jedem Anwendungsfall der Stand „NULL" des Zählers.

Gegen Verlust des erreichten Zählerstandes wegen Netzspannungs-Unterbrechung werden Zähler durch Pufferung der Betriebsspannung durch eine Batterie geschützt.

Zähler haben folgende Eingänge:
- ZV   Eingang für Vorwärtstakt
- ZR   Eingang für Rückwärtstakt
- S   Eingang für Setzen des Zählers
        auf einen Anfangswert
- R   Eingang für Rücksetzen des
        Zählers auf Null
- ZW   Eingang für Anzahl der Zählschritte KZ

Ein gewünschter Anfangsstand des Zählers wird durch Programmieren von „ZW" eingegeben.

Im folgenden handelt es sich um einen Rückwärtszähler mit dem Zählziel Null.
Die Konstante „KZ10" bewirkt eine Voreinstellung des Zählers auf den Zählbeginn 10.
Soll beim Rückwärtszählen der Wert „0" nicht unterschritten werden, so ist der Takteingang so mit dem Ausgang zu verriegeln, dass dann weitere Taktimpulse nicht auf den Eingang gelangen.

Aufgabe: Nach 10 Betätigungen des Gebers S1 soll am Ausgang A0.0 ein Signal abgegeben werden. Mit dem Geber S3 wird der Zähler auf den Anfangsstand (Vorgabe KZ10) gesetzt.

Dieses Programm befindet sich im Buch und auf der Diskette.
Der Text zu diesem Programm befindet sich ausschließlich im Buch.

```
Zuordnungsliste
Datei A:S7ZVR1ZO.SEQ                                    BLATT        1


    OPERAND     SYMBOL     KOMMENTAR


    E 0.1       S1         Geber S1 (s), rueckwaerts zaehlen
    E 0.2       S2         Geber S2 (s), vorwaerts zaehlen
    E 0.3       S3         Geber S3 (s), setzen auf kz10
    E 0.4       S4         Geber S4 (s), setzen Zaehler auf Null,
                           0-Signal am Zaehlerausgang Q
    A 0.0       H1         Ausgang fuer Melder H1
    Z 1         Zaehl1     Zaehler Z1, 10 Zaehlschritte
```

Werden bei Speicher-, Zeit- oder Zählfunktionen der SPS nicht alle Ein- oder Ausgänge im Programm benutzt, so sind diese mit einem NOP 0 zu belegen (siehe hierzu die entsprechenden Programme). Wird die NOP-Anweisung nicht eingegeben, so kann nur eine AWL gedruckt werden.

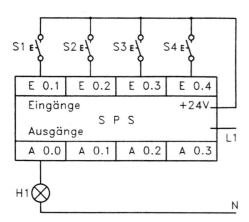

Bild 7.1/1: Beschaltung der SPS

Der Zähler muss nach dem Einschalten der SPS (vor Programmausführung) gesetzt werden. Dazu werden Richtimpulse benutzt, die in der SPS beim Übergang in den RUN-Betrieb durch einmalige Impulse erzeugt werden (s. 6.4.2: Einmalige Impulse).

Der Zähler wird blockiert, wenn am Eingang R ein Dauer-1-Signal ansteht.

```
PB  1                          A:S7ZVR1ST.S5D                    LAE=22
                                                                 BLATT    1
NETZWERK  1              0000        Vorwaerts-Rueckwaerts-Zaehler
0000        :U      E     0.1                 S1  fuer Rueckwaertszaehlen
0001        :ZR     Z     1
0002        :U      E     0.2                 S2  fuer  Vorwaertszaehlen
0003        :ZV     Z     1
0004        :U      E     0.3                 S3  Voreinstellung  k=10
0005        :L      KZ  010
0007        :S      Z     1
0008        :U      E     0.4                 S4  Zaehler  auf  Null  schalten,
0009        :R      Z     1                       Zaehlerausgang  Q  auf  0-Sig.
000A        :NOP  0
000B        :NOP  0
000C        :NOP  0
000D        :***


NETZWERK  2             000E        Ausgang  fuer  Zaehler  Z1
000E        :UN     Z     1                   Negierung,  da  Z1  an  Q  auf  0-Sig.
000F        :=      A     0.0                 Ausgang  fuer  Zaehler  Z1
0010        :BE
```

Bild 7.1/2: AWL und KOP *(Fortsetzung auf nächster Seite)*

```
NETZWERK 1          0000       Vorwaerts-Rueckwaerts-Zaehler
!          Z 1
!E 0.1              +-----+
+---] [---+-!ZR   !
!         !        !
!E 0.2    !        !
+---] [---+-!ZV   !
!         !        !
!E 0.3    !        !
+---] [---+-!S    !
!KZ 010   --!ZW DU!-
!         !    DE!-
!         !        !
!E 0.4    !        !
+---] [---+-!R   Q!-
!         +-----+
!
NETZWERK 2          000E       Ausgang fuer Zaehler Z1
!                                                                  A 0.0
!Z 1
+---]/[---+----------+----------+----------+----------+----------+----------+--(   )-!
!
!                                                                  :BE
!
```

Bild 7.1/2: AWL und KOP *(Fortsetzung von vorhergehender Seite)*

```
NETZWERK 1          0000       Vorwaerts-Rueckwaerts-Zaehler
            Z 1
            +-----+
E 0.1     --!ZR   !
E 0.2     --!ZV   !
E 0.3     --!S    !
KZ 010    --!ZW DU!-
          !    DE!-
E 0.4     --!R   Q!-
            +-----+

NETZWERK 2          000E       Ausgang fuer Zaehler Z1
          +---+      +------+
Z 1     --0! & !--+-! =   ! A 0.0
          +---+      +------+:BE
```

Bild 7.1/3: FUP

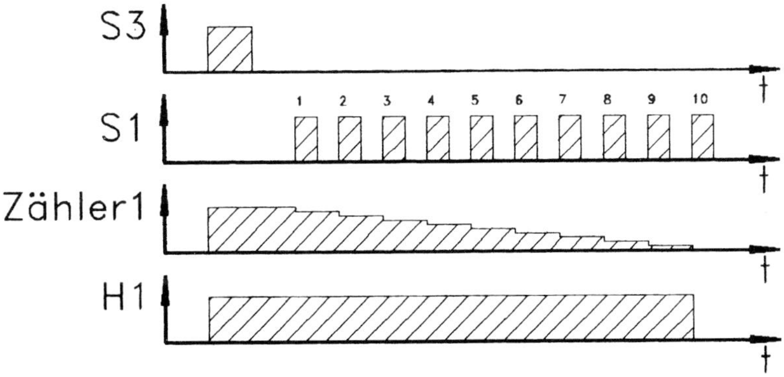

Bild 7.1/4: Zeitdiagramm eines rückwärtszählenden Zählers

73

7.2 Nachbildung einer Zeitstufe mit Zählern (s7zeza)

Obwohl stets mehrere Zeitstufen in einer SPS vorhanden sind, kann es erforderlich sein, weitere Zeitstufen zur Verfügung zu haben. Zeitstufen lassen sich mit Zählern nachbilden. Die Nachbildungen sollen gleiches Verhalten haben wie in 6.2.1 dargestellt (Anzugverzögerung).

Aufgabe:

Aufbau einer Zeitstufe mit Rückwärts-Zähler. Die Einschaltverzögerung soll $t = 10$ s betragen (KZ = 10); dafür ist am Eingang E0.1 ein Sekundentakt erforderlich.

Dieses Programm befindet sich im Buch und auf der Diskette.

Der Text zu diesem Programm befindet sich ausschließlich im Buch.

```
Zuordnungsliste

Datei A:S7ZEZAZO.SEQ

   OPERAND    SYMBOL   KOMMENTAR

   E 0.0      S0       Geber S0 (s), fuer Richtimpuls
   E 0.1      S1       Geber S1 (s), Takteingang rueckwaerts
   A 0.0      H1       Ausgang fuer Melder H1
   Z 1        Zaehl1   Zaehler Z1
```

Bild 7.2/1: Beschaltung der SPS

Im Ruhezustand wird die Schaltung durch ein 1-Signal an dem S-Eingang des Zählers ständig gesetzt. Ein Zählvorgang wird dadurch unmöglich gemacht.

Bei Betätigen des Gebers S0 wird das Setzsignal an S aufgehoben; es gelangen jetzt Zählimpulse von Eingang E0.1 auf den Zähleingang des Zählers ZR.

Der Eingang E0.1 kann durch die Abfrage des Ausganges eines beliebigen anderen Signalgebers getaktet werden (wenn nicht vorhanden, s. 6.4.1 oder 6.5.2). Nach Ablauf der vorgegebenen Zeit wird am Ausgang A0.0 ein 1-Signal ausgegeben. Der Geber S0 muss bis zum Ablauf der Zeit betätigt sein, sonst erfolgt ein Rücksetzen der Zeitstufe auf den Anfangszustand.

```
PB 1                          A:S7ZEZAST.S5D                   LAE=21
                                                               BLATT    1
NETZWERK  1            0000    Zeitstufe mit Zaehler
0000       :U    E    0.1                Taktgeber
0001       :U    E    0.0                Freigabe Zaehler fuer Takte
0002       :ZR   Z    1
0003       :NOP  0
0004       :UN   E    0.0                1-Signal wenn E0.0 nicht
0005       :L    KZ 010
0007       :S    Z    1                  Aktivieren von Z1
0008       :NOP  0
0009       :NOP  0
000A       :NOP  0
000B       :NOP  0
000C       :***


NETZWERK  2            000D    Anzeige Zaehler auf 0 oder 1-Sig
000D       :UN   Z    1
000E       :=    A    0.0                Anzeige Zaehler auf 0 oder 1-Sig
000F       :BE
```

Bild 7.2/2: AWL und KOP *(Fortsetzung auf nächster Seite)*

```
NETZWERK 1            0000        Zeitstufe mit Zaehler
!                     Z 1
!E 0.1      E 0.0        +-----+
+---] [---+---] [---+-!ZR   !
!                   !       !
!                   !       !
!                   +-!ZV   !
!                   !       !
!E 0.0              !       !
+---]/[---+---------+-!S    !
!         KZ 010    --!ZW DU!-
!                   !    DE!-
!                   !       !
!                   !       !
!                   +-!R   Q!-
!                       +-----+
!
NETZWERK 2    ·      000D        Anzeige Zaehler auf 0 oder 1-Sig
!
!Z 1                                                             A 0.0
+---]/[---+---------+---------+---------+---------+---------+---------+--(   )-!
!
!
!                                                               :BE
!
```

Bild 7.2/2: AWL und KOP *(Fortsetzung von vorhergehender Seite)*

PB 1   A:S7ZEZAST.S5D   LAE=21
                                                                BLATT   1

```
NETZWERK 1            0000        Zeitstufe mit Zaehler
              +---+   Z 1
   E 0.1    ---! & !      +-----+
   E 0.0    ---!   !----!ZR   !
              +---+   !       !
                     --!ZV   !
   E 0.0     -0!S    !
   KZ 010    --!ZW DU!-
             !    DE!-
             --!R   Q!-
              +-----+

NETZWERK 2            000D        Anzeige Zaehler auf 0 oder 1-Sig
              +---+   +------+
   Z 1      --0! & !--+-! =   ! A 0.0
              +---+   +------+:BE
```

Bild 7.2/4: FUP

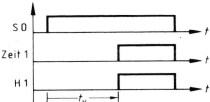

Bild 7.2/3: Zeitdiagramm der Zeitstufe

7.3 Vorwärts-Rückwärts-Zähler (s7ph1)

Aufgabe: Mit einem Vorwärts-Rückwärts-Zähler soll die Belegung eines Parkplatzes überwacht werden.

Dieses Programm befindet sich im Buch und auf der Diskette.

Der Text zu diesem Programm befindet sich ausschließlich im Buch.

Ein Parkplatz mit insgesamt 10 Stellplätzen hat eine Ein- und eine Ausfahrt, die jeweils mit einer Lichtschranke überwacht werden. Impulse der Lichtschranken steuern über einen Vorwärts-Rückwärts-Zähler die Ampel an der Parkplatzzufahrt.

Die Ampel zeigt

– grün, wenn sich weniger als 10 Autos auf dem Parkplatz befinden,
– rot, wenn der Parkplatz besetzt ist.

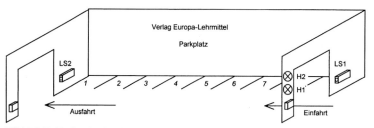

Bild 7.3/1: Technologieschema

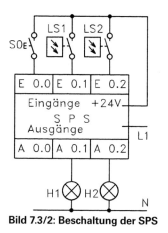

Bild 7.3/2: Beschaltung der SPS

Zuordnungsliste

Datei A:S7PH1@ZO.SEQ

OPERAND	SYMBOL	KOMMENTAR
E0.0	S0	Rest–Taster S0
E0.1	LS1	Lichtschranke Einfahrt LS1
E0.2	LS2	Lichtschranke Ausfahrt LS2
A0.1	H1	Ampel gruen H1
A0.2	H2	Ampel rot H2

```
PB 1                              A:S7PH1@ST.S5D                    LAE=24
                                                                   BLATT   1
NETZWERK 1              0000    Vor-Rueck-Zaehler fuer Parkhaus
0000       :U    E    0.1              Lichtschranke Einfahrt
0001       :ZR   Z    1                Rueckwaertszaehlen
0002       :U    E    0.2              Lichtschranke Ausfahrt
0003       :ZV   Z    1                Vorwaertszaehlen
0004       :U    E    0.0              Zaehler mit
0005       :L    KZ 010                Konstante 10 laden
0007       :S    Z    1
0008       :NOP  0
0009       :NOP  0
000A       :NOP  0
000B       :NOP  0
000C       :***


NETZWERK 2              000D    Ampel: gruen
000D       :U    Z    1
000E       :=    A    0.1              Ampel ist gruen
000F       :***


NETZWERK 3              0010    Ampel: rot
0010       :UN   Z    1
0011       :=    A    0.2              Ampel ist rot
0012       :BE
```

Bild 7.3/3: AWL

```
NETZWERK 1           0000       Vor-Rueck-Zaehler fuer Parkhaus
!             Z 1
!E 0.1        +-----+
+---] [---+-!ZR   !
!         !       !
!E 0.2    !       !
+---] [---+-!ZV   !
!         !       !
!E 0.0    !       !
+---] [---+-!S    !
!KZ 010   --!ZW DU!-
!         !    DE!-
!         !       !
!         !       !
!         +-!R   Q!-
!           +-----+
!

NETZWERK 2           000D       Ampel: gruen
!
!Z 1                                                                    A 0.1
+---] [---+---------+---------+---------+---------+---------+---------+--(   )-
!

NETZWERK 3           0010       Ampel: rot
!
!Z 1                                                                    A 0.2
+---]/[---+---------+---------+---------+---------+---------+---------+--(   )-
!
!
!                                                               :BE
!
```

Bild 7.3/4: KOP

Beschreibung der Funktion des Programms:

Nach dem Einschalten der Anlage leuchtet die Ampel rot, da der Zähler noch nicht gesetzt ist. Bei Betätigen der Reset-Taste S0, wird die Zählerkonstante „10" geladen und der Zähler auf den Stand „10"
gesetzt; der Zählerausgang Q hat „1"-Signal, die Ampel leuchtet „grün".

Einfahrende Autos bewirken ein Herabsetzen des Zählerstandes (= Rückwärtszählen, Eingang ZR1)
jeweils um eins. Beim 10. Auto springt der Zählerstand von „1" auf „0". Am Zählerausgang Q tritt ein
„0"-Signal auf, die Ampel leuchtet dann rot (siehe hierzu Kap. 7.1, Seite 71).

Herausfahrende Autos erhöhen den Zählerstand (= Vorwärtszählen, Eingang ZV1) wieder jeweils um
eins.

Fragen zu Kapitel 7:

1. Wodurch wird der erreichte Zählstand eines Zählers gesichert, wenn die Versorgungsspannung
ausfällt?

2. Womit kann bei einem SPS-Zähler der Zählvorgang blockiert werden?

3. Wofür werden bei Zählern Richtimpulse benötigt?

8 Schützschaltungen und SPS (SSCHÜTZ)

In diesem Kapitel wird dargestellt, wie anstelle von Schützschaltungen SPS verwendet werden können. Es wird nicht dargelegt, wann das Ersetzen einer Schützschaltung durch eine SPS wirtschaftlich vertretbar ist, sondern anhand der Grundschaltungen sollen wesentliche Probleme der Programmierung erörtert werden. In den Kapiteln werden folgende Abkürzungen verwendet:

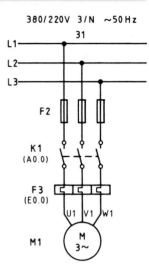

Anweisung	$\triangleq$ Anw.	Eingang	$\triangleq$ E
Anweisungsliste	$\triangleq$ AWL	Ausgang	$\triangleq$ A
Kontaktplan	$\triangleq$ KOP	Merker	$\triangleq$ M
Funktionsplan	$\triangleq$ FUP	Zeitstufe	$\triangleq$ T
Adresse	$\triangleq$ Adr.		

Die in den Programmen verwendeten Merker sollen keine Haftmerker sein, außer, wo ausdrücklich die Verwendung derselben vorgesehen ist. Die Merker müssen also bei Spannungsausfall ihre gespeicherte Information verlieren und nach Spannungswiederkehr nicht mehr gesetzt sein.

8.1 Tippbetrieb eines Drehstrommotors von 2 Schaltstellen in Verknüpfungssteuerung (s8tip1 bis 4)

Diese Programme befinden sich im Buch und auf der Diskette.

Der Text zu diesen Programmen befindet sich ausschließlich im Buch.

Aufgabe: Ein Drehstrommotor soll über ein Schütz von 2 Schaltstellen aus im Tippbetrieb geschaltet werden können. Tippbetrieb heißt, der Motor läuft, solange einer der Taster betätigt ist. Die Schaltzustände „Aus" und „Ein" werden über Kontrolllampen angezeigt. Ein thermischer Überstromauslöser schützt den Motor **(Bild 8.1/1)**.

Funktionsbeschreibung: Wird S1 oder S2 betätigt, so zieht K1 an. H1 und H2 „betriebsbereit" erlöschen, H3 und H4 leuchten. Der Motor läuft, solange der Taster betätigt wird. Über den thermischen Überstromauslöser F3 ist der

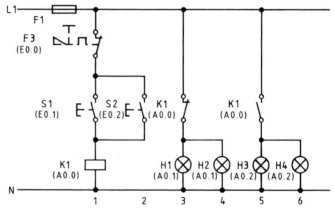

Bild 8.1/1: Leistungsteil und Steuerteil eines D-Motors für Tippbetrieb von 2 Schalterstellen

Motor gegen dauernde Überlastung geschützt. Spricht F3 an, so unterbricht der Hilfskontakt von F3 in Strompfad 1 die Schützsteuerung und damit die Zuleitung zur Schützspule K1. Der Motor wird über das Schütz K1 ausgeschaltet.

Anmerkung:

Die in Klammern stehenden Bezeichnungen beziehen sich auf die Ein- und Ausgänge der SPS.

Vor der Erstellung eines Programms muss grundsätzlich immer eine Zuordnungsliste und Beschaltung der SPS festgelegt werden **(Bild 8.1/2)**.

---

*) Für alle Zuordnungslisten bedeuten: (S) = Schließer, (O) = Öffner.

78

Zuordnungsliste

Datei A:S8TIP1Z0.SEQ

OPERAND	SYMBOL	KOMMENTAR
E0.0	F3	Therm.Ueberstromausloeser F3 (o)
E0.1	S1	Eintaster S1 Stelle 1
E0.2	S2	Eintaster S2 Stelle 2
A0.0	K1	Leistungsschuetz K1
A0.1	H1,H2	Kontrollampen "Aus", H1,H2
A0.2	H3,H4	Kontrollampen "Ein", H3,H4

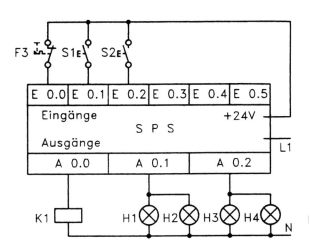

Zur Erstellung der AWL wird versuchsweise so vorgegangen, dass die Verknüpfungen, wie im Stromlaufplan gezeichnet, nacheinander programmiert werden. **Bild 8.1/3** zeigt die AWL der Steuerung.

Bild 8.1/2: Beschaltung der SPS Tippbetrieb eines D-Motors von 2 Stellen

```
PB 1                              A:S8TIP1ST.S5D                        LAE=16
                                                                       BLATT   1
NETZWERK 1             0000       Tippbetrieb, Schuetz, 2 Stellen

Falsche Verknuepfung des thermischen Ausloesers
0000       :U    E     0.0
0001       :U    E     0.1
0002       :O    E     0.2
0003       :=    A     0.0                      Ausgang fuer Schuetz K1
0004       :***


NETZWERK 2             0005       Kontrollampen AUS, H1 und H2
0005       :UN   A     0.0
0006       :=    A     0.1                      Kontrollampen AUS H1 und H2
0007       :***


NETZWERK 3             0008       Kontrollampen EIN, H3 und H4
0008       :U    A     0.0
0009       :=    A     0.2                      Kontrollampen EIN, H3 und H4
000A       :BE
```

Bild 8.1/3: AWL: D-Motor, Tippbetrieb von 2 Stellen

Testet man das Programm, so ergibt sich, dass der Motor von 2 Stellen geschaltet werden kann. Hat jedoch der Auslöser F3 ausgelöst, so kann der Motor weiterhin über den Taster S2 eingeschaltet werden. Dies ist wegen Überlastung des Motors nicht zulässig.

Die funktionstüchtige Schützschaltung ist nicht richtig umgesetzt worden. Der ausgedruckte Kontaktplan (Bild 8.1/4) lässt erkennen, dass die Anw. OE0.2 (Adr. 0002) den Schließer S2 parallel über den Öffner F3 und den Schließer S1 wirksam werden lässt.

```
PB 1                          A:S8TIP1ST.S5D                    LAE=16
                                                                BLATT   1
NETZWERK 1         0000       Tippbetrieb, Schuetz, 2 Stellen

Falsche Verknuepfung des thermischen Ausloesers
!
!E 0.0      E 0.1                                               A 0.0
+---] [---+---] [---+---------+---------+---------+---------+--(   )-!
!                   !
!E 0.2              !
+---] [---+---------+
!
NETZWERK 2         0005       Kontrollampen AUS, H1 und H2
!
!A 0.0                                                          A 0.1
+---]/[---+---------+---------+---------+---------+---------+--(   )-!
!
NETZWERK 3         0008       Kontrollampen EIN, H3 und H4
!
!A 0.0                                                          A 0.2
+---] [---+---------+---------+---------+---------+---------+--(   )-!
!
!
!                                                              :BE
!
```

Bild 8.1/4: KOP: D-Motor, Tippbetrieb von 2 Stellen

```
PB 1                          A:S8TIP1ST.S5D                    LAE=16
                                                                BLATT   1
NETZWERK 1         0000       Tippbetrieb, Schuetz, 2 Stellen

Falsche Verknuepfung des thermischen Ausloesers
              +---+
E 0.0    ---! & !         +---+
E 0.1    ---!   !-----! >=1!
              +---+     !   !    +-------+
         E 0.2    ---!   !--+-! =    ! A 0.0
                       +---+    +-------+

NETZWERK 2         0005       Kontrollampen AUS, H1 und H2
              +---+    +-------+
A 0.0    --0! & !--+-! =    ! A 0.1
              +---+    +-------+

NETZWERK 3         0008       Kontrollampen EIN, H3 und H4
              +---+    +-------+
A 0.0    ---! & !--+-! =    ! A 0.2
              +---+    +-------+:BE
```

Bild 8.1/5: FUP: D-Motor, Tippbetrieb von 2 Stellen

Das Programm muss also geändert werden. Hierzu gibt es 3 Lösungsmöglichkeiten.

Lösung 1:

Im Gegensatz zu Kontaktschaltungen (**Bilder 8.1/1** und **8.1/6**) bei denen die Reihenfolge der Kontakte gleichgültig ist, muss man bei einer SPS zunächst die ODER-Verknüpfung und dann die UND-Verknüpfung programmieren.

Das neue Programm und den zugehörigen KOP zeigen die **Bilder 8.1/7** und **8.1/8,** Seite 81.

Ein Test des Programms ergibt eine ordnungsgemäße Funktion für den Tippbetrieb des Motors. Jedoch kann das erste Netzwerk der AWL nicht in einen KOP umgesetzt werden.

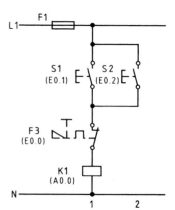

Bild 8.1/6: Andere Anordnung der Schaltglieder

```
PB 1                          A:S8TIP2ST.S5D                 LAE=16
                                                             BLATT    1
NETZWERK 1            0000     Tippbetrieb, D-Motor, 2 Stellen

Richtige Verknuepfung des thermischen Ausloesers
0000        :O    E    0.1
0001        :O    E    0.2
0002        :U    E    0.0
0003        :=    A    0.0                    Schuetz K1
0004        :***


NETZWERK 2           0005     Kontrollampen AUS, H1 und H2
0005        :UN   A    0.0
0006        :=    A    0.1                Kontrollampen AUS, H1 und H2
0007        :***


NETZWERK 3           0008     Kontrollampen EIN, H3 und H4
0008        :U    A    0.0
0009        :=    A    0.2                Kontrollampen EIN, H3 und H4
000A        :BE
```
Bild 8.1/7: AWL: D-Motor, Tippbetrieb von 2 Stellen

```
PB 1                          A:S8TIP2ST.S5D                 LAE=16
                                                             BLATT    1
NETZWERK 1           0000     Tippbetrieb, D-Motor, 2 Stellen

Richtige Verknuepfung des thermischen Ausloesers
0000        :O    E    0.1
0001        :O    E    0.2
0002        :U    E    0.0
0003        :=    A    0.0                    Schuetz K1
0004        :***


NETZWERK 2           0005     Kontrollampen AUS, H1 und H2
!
!A 0.0                                                              A 0.1
+---]/[---+---------+---------+---------+---------+---------+--(    )-!
!
NETZWERK 3           0008     Kontrollampen EIN, H3 und H4
!
!A 0.0                                                              A 0.2
+---] [---+---------+---------+---------+---------+---------+--(    )-!
!
!
!                                                              :BE
!
```
Bild 8.1/8: KOP: D-Motor, Tippbetrieb von 2 Stellen

Die Anweisungen des 1. Netzwerkes der AWL können nicht in einen KOP umgesetzt werden; deshalb wird der betreffende Teil der AWL gedruckt.

Lösung 2:

Das Programm wird mit Klammer-Anweisungen geschrieben. Dieses entspricht den Regeln der Boole-schen Schaltalgebra. Durch die Klammern wird bestimmt, dass die ODER-Verknüpfungen vor den UND-Verknüpfungen ausgeführt werden **(Bild 8.1/9)**. Andere Steuerungen verwenden hier einen „UND-Block-Befehl".

Dieses Programm entspricht in der Funktion dem von Bild 8.1/7, jedoch kann jetzt die AWL in einen KOP und FUP umgesetzt werden.

Durch die Benutzung der Klammerschreibweise werden keine Merker benötigt. Dadurch werden der Kontaktplan (Bild 8.1/10) und der Funktionsplan leichter lesbar.

81

```
PB 1                      A:S8TIP3ST.S5D                    LAE=18
                                                            BLATT   1
NETZWERK 1            0000       Tippbetrieb, D-Motor, 2 Stellen

Loesung mit Klammerschreibweise
0000      :U (
0001      :O    E    0.1              01
0002      :O    E    0.2              01
0003      :)                         01
0004      :U    E    0.0
0005      :=    A    0.0                   Schuetz K1
0006      :***


NETZWERK 2            0007       Kontrollampen AUS, H1 und H2
0007      :UN   A    0.0
0008      :=    A    0.1                Kontrollampen AUS, H1 und H2
0009      :***


NETZWERK 3            000A       Kontrollampen EIN, H3 und H4
000A      :U    A    0.0
000B      :=    A    0.2                Kontrollampen EIN, H3 und H4
000C      :BE
```

Bild 8.1/9 AWL: D-Motor, Tippbetrieb von 2 Stellen, mit Klammer-Anweisung

```
PB 1                      A:S8TIP3ST.S5D                    LAE=18
                                                            BLATT   1
NETZWERK 1           0000       Tippbetrieb, D-Motor, 2 Stellen

Loesung mit Klammerschreibweise
!
!E 0.1     E 0.0                                               A 0.0
+---] [---+---] [---+---------+---------+---------+---------+--(   )-!
!         !
!E 0.2    !
+---] [---+
!
NETZWERK 2           0007       Kontrollampen AUS, H1 und H2
!
!A 0.0                                                         A 0.1
+---]/[---+---------+---------+---------+---------+---------+--(   )-!
!
NETZWERK 3           000A       Kontrollampen EIN, H3 und H4
!
!A 0.0                                                         A 0.2
+---] [---+---------+---------+---------+---------+---------+--(   )-!
!
!
!                                                             :BE
!
```

Bild 8.1/10: KOP: D-Motor, Tippbetrieb von 2 Stellen, mit Klammer-Anweisung

Lösung 3:

Das Programm wird auch mit Klammer-Anweisungen geschrieben, jedoch die Reihenfolge der Anweisungen in der AWL im Vergleich zur Lösung 2 verändert. Dadurch kann die Schaltung nach Bild 8.1/1 auf Seite 78 direkt umgesetzt werden.

```
PB 1                        A:S8TIP4ST.S5D                    LAE=18
                                                             BLATT   1
NETZWERK 1              0000       Tippbetrieb, D-Motor, 2 Stellen

Loesung mit Klammerschreibweise und anderer Verknuepfung
0000     :U    E    0.0
0001     :U(
0002     :O    E    0.1              01
0003     :O    E    0.2              01
0004     :)                          01
0005     :=    A    0.0                      Tippbetrieb, D-Motor, 2 Stellen
0006     :***


NETZWERK 2              0007       Kontrollampen AUS, H1 und H2
0007     :UN   A    0.0
0008     :=    A    0.1                      Kontrollampen AUS, H1 und H2
0009     :***


NETZWERK 3              000A       Kontrollampen EIN, H3 und H4
000A     :U    A    0.0
000B     :=    A    0.2                      Kontrollampen EIN; H3 und H4
000C     :BE
```

Bild 8.1/11: AWL: D-Motor, Tippbetrieb von 2 Stellen, mit Klammer-Anweisungen

```
PB 1                        A:S8TIP4ST.S5D                    LAE=18
                                                             BLATT   1
NETZWERK 1             0000        Tippbetrieb, D-Motor, 2 Stellen

Loesung mit Klammerschreibweise und anderer Verknuepfung
!
!E 0.0      E 0.1                                                          A 0.0
+---] [---+---] [---+---------+---------+---------+---------+---------+--(   )-!
!         !         !
!         !E 0.2    !
!         +---] [---+
!
NETZWERK 2            0007        Kontrollampen AUS, H1 und H2
!
!A 0.0                                                                     A 0.1
+---]/[---+---------+---------+---------+---------+---------+---------+--(   )-!
!
NETZWERK 3            000A        Kontrollampen EIN, H3 und H4
!
!A 0.0                                                                     A 0.2
+---] [---+---------+---------+---------+---------+---------+---------+--(   )-!
!
!
!                                                                         :BE
!
```

Bild 8.1/12: KOP: D-Motor, Tippbetrieb von 2 Stellen, mit Klammer-Anweisungen

```
PB 1                        A:S8TIP4ST.S5D                    LAE=18
                                                             BLATT   1
NETZWERK 1             0000        Tippbetrieb, D-Motor, 2 Stellen

Loesung mit Klammerschreibweise und anderer Verknuepfung
                           +---+
            E 0.0     ---! & !
                 +---+     !   !
     E 0.1   ---!>=1!      !   !    +------+
     E 0.2   ---!   !-----!   !--+-! =    ! A 0.0
                 +---+     +---+  !   +------+
```

Bild 8.1/13: FUP: D-Motor, Tippbetrieb von 2 Stellen, mit Klammer-Anweisung *(Fortsetzung auf nächster Seite)*

```
NETZWERK 2          0007      Kontrollampen AUS, H1 und H2
              +---+     +------+
A 0.0     --0! & !--+-! =   ! A 0.1
              +---+     +------+


NETZWERK 3          000A      Kontrollampen EIN, H3 und H4
              +---+     +------+
A 0.0     ---! & !--+-! =   ! A 0.2
              +---+     +------+:BE
```

Bild 8.1/13: FUP: D-Motor, Tippbetrieb von 2 Stellen, mit Klammer Anweisung *(Fortsetzung von vorhergehender Seite)*

8.2 Tippbetrieb eines D-Motors von 2 Schaltstellen nach Funktionsplan DIN 40 719 (s8tip5 und 6)

Die bisherige Darstellung der Steuerung z.B. durch einen Kontaktplan ist eine spezielle Darstellung der Elektrotechnik. Techniker anderer Fachrichtungen wie z.B. Verfahrenstechnik, Maschinenbau, Pneumatik können solche elektrotechnischen Schaltpläne oft nicht lesen. Die Forderung nach Allgemeinverständlichkeit und Übersichtlichkeit wird durch Funktionspläne erfüllt.

Der Funktionsplan macht keine Aussage über die Art der verwendeten Geräte, Leitungsführung oder die örtliche Anordnung der Betriebsmittel. Er eignet sich aber besonders für die Lösung von Steuerungsproblemen mit SPS, da man einen Funktionsplan relativ leicht in eine Anweisungsliste umsetzen kann.

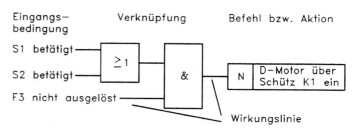

Bild 8.2/1: FUP: D-Motor, Tippbetrieb, 2 Stellen, ohne Kontrollampen

Aus diesem Grunde soll der Funktionsplan in diesem Kapitel bereits an einfachen Schaltbeispielen erläutert werden, obwohl sein Vorteil erst bei komplizierten Schaltungen deutlicher wird. Das **Bild 8.2/1** zeigt den Funktionsplan eines D-Motors für Tippbetrieb von 2 Schaltstellen (vergl. Abschnitt 8.1).

Die Eingangsbedingungen als Signaleingabe stehen immer am Anfang einer Wirkungslinie (Bild 8.2/1). Die Bedingung sollte eindeutig sein. So muss z.B. nach Bild 8.2/1 im FUP erkennbar sein, dass der Motor über S1 oder S2 nur eingeschaltet werden kann, wenn der thermische Auslöser „F3 nicht ausgelöst" hat. Ebenso soll Schütz K1 den Motor nur schalten, wenn S1 oder S2 betätigt werden.

Ist der beschriebene Zustand eines Gebers erfüllt, so führt die Wirkungslinie 1-Signal. Ist der beschriebene Zustand des Gebers nicht erfüllt, so hat die dazugehörige Wirkungslinie 0-Signal.

Die Stellglieder einer Steuerung werden durch „Befehle" beeinflusst, die sich aus der Verknüpfung der Eingangssignale ergeben. Das Symbol für einen Befehl in Makrodarstellung nach DIN 40 719, Teil 6 (wie bereits in Bild 8.2/1 verwendet) ist ein Rechteck, das in die **Felder A, B** und **C** eingeteilt ist (**Bild 8.2/2**).

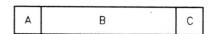

Bild 8.2/2: Grafisches Symbol für einen Befehl

Im Feld A: steht die **Art** des Befehls
hier: **N** d.h. nicht gespeichert. Der Motor ist nämlich im Tippbetrieb geschaltet.

Im Feld B: steht die **Wirkung** des Befehls
hier: entweder als Vorgang wie z.B. D-Motor mit K1 einschalten oder als Prozesszustand wie z.B. D-Motor über K1 ein.

Im Feld C: steht die Kennzeichnung für eine **Rückmeldung** des Befehls, d.h. ein Befehl kann auf den Signalzustand abgefragt und weiterverarbeitet werden. Das Feld C entfällt, wenn eine Abfrage nicht vorgenommen wird.

Der im Feld B formulierte „Vorgang" oder „Prozesszustand" tritt ein, wenn der Befehlseingang (Wirkungslinie) den Wert 1 annimmt **(Bild 8.2/3)**.

Eingänge in Makrosymbole können in ausführlicher Darstellung und in zusammengefasster Darstellung gezeichnet werden. **Bild 8.2/4** zeigt eine Übersicht.

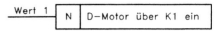

Bild 8.2/3: Ausführung eines Befehls

Eingänge sollen am grafischen Symbol vorzugsweise von oben oder von links gezeichnet werden. Der Funktionsplan nach Bild 8.2/1 kann auf verschiedene Weise dargestellt werden. **Bild 8.2/5** enthält drei verschiedene aber gleichwertige Darstellungen.

Die an ein Befehlssymbol geführten Wirkungslinien sind UND-Verknüpfungen. So wird z.B. der Motor über K1 eingeschaltet, wenn „F3 nicht ausgelöst" hat **und** die Taster „S1 **oder** S2 betätigt" sind. Die UND-Verknüpfung gehört zur Innendarstellung und muss deshalb in der Makrodarstellung nicht mehr gezeichnet werden. Das Makrosymbol nach **Bild 8.2/5** wird durch die ausführliche Darstellung nach **Bild 8.2/6** deutlich. Vergleiche hierzu auch DIN 40719.

Zur Überwachung des Betriebszustandes des Motors werden nach der Schützschaltung Bild 8.1/1, Seite 78, die Kontrolllampen H1 bis H4 verwendet. Im Folgenden soll die Darstellung der Kontrolllampenschaltung in Form des Funktionsplans behandelt werden. Stellt man sich vor, dass der im Tippbetrieb geschaltete Motor z.B. ein Lüftermotor ist, so können die Kontrolllampen durch verschiedene Ausgänge des Makrobefehls angesteuert werden.

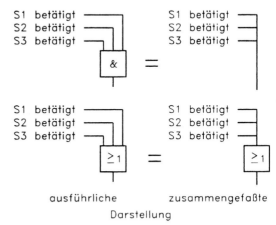

Bild 8.2/4: Darstellung von Eingangsverknüpfungen

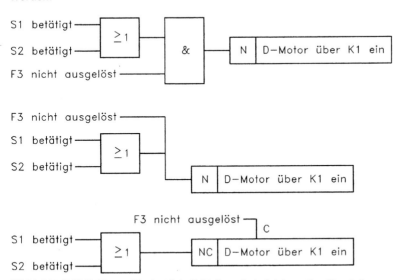

Bild 8.2/5: FUP: D-Motor, Tippbetrieb, 2 Stellen, drei gleichwertige Darstellungen

Ausgang A: Schon bei Vorhandensein der Einschaltbedingungen (Verknüpfung) wird der Ausgang der SPS geschaltet. Die Leuchtmelder H3 und H4 „Ein" leuchten unabhängig davon, ob der Lüftermotor auch wirklich läuft **(Bild 8.2/7**, Seite 86). Hierbei führt der Ausgang A 1-Signal, wenn der in Feld B beschriebene Befehl „Lüftermotor über K1 ein" erfüllt ist.

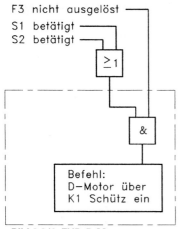

Bild 8.2/6: FUP: D-Motor,
Tippbetrieb, 2 Stellen,
ausführliche Darstellung

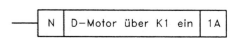

Bild 8.2/7: Ausgang A eines Makrobefehls

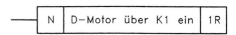

Bild 8.2/8: Ausgang R eines Makrobefehls
mit Rückmeldung

Ausgang R: Die Leuchtmelder H3 und H4 leuchten nur dann, wenn der Lüfter tatsächlich einen ausreichenden Luftstrom erzeugt. Dieser Zustand wird z.B. durch einen Windfahnenschalter auf einen Eingang der SPS rückgemeldet. Eine solche echte Rückmeldung wird mit **„Response-Control" (R)**, d.h. „Antwort-Kontrolle" bei Makrobefehlen bezeichnet. Die mit R gekennzeichnete Rückmeldung hat 1-Signal, wenn der im Feld B formulierte Befehl tatsächlich ausgeführt ist **(Bild 8.2/8)**.

Allgemein können Rückmeldungen erfolgen durch z.B. Endschalter, Drehfrequenzwächter, Windfahnenschalter, Drehrichtungsanzeiger u.a.

Eine genauere Übersicht über das Entstehen der beschriebenen Ausgangssignale A und R ermöglicht die ausführliche Darstellung **(Bild 8.2/9)**. Vergleiche hierzu auch DIN 40719.

Die vollständige Darstellung des Makrobefehls nach Bild 8.2/9 zeigt **Bild 8.2/10**.

Den vollständigen Funktionsplan mit Motorschaltung und Kontrolllampenschaltung zeigt **Bild 8.2/11**.

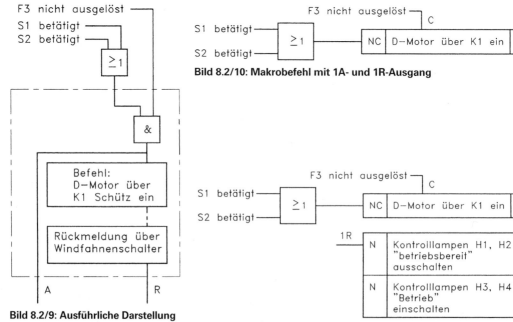

Bild 8.2/9: Ausführliche Darstellung
der Ausgänge A und R

Bild 8.2/10: Makrobefehl mit 1A- und 1R-Ausgang

Bild 8.2/11: FUP: D-Motor, Tippbetrieb, 2 Stellen, mit Kontrolllampen

Programmierung des Ausgangs A: Hier wird lediglich z.B. der Ausgang A0.0 der SPS abgefragt und hiermit die Kontrolllampen geschaltet:

UNA0.0 für H1 und H2, UA0.0 für H3 und H4 (vergl. z.B. AWL, Bild 8.1/7, Seite 81).

Programmierung des Ausgangs R: Hier wird z.B. ein Windfahnenschalter S4 auf Eingang E0.4 abgefragt und damit werden die Kontrolllampen geschaltet:

UNE.0.4 für H1 und H2, UE0.4 für H3 und H4 (vergl. z.B. AWL Bild 8.2/16, Seite 89).

Rückmeldung A und R, Abfrage von Stellgliedern

Im Folgenden sollen am vorher erläuterten Beispiel „Tippbetrieb eines Motors von 2 Schaltstellen" das Prinzip der Abfrage von Stellgliedern und deren Verarbeitung im Programm gezeigt werden.

Zuordnungsliste

Datei A:S8TIP5ZO.SEQ

OPERAND	SYMBOL	KOMMENTAR
E0.0	F3	Therm.Ueberstromausloeser F3 (o)
E0.1	S1	Eintaster S1 Stelle 1
E0.2	S2	Eintaster S2 Stelle 2
E0.3	sK1	Abfrage Schuetz K1
A0.0	K1	Leistungsschuetz K1
A0.1	H1,H2	Kontrollampen "Aus", H1,H2
A0.2	H3,H4	Kontrollampen "Ein", H3,H4

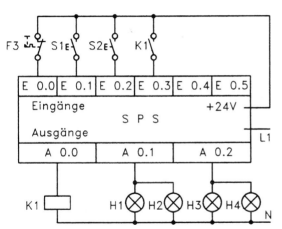

Bild 8.2/12: Beschaltung der SPS, D-Motor, Tipp-betrieb, 2 Stellen, Abfrage des Schützes

Rückmeldung A (Befehl ausgeben)

Wird der Schaltzustand des Schützes z.B. über einen Hilfskontakt abgefragt und im Programm verarbeitet, so ist dies noch keine echte Rückmeldung. Der eingeschaltete Zustand des Schützes gewährleistet noch nicht, dass z.B. der angeschlossene Motor läuft. Eine Abfrage des Schützes sagt jedoch mehr aus als z.B. die Abfrage des SPS-Ausgangs A0.0 zum Schalten der Kontrolllampen. Ist z.B. die Spule des Schützes K1 defekt und wird S1 oder S2 betätigt, so würde nach Programm Bild 8.1/9, Seite 82, der Ausgang A0.0 der SPS gesetzt und die Kontrolllampen H3 und H4 durch die Anweisung UA0.0 (Adr. 000A) eingeschaltet, obwohl das Schütz K1 nicht angezogen hat und der Motor nicht in Betrieb ist. Hier könnte durch eine Abfrage des Schalt-zustandes des Schützes K1 die Schaltung verbessert werden. Hierzu muss ein Schließer des Schützes K1 (Hilfskontakt) an + 24 V gelegt und auf einen Eingang der SPS (E0.3) geführt werden. Das Signal auf E0.3 wird dann im Programm verarbeitet **(Bild 8.2/13)**.

```
PB  1                         A:S8TIP5ST.S5D                    LAE=18
                                                                BLATT   1
NETZWERK 1            0000    Tipp D-Mot.2 St. Abfrage Schuetz

Die Schuetzabfrage erfolgt ueber einen Schliesser des Schuetzes
0000        :U(
0001        :O    E    0.1              01
0002        :O    E    0.2              01
0003        :)                          01
0004        :U    E    0.0
0005        :=    A    0.0                      Schuetz K1
0006        :***
```

Bild 8.2/13: AWL: D-Motor, Tippbetrieb, 2 Stellen, Abfrage des Schützes *(Fortsetzung auf nächster Seite)*

```
NETZWERK  2            0007       Kontrollampen AUS, H1 und H2
0007         :UN   E    0.3                  Abfrage des Schuetzes
0008         :=    A    0.1                  Kontrollampen AUS, H1 und H2
0009         :***


NETZWERK  3            000A       Kontrollampen EIN, H3 und H4
000A         :U    E    0.3                  Abfrage des Schuetzes
000B         :=    A    0.2                  Kontrollampen EIN, H3 und H4
000C         :BE
```

Bild 8.2/13: AWL: D-Motor, Tippbetrieb, 2 Stellen, Abfrage des Schützes *(Fortsetzung von vorhergehender Seite)*

```
PB  1                             A:S8TIP5ST.S5D                          LAE=18
                                                                         BLATT     1
NETZWERK  1            0000       Tipp D-Mot.2 St. Abfrage Schuetz

Die Schuetzabfrage erfolgt ueber einen Schliesser des Schuetzes
!
!E 0.1      E 0.0                                                         A 0.0
+---] [---+---] [---+---------+---------+---------+---------+---------+--(   )-!
!         !
!E 0.2    !
+---] [---+
!
NETZWERK  2            0007       Kontrollampen AUS, H1 und H2
!
!E 0.3                                                                    A 0.1
+---]/[---+---------+---------+---------+---------+---------+---------+--(   )-!
!
NETZWERK  3            000A       Kontrollampen EIN, H3 und H4
!
!E 0.3                                                                    A 0.2
+---] [---+---------+---------+---------+---------+---------+---------+--(   )-!
!
!
!                                                                        :BE
!
```

Bild 8.2/14: KOP: D-Motor, Tippbetrieb, 2 Stellen, Abfrage des Schützes

Rückmeldung R (Response control)

Will man die Anzeige der Kontrolllampen noch zuverlässiger machen, so muss man das Stellglied, nämlich den Motor, direkt abfragen. Bei einem Lüftermotor kann dies z.B. durch einen Windfahnenschalter
S4 gelöst werden. Der Windfahnenschalter S4 wird an + 24 V gelegt und auf den Eingang E0.4 der SPS
geführt. Das Signal an E0.4 wird dann im Programm verarbeitet **(Bild 8.2/16)**.

In diesem Buch wird auch im Weiteren die Abfrage der Schütze vorgenommen wie es vorstehend beschrieben wurde. Damit wird das Prinzip der Abfrage gezeigt und die Schaltungen können als Übungen
leicht aufgebaut werden.

Zuordnungsliste

```
        Datei A:S8TIP6ZO.SEQ                                      BLATT      1


        OPERAND    SYMBOL    KOMMENTAR

        E0.0       F3        Therm.Ueberstromausloeser F3   (o)
        E0.1       S1        Eintaster S1 Stelle 1          (s)
        E0.2       S2        Eintaster S2 Stelle 2          (s)
        E0.4       S4        Windfahnenschalter S4          (s)
        A0.0       K1        Leistungsschuetz K1
        A0.1       H1,H2     Kontrollampen "Aus", H1,H2
        A0.2       H3,H4     Kontrollampen "Ein", H3,H4
```

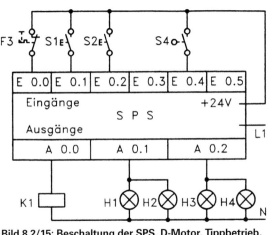

**Bild 8.2/15: Beschaltung der SPS, D-Motor, Tippbetrieb,
2 Stellen, Abfrage über Windfahnenschalter**

```
PB 1                              A:S8TIP6ST.S5D                    LAE=18
                                                                   BLATT    1

NETZWERK 1            0000        Tipp D-Mot. 2 St.Abfrage Windfah

Mit der Abfrage des Windfahnenschalters wird der Luftstrom des laufenden,
eingeschalteten Motors kontrolliert
0000         :U(
0001         :O    E    0.1          01
0002         :O    E    0.2          01
0003         :)                      01
0004         :U    E    0.0
0005         :=    A    0.0                     Schuetz K1
0006         :***


NETZWERK 2            0007        Kontrollampen AUS, H1 und H2
0007         :UN   E    0.4                     Abfrage Windfahnenschalter S4
0008         :=    A    0.1                     Kontrollampen AUS, H1 und H2
0009         :***


NETZWERK 3            000A        Kontrollampen EIN, H3 und H4
000A         :U    E    0.4                     Abfrage Windfahnenschalter S4
000B         :=    A    0.2                     Kontrollampen EIN, H3 und H4
000C         :BE
```

Bild 8.2/16: AWL: D-Motor, Tippbetrieb, 2 Stellen, Abfrage über Windfahnenschalter

8.3 Dauerbetrieb eines Drehstrommotors von 1 Schaltstelle
Programm, Kontaktplan und Funktionsplan nach DIN 40 719
(s8dab1 bis 6)

Diese Programme befinden sich im Buch und auf der Diskette.

Der Text zu diesen Programmen befindet sich ausschließlich im Buch.

Aufgabe:

Ein D-Motor soll über ein Schütz von einer Schaltstelle aus im Dauerbetrieb geschaltet werden können.
Die Schaltzustände „Aus" und „Ein" werden über Kontrolllampen angezeigt. Ein thermischer Auslöser
schützt den Motor gegen dauernde Überlast **(Bild 8.3/1)**.

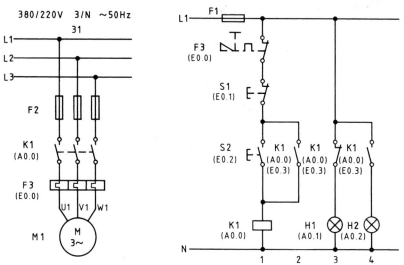

Bild 8.3/1: Dauerbetrieb eines D-Motors von einer Schaltstelle

Funktionsbeschreibung: Wird S2 betätigt, so zieht K1 an und hält sich selbst über den Schließer K1 in Strompfad 2. Kontrollampe H1 „betriebsbereit" erlischt, Kontrollampe H2 „Ein" leuchtet. Wird der Taster S1 betätigt oder löst der thermische Überstromauslöser aus, so wird der Motor M1 über das Schütz abgeschaltet.

Die Beschaltung ist bereits so festgelegt, dass Programme ohne und mit Abfrage des Schützes bzw. des Motors erstellt werden können **(Bild 8.3/2).**

Bild 8.3/3 zeigt die Lösung, bei welcher der Ausgang A0.0 der SPS abgefragt und per Programm über eine ODER-Verknüpfung (OA0.0) die Selbsthaltung geschaltet wird. Außerdem werden über diese Abfrage die Kontrolllampen gesteuert.

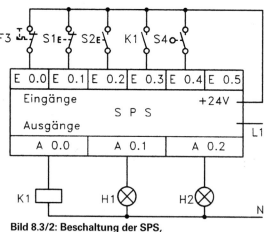

**Bild 8.3/2: Beschaltung der SPS,
D-Motor, Dauerbetrieb von einer Stelle**

Zuordnungsliste

```
Datei A:S8DAB1ZO.SEQ


        OPERAND      SYMBOL     KOMMENTAR


        E0.0         F3         Therm.Ueberstromausloeser F3   (o)
        E0.1         S1         Austaster S1                   (o)
        E0.2         S2         Eintaster S2                   (s)
        E0.3         S3         Schuetzabfrage K1              (s)
        E0.4         S4         Drehfrequenzwaechter S4        (s)
        A0.0         K1         Leistungsschuetz K1
        A0.1         H1         Kontrollampen "Aus", H1
        A0.2         H2         Kontrollampen "Ein", H2
```

NETZWERK 1   0000   D-Motor, Dauerbetrieb, 1 Stelle

Es wird nur der Ausgang der SPS abgefragt
(Zuweisung)
```
0000        :U(
0001        :0     E     0.2              01            Ein-Taster S2
0002        :0     A     0.0              01            Abfrage SPS-Ausgang A0.0
0003        :)                            01
0004        :U     E     0.0                            Therm.Ueberstromausloeser
0005        :U     E     0.1                            Aus-Taster S0
0006        :=     A     0.0                            Schuetz K1
0007        :***
```

NETZWERK 2   0008   Kontrollampe H1 AUS
```
0008        :UN    A     0.0                            Abfrage Ausgang A0.0
0009        :=     A     0.1                            Kontrollampe H1 AUS
000A        :***
```

NETZWERK 3   000B   Kontrollampe H2 EIN
```
000B        :U     A     0.0                            Abfrage Ausgang A0.0
000C        :=     A     0.2                            Kontrollampe H2 EIN
000D        :BE
```

Bild 8.3/3: AWL: D-Motor, Dauerbetrieb, 1 Stelle, Abfrage SPS Ausgang (Zuweisung)

PB 1   A:S8DAB1ST.S5D   LAE=19
                                                                   BLATT   1

NETZWERK 1   0000   D-Motor, Dauerbetrieb, 1 Stelle

Es wird nur der Ausgang der SPS abgefragt
(Zuweisung)
```
!
!E 0.2     E 0.0     E 0.1                                                        A 0.0
+---] [---+---] [---+---] [---+---------+---------+---------+---------+---------+--(   )-!
!         !         !
!A 0.0    !
+---] [---+
!
NETZWERK 2             0008        Kontrollampe H1 AUS
!
!A 0.0                                                                           A 0.1
+---]/[---+---------+---------+---------+---------+---------+---------+---------+--(   )-!
!
NETZWERK 3             000B        Kontrollampe H2 EIN
!
!A 0.0                                                                           A 0.2
+---] [---+---------+---------+---------+---------+---------+---------+---------+--(   )-!
!
!
!                                                                               :BE
!
```

Bild 8.3/4: KOP: D-Motor, Dauerbetrieb, 1 Stelle, Abfrage SPS Ausgang (Zuweisung)

```
NETZWERK 1            0000      D-Motor, Dauerbetrieb, 1 Stelle

Es wird nur der Ausgang der SPS abgefragt
(Zuweisung)
                +---+
  E 0.2   ---!>=1!       +---+
  A 0.0   ---!   !-----! & !
                +---+    !   !
        E 0.0   ---!     !         +------+
        E 0.1   ---!     !--+-! =   ! A 0.0
                +---+    +------+


NETZWERK 2            0008     Kontrollampe H1 AUS
                +---+ +------+
  A 0.0   --0! & !--+-! =    ! A 0.1
                +---+ +------+


NETZWERK 3            000B     Kontrollampe H2 EIN
                +---+ +------+
  A 0.0   ---! & !--+-! =    ! A 0.2
                +---+ +------+:BE
```

Bild 8.3/5: FUP: D-Motor, Dauerbetrieb, 1 Stelle, Abfrage SPS Ausgang (Zuweisung)

Bild 8.3/6 zeigt die Lösung, bei welcher das Schütz K1 abgefragt wird (E0.3) und per Programm die Selbsthaltung ausgeführt wird. Außerdem werden über diese Abfrage die Kontrolllampen gesteuert.

```
NETZWERK 1            0000      D-Motor,DB, 1 St.Abfrage Schuetz

Die Abfrage des Schuetzes erfolgt ueber einen Schliesser (Zuweisung)
0000        :U(
0001        :O    E    0.2              01
0002        :O    E    0.3              01         Abfrage Schuetz K1
0003        :)                          01
0004        :U    E    0.0
0005        :U    E    0.1
0006        :=    A    0.0                         Schuetz K1
0007        :***


NETZWERK 2            0008     Kontrollampe H1 AUS
0008        :UN   E    0.3                         Abfrage Schuetz K1
0009        :=    A    0.1                         Kontrollampe H1 AUS
000A        :***


NETZWERK 3            000B     Kontrollampe H2 EIN
000B        :U    E    0.3                         Abfrage Schuetz K1
000C        :=    A    0.2                         Kontrollampe H2 EIN
000D        :BE
```

Bild 8.3/6: AWL: D-Motor, Dauerbetrieb, 1 Stelle, Abfrage des Schützes (Zuweisung)

Bild 8.3/7 zeigt die Lösung, bei welcher das Stellglied „Motor" z.B. über einen Drehfrequenzwächter S4 abgefragt wird. Die Abfrage wird innerhalb der Selbsthaltung im Programm verarbeitet (UE0.4, Adr. 0002). Außerdem werden die Kontrolllampen über diese Abfrage gesteuert. Die Anweisung über die Abfrage des Ausgangs UA0.0; Adr. 0001 könnte in diesem Programm fehlen.

NETZWERK 1   0000   D-Mot.,DB, 1 St.Abfrage Drehfre.

Abfrage des Motors ueber Drehfrequenzwaechter (Zuweisung)
```
0000        :U(
0001        :U     A     0.0          01
0002        :U     E     0.4          01                  Abfrage Drehfrequenzwaechter S4
0003        :O     E     0.2          01
0004        :)                        01
0005        :U     E     0.0
0006        :U     E     0.1
0007        :=     A     0.0                              Schuetz K1
0008        :***
```

```
NETZWERK 2             0009          Kontrollampe H1 AUS
0009        :UN    E     0.4                              Abfrage Drehfrequenzwaechter S4
000A        :=     A     0.1                              Kontrollampe H1 AUS
000B        :***
```

```
NETZWERK 3             000C          Kontrollampe H2 EIN
000C        :U     E     0.4                              Abfrage Drehfrequenzwaechter S4
000D        :=     A     0.2                              Kontrollampe H2 EIN
000E        :BE
```

Bild 8.3/7: AWL: D-Motor, Dauerbetrieb, 1 Stelle, Abfrage des Stellgliedes „Motor" (Zuweisung)

NETZWERK 1   0000   D-Mot.,DB, 1 St.Abfrage Drehfre.

Abfrage des Motors ueber Drehfrequenzwaechter (Zuweisung)
```
!
!A 0.0      E 0.4      E 0.0      E 0.1  -------------------------------------------------   A 0.0
+---] [---+---] [---+---] [---+---] [---+---------+---------+---------+---------+--(   )-!
!                   !
!E 0.2              !
+---] [---+---------+
!
NETZWERK 2             0009          Kontrollampe H1 AUS
!
!E 0.4                                                                                     A 0.1
+---]/[---+---------+---------+---------+---------+---------+---------+---------+--(   )-!
!
NETZWERK 3             000C          Kontrollampe H2 EIN
!
!E 0.4                                                                                     A 0.2
+---] [---+---------+---------+---------+---------+---------+---------+---------+--(   )-!
!
!
!                                                                                     :BE
!
```

Bild 8.3/8: KOP: D-Motor, Dauerbetrieb, 1 Stelle, Abfrage des Stellgliedes „Motor" (Zuweisung)

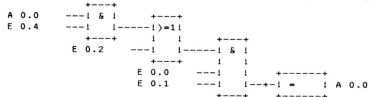

```
NETZWERK 1              0000      D-Mot.,DB, 1 St.Abfrage Drehfre.

Abfrage des Motors ueber Drehfrequenzwaechter (Zuweisung)
                +---+
A 0.0      ---! & !        +---+
E 0.4      ---!   !-----!>=1!
                +---+     !   !     +---+
      E 0.2     ---!     !-----! & !
                +---+     !   !     !   !
           E 0.0     ---!   !     !   !
           E 0.1     ---!   !--+-! =  ! A 0.0
                +---+     +------+
```

```
NETZWERK 2              0009      Kontrollampe H1 AUS
           +---+     +------+
E 0.4    --0! & !--+-! =   ! A 0.1
           +---+     +------+
```

```
NETZWERK 3              000C      Kontrollampe H2 EIN
           +---+     +------+
E 0.4    ---! & !--+-! =   ! A 0.2
           +---+     +------+:BE
```

Bild 8.3/9: FUP: D-Motor, Dauerbetrieb, 1 Stelle, Abfrage des Stellgliedes „Motor" (Zuweisung)

Die Schützschaltung nach Bild 8.3/1, Seite 90, ist eine Speicherschaltung mit dominierendem Eingang der Rücksetzbefehle. Für diese Schützschaltung heißt das, dass bei gleichzeitigem Betätigen des Austasters S1 und des Eintasters S2 der Austaster S1 dominiert, d.h. allein wirksam ist. Dies wird als Symbol wie folgt dargestellt **(Bild 8.3/10)**.

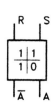

R	S	A	$\overline{A}$
0	0	unbestimmt	
1	0	0	1
0	1	1	0
1	1	0	1

Bild 8.3/10: RS-Speicher mit dominierendem
R-Eingang und zugehörige Arbeitstabelle

Der RS-Speicher ist eine bistabile Kippstufe (Flip-Flop). Wird auf den R- und S-Eingang gleichzeitig 1-Signal gegeben, so hat der Ausgang A 0-Signal und der Ausgang $\overline{A}$ 1-Signal. Wird nur auf den S-Eingang ein kurzzeitiges 1-Signal gegeben, so geht der Ausgang A auf 1-Signal und bleibt auf 1-Signal. Durch 1-Signal auf den R-Eingang kann der Speicher rückgesetzt werden.

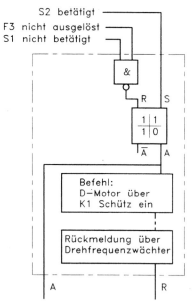

Bild 8.3/11: FUP: D-Motor von
1 Schaltstelle,
ohne Kontrolllampen,
ausführliche Darstellung

Die Schützschaltung nach Bild 8.3/1, Seite 90, kann wieder als Funktionsplan dargestellt werden. Zunächst soll die ausführliche Darstellung nach **Bild 8.3/11** gewählt werden.

Diese ausführliche Darstellung kann auch in Makrodarstellung **(Bild 8.3/12)** gezeichnet werden.

Hierbei ist die Schützschaltung eine Speicherschaltung, was durch die **Befehlsart S** gekennzeichnet ist.

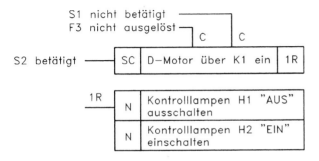

Bild 8.3/12: FUP: D-Motor für Dauerbetrieb,
1 Stelle, Abfrage über
Drehfrequenzwächter

Die Kontrolllampen sind nicht gespeichert geschaltet, denn die Ein-Lampe H2 leuchtet nur so lange, wie das Schütz K1 angezogen ist. Deshalb wird bei den Kontrolllampen die **Befehlsart N** gewählt.

Da der Befehl „D-Motor über K1 ein" über den Auslöser F3 oder den Austaster S1 rückgesetzt werden kann, erhalten die Wirkungslinien an das Befehlssymbol den Buchstaben C (bedingt, conditional).

Bild 8.3/13 zeigt die Lösung, bei welcher der Ausgang A0.0 als RS-Speicher programmiert wird. Durch die Anweisung U E0.2 (Adr. 0000) wird die Setzbedingung für den Ausgang A0.0 gebildet. Die Anweisungen ON E0.0 und ON E0.1 (Adr. 0002, 0003) bilden zusammen die Rücksetzbedingung. Da der Ausgang des RS-Speichers A0.0 in diesem Netzwerk nicht weiter verknüpft wird, steht in der Adresse 0005 eine NOP 0-Anweisung (Null-Operation). Diese ist notwendig, um die Anweisungsliste in einen KOP bzw. FUP umsetzen zu können.

Da im Netzwerk 1 zuerst die Setzbedingung und zuletzt die Rücksetzbedingung für den Ausgang A0.0 programmiert wurde, ist das Rücksetzen des RS-Speichers dominierend.

Die Kontrolllampen werden über Abfragen des Ausganges A0.0 durch Zuweisungen gesteuert. Diese entspricht nach DIN 40719 dem Signal A (s. Bild 8.3/11).

```
PB 1                          A:S8DAB4ST.S5D                    LAE=18
                                                               BLATT   1
NETZWERK  1            0000       D-Mot.DB.1St.Abfrage SPS-Ausg.RS

Abfrage  des  SPS-Ausgangs  (RS-Speicher)
0000       :U    E    0.2                   Ein-Taster S2
0001       :S    A    0.0                   Setzen A0.0 fuer Schuetz K1
0002       :ON   E    0.0                   Therm.Ueberstromausloeser F3
0003       :ON   E    0.1                   Aus-Taster S1
0004       :R    A    0.0                   Ruecksetzen A0.0 fuer Schuetz K1
0005       :NOP  0
0006       :***


NETZWERK  2            0007       Kontrollampe H1 AUS
0007       :UN   A    0.0                   Abfrage SPS-Ausgang A0.0
0008       :=    A    0.1                   Kontrollampe H1 AUS
0009       :***


NETZWERK  3            000A       Kontrollampe H2 EIN
000A       :U    A    0.0                   Abfrage SPS-Ausgang A0.0
000B       :=    A    0.2                   Kontrollampe H2 EIN
000C       :BE
```
Bild 8.3/13: AWL: D-Motor, Dauerbetrieb, 1 Stelle, Abfrage SPS Ausgang (RS-Speicher)

Bild 8.3/14 zeigt die Lösung mit RS-Speicher für den Ausgang A0.0. Für die Ansteuerung der Kontrolllampen wird das Schütz K1 über den Eingang E0.3 abgefragt.

NETZWERK 1   0000   D-Mot.DB.1St.Abfrage Schuetz.RS

Abfrage des Schuetzes ueber einen Schliesser (RS-Speicher)
```
0000        :U    E     0.2
0001        :S    A     0.0                     Setzen Schuetz K1
0002        :ON   E     0.0                     Therm.Ueberstromausloeser F3
0003        :ON   E     0.1                     Aus-Taster S1
0004        :R    A     0.0                     Ruecksetzen Schuetz K1
0005        :NOP 0
0006        :***
```

NETZWERK 2   0007   Kontrollampe H1 AUS
```
0007        :UN   E     0.3                     Abfrage Schuetz K1
0008        :=    A     0.1                     Kontrollampe H1 AUS
0009        :***
```

NETZWERK 3   000A   Kontrollampe H2 EIN
```
000A        :U    E     0.3                     Abfrage Schuetz K1
000B        :=    A     0.2                     Kontrollampe H2 EIN
000C        :BE
```

Bild 8.3/14: D-Motor, Dauerbetrieb, 1 Stelle, Abfrage des Schützes (RS-Speicher)

NETZWERK 1   0000   D-Mot.DB.1St.Abfrage Schuetz.RS

Abfrage des Schuetzes ueber einen Schliesser (RS-Speicher)
```
!                 A 0.0
!E 0.2           +-----+
+---] [---+-!S   !
!         !      !
!E 0.0    !      !
+---]/[---+-!R   Q!-
!         ! +-----+
!E 0.1    !
+---]/[---+
!
!
```
NETZWERK 2   0007   Kontrollampe H1 AUS
```
!
!E 0.3                                                                                      A 0.1
+---]/[---+---------+---------+---------+---------+---------+---------+----------+--(   )-!
!
```
NETZWERK 3   000A   Kontrollampe H2 EIN
```
!
!E 0.3                                                                                      A 0.2
+---] [---+---------+---------+---------+---------+---------+---------+----------+--(   )-!
!
!
!                                                                                          :BE
!
```
Bild 8.3/15: KOP: D-Motor, Dauerbetrieb, 1 Stelle, Abfrage des Schützes (RS-Speicher)

NETZWERK 1   0000   D-Mot.DB.1St.Abfrage Schuetz.RS

Abfrage des Schuetzes ueber einen Schliesser (RS-Speicher)
```
                          A 0.0
                         +-----+
            E 0.2       --!S   !
            +---+        !      !
  E 0.0     --0!>=1!     !      !
  E 0.1     --0!   !----!R   Q!-
            +---+        +-----+
```
Bild 8.3/16: FUP: D-Motor, Dauerbetrieb, 1 Stelle, Abfrage des Schützes (RS-Speicher) *(Fortsetzung auf nächster Seite)*

```
NETZWERK 2          0007       Kontrollampe H1 AUS
                +---+   +------+
  E 0.3     --0! & !--+-! =    ! A 0.1
                +---+   +------+

NETZWERK 3          000A       Kontrollampe H2 EIN
                +---+   +------+
  E 0.3     ---! & !--+-! =    ! A 0.2
                +---+   +------+:BE
```

Bild 8.3/16: FUP: D-Motor, Dauerbetrieb, 1 Stelle, Abfrage des Schützes (RS-Speicher)

(Fortsetzung von vorhergehender Seite)

Bild 8.3/17 zeigt die Lösung, bei welcher das Stellglied „Motor M1" über einen Drehfrequenzwächter S4 abgefragt wird. Durch den Eingang E0.4 (Adr. 0007, 000A) wird für die Kontrolllampen H1 und H2 eine echte Rückmeldung (R, response control) des Motors M1 gegeben (vergl. Bild 8.3/12, Seite 95).

```
PB 1                             A:S8DAB6ST.S5D                        LAE=18
                                                                       BLATT   1
NETZWERK 1          0000       D-Mot.DB.1St.Abfrage Drehfreq.RS

Abfrage des Motors ueber Drehfrequenzwaechter (RS-Speicher)
0000        :U    E    0.2                     Ein-Taster S2
0001        :S    A    0.0                     Setzen Schuetz K1
0002        :ON   E    0.0                     Therm.Ueberstromausloeser F3
0003        :ON   E    0.1                     Aus-Taster S1
0004        :R    A    0.0                     Ruecksetzen Schuetz K1
0005        :NOP  0
0006        :***


NETZWERK 2          0007       Kontrollampe H1 AUS
0007        :UN   E    0.4                     Abfrage Drehfrequenzwaechter S4
0008        :=    A    0.1                     Kontrollampe H1 AUS
0009        :***


NETZWERK 3          000A       Kontrollampe H2 EIN
000A        :U    E    0.4                     Abfrage Drehfrequenzwaechter S4
000B        :=    A    0.2                     Kontrollampe H2 EIN
000C        :BE
```

Bild 8.3/17: AWL: D-Motor, Dauerbetrieb, 1 Stelle, Abfrage über Drehfrequenzwächter (RS-Speicher)

8.4 Dauerbetrieb eines Drehstrommotors von 2 Schaltstellen, Programm, Kontaktplan und Funktionsplan nach DIN 40 719 (s8dab7 bis 9)

SSCHÜTZ
s8dab7
bis dab9

Die Aufgaben, Programme und Texte befinden sich nur auf der Diskette.
Verzeichnis: SSCHÜTZ: Dateien: s8dab7 bis dab9.

8.5 Schaltung eines Drehstrommotors für 2 Drehrichtungen (Wendeschütz) von 1 Schaltstelle, Nullzwang, Programm, Kontaktplan und Funktionsplan nach DIN 40 719 (s8wed1 bis 4)

SSCHÜTZ
s8wed1
bis wed4

Die Aufgaben, Programme und Texte befinden sich nur auf der Diskette.
Verzeichnis: SSCHÜTZ; Dateien: s8wed1 bis wed4.

8.6 Schaltung eines Drehstrommotors für 2 Drehrichtungen (Wendeschütz) von 1 Schaltstelle, direkte Umschaltung (s8wed5)

SSCHÜTZ
s8wed5

Die Aufgabe, das Programm und die Funktionsbeschreibung befinden sich nur auf der Diskette.
Verzeichnis: SSCHÜTZ; Datei: s8wed5.

8.7 Automatische Stern-Dreieck-Schaltung eines Drehstrommotors von 1 Schaltstelle, Programm, Kontaktplan und Funktionsplan nach DIN 40719 (s8std1 bis 5)

SSCHÜTZ
s8std1
bis std5

Die Aufgaben, Programme und Texte befinden sich nur auf der Diskette.
Verzeichnis: SSCHÜTZ; Dateien: s8std1 bis std5.

8.8 Drehfrequenzumschaltung eines D-Motors über Polumschaltung mit geschlossener Dahlanderwicklung, von 1 Schaltstelle, Programm, Kontaktplan und Funktionsplan nach DIN 40719 (s8drf1 bis 4)

SSCHÜTZ
s8drf1
bis drf4

Die Aufgaben, Programme und Texte befinden sich nur auf der Diskette.
Verzeichnis: SSCHÜTZ; Dateien: s8drf1 bis drf4.

Fragen zu Kapitel 8:

1. Mit welchen Schaltgeräten der Relaistechnik können Merker einer SPS verglichen werden?

2. Warum ist die Erstellung einer größeren Steuerung mit SPS preisgünstiger als in herkömmlicher Relaistechnik?

3. In einer Schaltung liegt eine Reihenschaltung von UND-Verknüpfungen und ODER-Verknüpfungen vor. Warum müssen bei einer SPS zuerst die ODER-Verknüpfungen programmiert werden?

4. Für die Steuerung von Stellgliedern mit einer SPS empfiehlt sich häufig die Abfrage des Stellgliedes. Warum führt man eine solche Abfrage durch?

5. Wie wird die Abfrage eines Stellgliedes an der SPS verdrahtet und in der SPS per Programm verarbeitet?

6. Warum müssen Verriegelungen grundsätzlich mit Hilfskontakten der gesteuerten Geräte (Hardware) ausgeführt werden, auch wenn schon im Programm der SPS (Software) eine Verriegelung vorgenommen worden ist?

7. Warum soll bei Ausschaltungen für eine Steuerung mit SPS grundsätzlich ein Öffner eingesetzt und programmiert werden?

8. Der Makrobefehl eines Funktionsplans hat die Felder A, B und C. Welche Angaben stehen in den einzelnen Feldern?

9. Bei Makrobefehlen gibt es nach DIN 40719 sogenannte A- und R-Ausgänge. Welche Bedeutung haben diese Angaben?

10. Welche Bedeutung hat die Angabe C an einer Wirkungslinie zum Eingang eines Makrobefehls?

11. Welche Bedeutung haben die Befehlsarten N, S, D und L?

12. Bei der Wendeschützschaltung wurden mehrere Verriegelungen angewendet. Beschreiben Sie die Wirkung der einzelnen Verriegelungen in der Schaltung.

13. Was ist bei der Programmierung von RS-Speichern zu beachten?

9 Programmierung von Ablaufsteuerungen (SABLAUF)

9.1 Arten von Steuerungen

In Kapitel 1 wurde eine allgemeine Beschreibung einer Steuerung gegeben, und es wurde der Unterschied zu einer Regelung herausgearbeitet. In diesem Abschnitt soll eine kurze Übersicht über die Steuerungsarten gegeben werden.

Nach DIN 19 237 unterscheidet man folgende Steuerungen:

Synchrone Steuerung: Die Signalverarbeitung in der Steuerung erfolgt synchron zu einem Taktsignal.

Asynchrone Steuerung: Die Steuerung arbeitet ohne Taktsignal. Signaländerungen innerhalb der Steuerung werden nur durch Änderungen der Eingangssignale ausgelöst.

Verknüpfungssteuerungen: Bei dieser Steuerung wird das Ausgangssignal durch Verknüpfung der Eingangssignale gewonnen, z.B. durch die Anwendung der Grundverknüpfungen UND, ODER, NICHT. Das Ausgangssignal entsteht, wenn Eingangssignale angeschaltet werden. Beispiele für Steuerungen dieser Art sind Verriegelungsschaltungen und Betriebsartenteile von Steuerungen. In Betriebsartenteilen von Steuerungen sind die Eingriffsmöglichkeiten zur Bedienung der Steuerung zusammengefasst. Verschiedene Betriebsarten, z.B. „Automatikbetrieb" oder „Handbetrieb" werden gegenseitig durch Verriegelungen gegen gleichzeitiges Einschalten gesichert.

Ablaufsteuerungen: Diese Steuerung läuft zwangsweise in Schritten ab, wobei das Weiterschalten von einem Schritt auf den programmgemäß folgenden Schritt abhängig ist von den Weiterschaltbedingungen. Die Eingangssignale der Steuerung bewirken hier nicht unmittelbare Ausgangssignale, sondern dienen als Weiterschaltbedingung für die Schritte innerhalb der **Schrittkette**. Man unterscheidet:

Zeitgeführte Ablaufsteuerungen: Die Weiterschaltbedingungen sind nur von der Zeit abhängig. Hierbei werden z.B. Zeitglieder und Zähler verwendet.

Prozessgeführte Ablaufsteuerungen: Die Weiterschaltbedingungen erfolgen von Signalen der Anlage (Prozess), wie z.B. von Gebern für Temperatur, Menge, Stellung eines Werkstückes.

Ablaufsteuerungen können zeitabhängige und prozessabhängige Weiterschaltbedingungen haben.

Zur graphischen Darstellung von Ablaufsteuerungen benutzt man Funktionspläne nach DIN 40 719, Teil 6, Schaltungsunterlagen. Regeln für Funktionspläne, IEC 848 modifiziert, vom Februar 1992. Diese Norm weist gegenüber der Vorgängerversion von 1977 einige Änderungen auf.

Hier die wichtigsten Änderungen:

1. Das Schrittsymbol ist jetzt ein quadratisches Kästchen und enthält nur eine alphanumerische Bezeichnung. Erläuternder Text entfällt. Der Anfangsschritt oder Grundschritt besteht aus einem doppelten Kästchen.

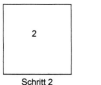

Schritt 2   Schritt 1   **Bild 9.1/1: Schrittsymbol**

2. Das Befehlssymbol besteht aus einem rechteckigen Kästchen. Befehlsart-Bezeichnung und Abbruchbedingung können entfallen. Der erläuternde Text muss aber dann eindeutig erkennen lassen, dass der Befehl z.B. speichernd gesetzt ist.

Motor M1 einschalten   **Bild 9.1/2: Befehlssymbol**

3. Einschalt- bzw. Weiterschaltbedingungen werden nicht mehr mit mehreren Wirkungslinien am Schrittsymbol gekennzeichnet. Es reicht jetzt ein kurzer Querstrich an der Verbindungslinie zwischen 2 Schrittsymbolen. Außer Text darf die Einschalt- bzw. Weiterschaltbedingung auch durch eine Boolesche Gleichung oder durch genormte Schaltzeichen beschrieben werden.

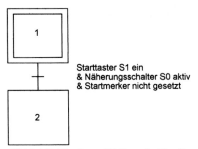

Bild 9.1/3: Ein- bzw. Weiterschaltbedingungen

4. ODER-Verzweigungen werden durch einen einfachen Strich, UND-Verzweigungen durch einen doppelten Strich gekennzeichnet.

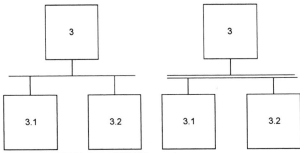

Bild 9.1/4: ODER- bzw. UND-Verzweigung

5. Folgende Befehlsarten-Bezeichnungen sind nach der neuen Norm gültig:

S (stored) für gespeichert

D (delayed) für verzögert   früher: NSD

L (time limited) für zeitlich begrenzt   früher: NST

P (pulse shaped) für pulsförmig

C (conditional) für bedingt

Darüber hinaus gelten noch folgende nationale Erweiterungen:

F für freigabebedingt

N für nicht gespeichert, nicht bedingt   früher: NS

A für Befehl ausgegeben

R für Befehlswirkung ist erreicht (response control)   früher: RC

X für Befehlswirkung nicht erreicht, Störungsmeldung

Achtung: R bedeutet nicht mehr: „Rücksetzen", sondern: „Befehlswirkung erreicht"!

9.2 Aufbau und Programm einer linearen Schrittkette (s9ket1 bis 6)

Die Schrittkette besteht aus mehreren Einzelschritten, die durch bestimmte Bedingungen nacheinander gesetzt werden. Eine Schrittkette arbeitet nach folgendem Prinzip (**Bild 9.2/1**).

Wirkungsweise der Schrittkette

– Die Schritte der Kette werden nacheinander durchlaufen.

– In einer Ablaufkette ist immer nur ein Schritt gesetzt.

– Ein Schritt der Ablaufkette wird gesetzt, wenn die Eingangsbedingung des Schrittes erfüllt ist, und der vorhergehende Schritt gesetzt ist.

– Wird ein Schritt gesetzt, wird der davorliegende Schritt gelöscht.

– Die einzelnen Schritte können Befehle an die Stellglieder ausgeben. Der Ausgang eines Schrittes hat 1-Signal, wenn er gesetzt ist.

– Die Weiterschaltbedingung eines Schrittes kann prozessabhängig oder zeitabhängig sein. Man spricht deshalb von prozessgeführten- oder zeitgeführten Ablaufsteuerungen. In der Praxis kommt häufig eine Mischform vor.

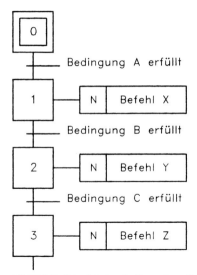

Bild 9.2/1: Prinzipieller Aufbau einer Schrittkette

Der Ablaufschritt oder Schritt ist die kleinste funktionelle Einheit des Programms von Ablaufsteuerungen (DIN 19 237, Seite 8).

Das Schrittsymbol ist in Makrodarstellung ein Quadrat **(Bild 9.2/2)**.

Ein Schritt ist eine Speicherschaltung. Dies wird deutlich, wenn man an Stelle der Makrodarstellung die ausführliche Darstellung wählt **(Bild 9.2/3)**.

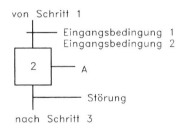

Bild 9.2/2: Makrodarstellung eines Schrittes

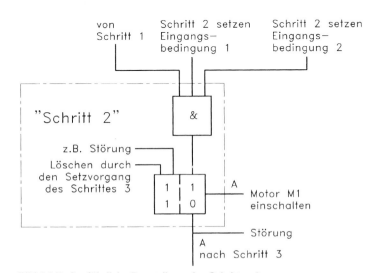

Bild 9.2/3: Ausführliche Darstellung des Schrittes 2

Ein Schritt wird dann speichernd gesetzt (Bild 9.2/3), wenn die Variablen an allen Eingängen den Wert 1 haben (UND-Verknüpfung). Hier muss Schritt 1 gesetzt sein und die Eingänge 1 und 2 müssen 1-Signal haben, dann kann Schritt 2 gesetzt werden. Ist Schritt 2 gesetzt, so haben die Ausgänge des Schrittes 1-Signal. Die Ausgänge behalten auch dann 1-Signal, wenn nach dem Setzen des Schrittes einer oder mehrere Eingänge 0-Signal erhalten. Werden keine besonderen Angaben gemacht, wird ein Schritt durch den Setzvorgang des folgenden Schrittes, hier Schritt 3, rückgesetzt. Außerdem kann ein Schritt durch einen Befehl (ein Signal aus der Anlage) zurückgesetzt werden, hier z.B.: Störung.

Eingänge sollen grundsätzlich von links und oben, Ausgänge von rechts und unten gezeichnet werden. Im Folgenden soll das Programm für eine lineare Schrittkette erstellt werden.

Aufgabe: Gesucht ist das Schrittprogramm für eine Schrittkette mit 4 Schritten. Damit die Arbeitsweise der Schrittkette durch die Leuchtdioden der SPS gut erkennbar ist, sollen als Schrittmerker die Ausgänge A0.1, A0.2, A0.3 und A0.4 genommen werden **(Bild 9.2/4)**.

Schritt 1 (A0.1) soll gesetzt werden, wenn der Taster S1 betätigt wird.

Schritt 2 (A0.2) soll mit Betätigung von S2 gesetzt und danach der Schritt 1 (A0.1) rückgesetzt werden.

Schritt 3 (A0.3) soll mit Betätigung von S3 gesetzt und danach Schritt 2 (A0.2) rückgesetzt werden.

Schritt 4 (A0.4) soll mit Betätigung von S4 gesetzt und danach Schritt 3 (A0.3) rückgesetzt werden.

Dieses Programm befindet sich im Buch und auf der Diskette.

Der Text zu diesem Programm befindet sich ausschließlich im Buch.

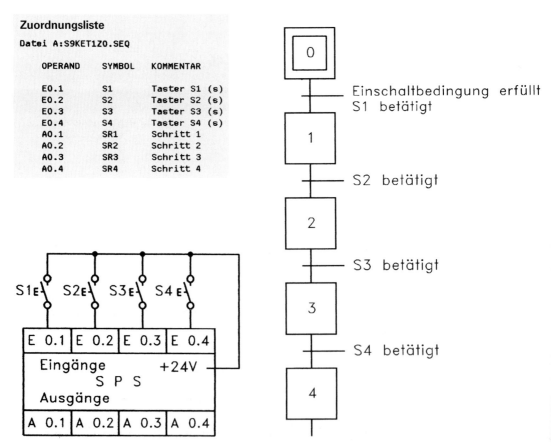

Bild 9.2/4: Beschaltung der SPS und Funktionsplan für eine lineare Schrittkette

Das Programm für die **lineare Schrittkette (Bild 9.2/5)** lautet:

```
PB  1                                A:S9KET1ST.S5D                    LAE=36
                                                                       BLATT   1
NETZWERK  1              0000        Lineare Schrittkette,(Zuweisung)
0000         :U(
0002         :O   E     0.1                01
0004         :O   A     0.1                01
0006         :)                           01
0008         :UN  A     0.2                       Ruecksetzen Schritt 1 durch SR2
000A         :=   A     0.1                       Schritt 1
000C         :***


NETZWERK  2              000E        Schritt 2
000E         :U(
0010         :U   E     0.2                01
0012         :U   A     0.1                01
0014         :O   A     0.2                01
0016         :)                           01
0018         :UN  A     0.3                       Ruecksetzen Schritt 2 durch SR3
001A         :=   A     0.2                       Schritt 2
001C         :***


NETZWERK  3              001E        Schritt 3
001E         :U(
0020         :U   E     0.3                01
0022         :U   A     0.2                01
0024         :O   A     0.3                01
0026         :)                           01
0028         :UN  A     0.4                       Ruecksetzen Schritt 3 durch SR4
002A         :=   A     0.3                       Schritt 3
002C         :***


NETZWERK  4              002E        Schritt 4, Kette abgebrochen
002E         :U(
0030         :U   E     0.4                01
0032         :U   A     0.3                01
0034         :O   A     0.4                01
0036         :)                           01
0038         :UN  A     0.5                       Ruecksetzen Schritt 4 durch SR5
003A         :=   A     0.4                       Schritt 4
003C         :BE
```

Bild 9.2/5: AWL: Programm der linearen Schrittkette (Zuweisung)

Erläuterung des Programms:

Schritt 1
wird gesetzt, wenn der Taster S1 betätigt wird. Deshalb die Anweisung OE0.1 (Adr. 0002). Schritt 1 wird durch die Anw. OA0.1 (Adr. 0004) gespeichert und durch die Anw. UNA0.2 (Adr. 0008) nach dem Setzen des zweiten Schrittes rückgesetzt.

Schritt 2
wird gesetzt, wenn Taster S2 betätigt wird und Schritt 1 gesetzt ist. Dies wird durch die Anw. UE0.2, UA0. 1 (Adr. 0010 und 0012) erreicht. Schritt 2 wird durch die Anw. OA0.2 (Adr. 0014) gespeichert und durch die Anw. UNA0.3 (Adr. 0018) über Schritt 3 rückgesetzt usw.

Fehler:
Nach Setzen der **Schritte 3 und 4** kann der **Schritt 1** erneut gesetzt werden, was nicht zulässig ist. Diesen Fehler kann man aus dem Kontaktplan **(Bild 9.2/6)** gut erkennen. Ist z.B. Schritt 3 (A0.3) eingeschaltet, dann ist Schritt 2 (A0.2) rückgesetzt und damit die Verriegelung UNA0.2 zu Schritt 1 (A0.1) aufgehoben. Schritt 1 kann daher wieder eingeschaltet werden.

Das Bild 9.2/8 zeigt das entsprechende Programm der linearen Schrittkette mit RS-Speichern programmiert.

Dieser Fehler kann beseitigt werden, indem ein **Startmerker** (hier Ausgang A0.7 der SPS) verwendet wird. Der Startmerker verhindert, dass Schritt 1 erneut gesetzt werden kann, wenn ein anderer Schritt der Kette gesetzt ist. In der Schrittkette bleibt der Schritt 4 gesetzt. Deshalb könnte die Schrittkette nicht erneut gestartet werden. Die Selbsthaltung des letzten Schrittes muss deshalb entfallen. Wird Schritt 3 als letzter Speicher benötigt, muss ein 4. Merker Schritt 3 rücksetzen.

Der 4. Merker muss sich selbst zurücksetzen. Hierzu gibt es zwei Verfahren, wie im Programm s9ket3 (Bild 9.2/12) und im Programm s9ket4 (Bild 9.2/14) gezeigt wird. Im Programm s9ket3 wird durch den 4. Merker über die Verriegelung UN A0.4 (Adr. 002A) der 3. Schritt zurückgesetzt. Im Programm s9ket4 wird der 4. Schritt am Zyklusende geschaltet, schaltet den 3. Schritt zurück und schaltet sich selbst im darauffolgenden Zyklus zurück. Nach Programm s9ket3 wird der 4. Merker nicht mehr als Schritt gezeichnet, während nach Programm s9ket4 der 4. Schritt gezeichnet ist.

```
PB  1                                  A:S9KET1ST.S5D                              LAE=36
                                                                                   BLATT    1
NETZWERK  1              0000        Lineare  Schrittkette,(Zuweisung)
!
!E 0.1      A 0.2                                                                   A 0.1
+---] [---+---]/[---+----------+----------+----------+----------+----------+--(   )-!
!         !                                                                  !
!A 0.1    !                                                                  !
+---] [---+                                                                  !
!
NETZWERK  2              000E        Schritt  2
!
!E 0.2      A 0.1      A 0.3                                                        A 0.2
+---] [---+---] [---+---+---]/[---+----------+----------+----------+----------+--(   )-!
!         !              !
!A 0.2    !              !
+---] [---+---------+    !
!
NETZWERK  3              001E        Schritt  3
!
!E 0.3      A 0.2      A 0.4                                                        A 0.3
+---] [---+---] [---+---+---]/[---+----------+----------+----------+----------+--(   )-!
!         !              !
!A 0.3    !              !
+---] [---+---------+    !
!
NETZWERK  4              002E        Schritt  4, Kette abgebrochen
!
!E 0.4      A 0.3      A 0.5                                                        A 0.4
+---] [---+---] [---+---+---]/[---+----------+----------+----------+----------+--(   )-!
!         !              !
!A 0.4    !              !
+---] [---+---------+    !                                                         :BE
!
```

Bild 9.2/6: KOP: Lineare Schrittkette (Zuweisung)

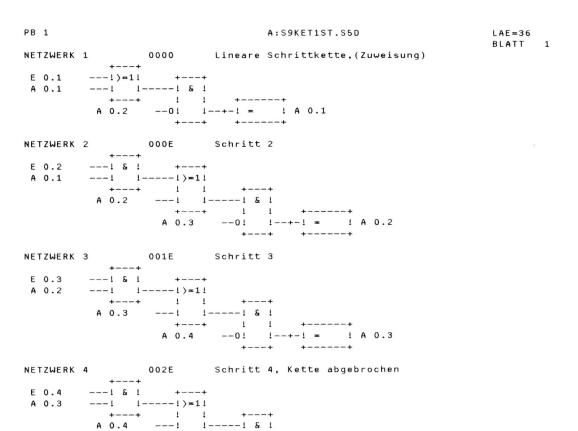

Bild 9.2/7: FUP: Lineare Schrittkette (Zuweisung)

Die Bilder 9.2/8 bis 9.2/10 zeigen die Programm der linearen Schrittkette mit RS-Speichern.

```
PB 1                                A:S9KET2ST.S5D                    LAE=32
                                                                     BLATT   1
NETZWERK 1              0000       Lineare Schrittkette(RS-Speich.)
0000        :U    E      0.1
0002        :S    A      0.1                    Setzen von Schritt 1
0004        :U    A      0.2
0006        :R    A      0.1                    Ruecksetzen von Schritt 1
0008        :NOP  0                             unbenutzter Ausgang
000A        :***                                Ende Netzwerk


NETZWERK 2              000C       Schritt 2
000C        :U    E      0.2
000E        :U    A      0.1
0010        :S    A      0.2                    Setzen von Schritt 2
0012        :U    A      0.3
0014        :R    A      0.2                    Ruecksetzen von Schritt 2
0016        :NOP  0                             unbenutzter Ausgang
0018        :***                                Ende Netzwerk
```

Bild 9.2/8: AWL: Lineare Schrittkette (RS-Speicher) *(Fortsetzung auf nächster Seite)*

```
NETZWERK 3               001A        Schritt 3
001A        :U    E      0.3
001C        :U    A      0.2
001E        :S    A      0.3                    Setzen von Schritt 3
0020        :U    A      0.4
0022        :R    A      0.3                    Ruecksetzen von Schritt 3
0024        :NOP  0                             unbehutzter Ausgang
0026        :***                                Ende Netzwerk


NETZWERK 4               0028        Schritt 4
0028        :U    E      0.4
002A        :U    A      0.3
002C        :S    A      0.4                    Setzen von Schritt 4
002E        :U    A      0.5
0030        :R    A      0.4                    Ruecksetzen von Schritt 4
0032        :NOP  0
0034        :BE                                 Programm Ende
```

Bild 9.2/8: AWL: Lineare Schrittkette (RS-Speicher) *(Fortsetzung von vorhergehender Seite)*

```
NETZWERK 1          0000      Lineare Schrittkette(RS-Speich.)
!              A 0.1
!E 0.1          +-----+
+---] [---+-!S    !
!         !       !
!A 0.2    !       !
+---] [---+-!R    Q!-
!         +-----+
!
NETZWERK 2          000C      Schritt 2
!                   A 0.2
!E 0.2      A 0.1       +-----+
+---] [---+---] [---+-!S    !
!                   !       !
!A 0.3              !       !
+---] [---+---------+-!R    Q!-
!                   +-----+
!
NETZWERK 3          001A      Schritt 3
!                   A 0.3
!E 0.3      A 0.2       +-----+
+---] [---+---] [---+-!S    !
!                   !       !
!A 0.4              !       !
+---] [---+---------+-!R    Q!-
!                   +-----+
!
NETZWERK 4          0028      Schritt 4
!                   A 0.4
!E 0.4      A 0.3       +-----+
+---] [---+---] [---+-!S    !
!                   !       !
!A 0.5              !       !
+---] [---+---------+-!R    Q!-
!                   +-----+
!
!
!                            :BE
!
```

Bild 9.2/9: KOP: Lineare Schrittkette (RS-Speicher)

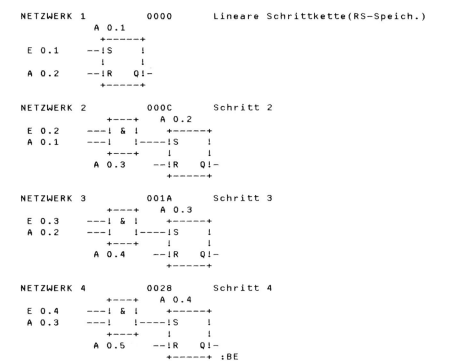

```
NETZWERK 1           0000        Lineare Schrittkette(RS-Speich.)
                A 0.1
                +-----+
  E 0.1     --!S    !
            !       !
  A 0.2     --!R   Q!-
                +-----+


NETZWERK 2           000C        Schritt 2
              +---+  A 0.2
  E 0.2     ---! & !  +-----+
  A 0.1     ---!   !----!S   !
              +---+   !       !
           A 0.3     --!R   Q!-
                         +-----+


NETZWERK 3           001A        Schritt 3
              +---+  A 0.3
  E 0.3     ---! & !  +-----+
  A 0.2     ---!   !----!S   !
              +---+   !       !
           A 0.4     --!R   Q!-
                         +-----+


NETZWERK 4           0028        Schritt 4
              +---+  A 0.4
  E 0.4     ---! & !  +-----+
  A 0.3     ---!   !----!S   !
              +---+   !       !
           A 0.5     --!R   Q!-
                         +-----+ :BE
```

Bild 9.2/10: FUP Lineare Schrittkette (RS-Speicher)

Erläuterung:

Der Startmerker darf nicht gesetzt sein, damit Schritt 1 über S1 gesetzt werden kann. Erst dann wird von Schritt 1 der Startmerker A0.7 gesetzt (Bild 9.2/11).

Feld A:

Art des Befehls N, hier „nicht gespeichert", d.h. der Startmerker wird nur während Schritt 1 gesetzt. Deshalb muss bei den folgenden Schritten das Setzen des Startmerkers wiederholt werden.

Feld B:

Hier steht der Befehl in Worten, nämlich „Startmerker ein".

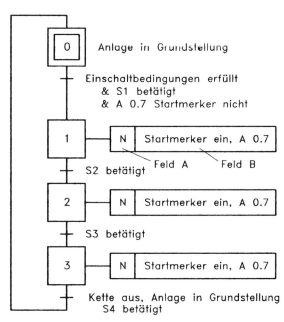

Bild 9.2/11: Lineare Schrittkette mit Startmerker

Zuordnungsliste

Datei A:S9KET3ZO.SEQ   BLATT   1

OPERAND	SYMBOL	KOMMENTAR
E0.1	S1	Taster S1 (s)
E0.2	S2	Taster S2 (s)
E0.3	S3	Taster S3 (s)
E0.4	S4	Taster S4 (s)
A0.1	SR1	Schritt 1
A0.2	SR2	Schritt 2
A0.3	SR3	Schritt 3
A0.4	SR4	Kette aus / Anlage in Grundstellung
A0.7		Startmerker A0.7

```
PB 1                              A:S9KET3ST.S5D                  LAE=38
                                                                  BLATT    1
NETZWERK 1              0000      Lin.Schrittkette,Startmerk.(Zuw)
0000        :U(
0002        :U    E    0.1             01
0004        :UN   A    0.7             01
0006        :O    A    0.1             01
0008        :)                         01
000A        :UN   A    0.2                    Ruecksetzen von Schritt 1
000C        :=    A    0.1                    Schritt 1
000E        :***


NETZWERK 2              0010      Schritt 2
0010        :U(
0012        :U    E    0.2             01
0014        :U    A    0.1             01
0016        :O    A    0.2             01
0018        :)                         01
001A        :UN   A    0.3                    Ruecksetzen von Schritt 2
001C        :=    A    0.2                    Schritt 2
001E        :***


NETZWERK 3              0020      Schritt 3
0020        :U(
0022        :U    E    0.3             01
0024        :U    A    0.2             01
0026        :O    A    0.3             01
0028        :)                         01
002A        :UN   A    0.4                    Ruecksetzen von Schritt 3
002C        :=    A    0.3                    Schritt 3
002E        :***


NETZWERK 4              0030      Kette aus, Anlage in Grundstell.
0030        :U    E    0.4
0032        :U    A    0.3
0034        :=    A    0.4                    Kette aus, Anlage in Grundstell.
0036        :***


NETZWERK 5              0038      Startmerker, nicht gespeichert
0038        :U    A    0.1                    Startmerker fortlaufend
003A        :O    A    0.2                           ueber
003C        :O    A    0.3                    die Schritte 1 bis 3 angesteuert
003E        :=    A    0.7                    Startmerker, nicht gespeichert
0040        :BE
```

Bild 9.2/12: AWL: Lineare Schrittkette mit Startmerker (Zuweisung)

Erläuterung des Programms:

Schritt 1

wird gesetzt, wenn S1 betätigt und der Startmerker nicht gesetzt ist. Dies geschieht durch die Anweisungen UE0.1, UN A0.7 (Adr. 0002, 0004). Der Startmerker wird dann durch Schritt 1 gesetzt. Dies geschieht durch die Anw. UA0.1, = A0.7 (Adr. 0038, 003E).

Schritt 2

setzt Schritt 1 zurück, wenn er gesetzt wird.

Schritt 3

setzt Schritt 2 zurück. Ist Schritt 3 gesetzt, kann Schritt 1 nicht neu gesetzt werden (Verriegelung UN A0.7, Adr. 0004), da der Startmerker über die Anweisungen OA0.3, = A0.7 (Adr. 003C, 003E) noch gesetzt ist.

Schritt 4

setzt Schritt 3 zurück. Schritt 4 bleibt nicht gesetzt, da die Selbsthaltung fehlt. Außerdem kann Schritt 4 auch nicht mehr gesetzt werden, da die UND-Bedingung UA0.3 (Adr. 0032) nicht mehr erfüllt ist. Der Schritt 4 setzt sich selbst zurück.

Eine weitere Möglichkeit der Verriegelung einer Schrittkette mit Startmerker zeigt der Funktionsplan nach **Bild 9.2/13**. Hier wird der Startmerker mit Schritt 1 gesetzt und mit Schritt 4 rückgesetzt. Die Befehlsart (im Feld A) lautet dann S (gespeichert). Der Befehl S wird dann (im Feld B) bei Schritt 1 mit „Startmerker ein" und bei Schritt 4 mit „Startmerker aus" erläutert. Nach Programm (Bild 9.2/14, Seite 110) wird der Startmerker durch Schritt 1 (Anw. OA0.1, Adr. 0040) gesetzt und bleibt durch die Anw. OA0.7 (Adr. 0042) gesetzt. Durch Schritt 4 wird der Startmerker über die Anw. UN A0.4 (Adr. 0046) wieder rückgesetzt. Der Programmteil für den Startmerker kann auch hinter Schritt 1 ab Adresse 0010 beginnen.

Das Bild 9.2/15 zeigt eine entsprechende Lösung für die lineare Schrittkette mit RS-Speichern.

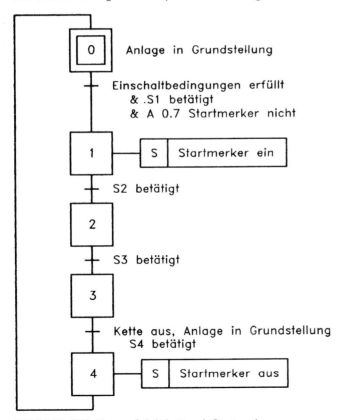

Bild 9.2/13: FUP: Lineare Schrittkette mit Startmerker

```
NETZWERK  1              0000    Lin.Schrittkette,Startmerk.(Zuw)
0000        :U(
0002        :U    E    0.1                01
0004        :UN   A    0.7                01
0006        :O    A    0.1                01
0008        :)                           01
000A        :UN   A    0.2                     Ruecksetzen Schritt 1
000C        :=    A    0.1                     Schritt 1
000E        :***


NETZWERK  2              0010    Schritt 2
0010        :U(
0012        :U    E    0.2                01
0014        :U    A    0.1                01
0016        :O    A    0.2                01
0018        :)                           01
001A        :UN   A    0.3                     Ruecksetzen Schritt 2
001C        :=    A    0.2                     Schritt 2
001E        :***


NETZWERK  3              0020    Schritt 3
0020        :U(
0022        :U    E    0.3                01
0024        :U    A    0.2                01
0026        :O    A    0.3                01
0028        :)                           01
002A        :UN   A    0.4                     Ruecksetzen Schritt 3
002C        :=    A    0.3                     Schritt 3
002E        :***


NETZWERK  4              0030    Schr.4, Kette aus/Anl.i.Grundst.
0030        :U    A    0.4
0032        :R    A    0.4                     Ruecksetzen im naechsten Zyklus
0034        :U    A    0.3
0036        :U    E    0.4
0038        :S    A    0.4                     Schr.4,Kette aus/Anl.i.Grundst.
003A        :NOP  0                            Setzen von A0.4 am Zyklusende
003C        :***


NETZWERK  5              003E    Startmerker, mit Speicherung
003E        :U(
0040        :O    A    0.1                01
0042        :O    A    0.7                01
0044        :)                           01
0046        :UN   A    0.4                     Ruecksetzen des Startmerkers
0048        :=    A    0.7                     Startmerker, mit Speicherung
004A        :BE
```

Bild 9.2/14: AWL: Lineare Schrittkette mit Startmerker (Zuweisung)

```
NETZWERK  1              0000    Lin.Schrittkette,Startmerk.(RS)
0000        :U    E    0.1
0002        :UN   A    0.7                     Abfragen des Startmerkers
0004        :S    A    0.1                     Setzen von Schritt 1
0006        :U    A    0.2
0008        :R    A    0.1                     Ruecksetzen von Schritt 1
000A        :NOP  0
000C        :***
```

Bild 9.2/15: AWL: Lineare Schrittkette mit Startmerker (RS-Speicher) *(Fortsetzung auf nächster Seite)*

```
NETZWERK  2                000E       Schritt 2
000E         :U    E       0.2
0010         :U    A       0.1
0012         :S    A       0.2                      Setzen von Schritt 2
0014         :U    A       0.3
0016         :R    A       0.2                      Ruecksetzen von Schritt 2
0018         :NOP  0
001A         :***


NETZWERK  3                001C       Schritt 3
001C         :U    E       0.3
001E         :U    A       0.2
0020         :S    A       0.3                      Setzen von Schritt 3
0022         :U    A       0.4
0024         :R    A       0.3                      Ruecksetzen von Schritt 3
0026         :NOP  0
0028         :***


NETZWERK  4                002A       Schr.4,Kette aus/Anl.i.Grundst.
002A         :U    A       0.4
002C         :R    A       0.4                      Ruecksetzen im naechsten Zyklus
002E         :U    A       0.3
0030         :U    E       0.4
0032         :S    A       0.4                      Schr.4,Kette aus/Anl.i.Grundst.
0034         :NOP  0                                Setzen von A0.4 am Zyklusende
0036         :***


NETZWERK  5                0038       Startmerker
0038         :U    A       0.1
003A         :S    A       0.7                      Setzen von Startmerker
003C         :U    A       0.4
003E         :R    A       0.7                      Ruecksetzen von Startmerker
0040         :NOP  0
0042         :BE
```

Bild 9.2/15: AWL: Lineare Schrittkette mit Startmerker (RS-Speicher) *(Fortsetzung von vorhergehender Seite)*

Aufgabe:

Verwendung eines **Grundstellungsmerkers**.

Dieses Programm befindet sich im Buch und auf der Diskette.

Der Text zu diesem Programm befindet sich ausschließlich im Buch.

Eine Schrittkette mit Startmerker hat den Nachteil, dass diese eingeschaltet werden kann, wenn aus irgendeinem Grund ein Ausgang der SPS, ein Stellglied oder ein Geber der Anlage noch eingeschaltet ist (Störung). Deshalb verwendet man häufig bei der Programmierung von Schrittketten einen **Grundstellungsmerker.**

Hierbei wird unterschieden:

a) Anlage in Grundstellung (hier M10.0): Der Grundstellungsmerker M10.0 „Anlage in Grundstellung" fragt alle Eingänge und Ausgänge auf ihre Grundstellung ab.

b) Kette in Grundstellung (hier M10.4): Der Grundstellungsmerker M10.4 „Kette in Grundstellung" wird gesetzt, wenn die SPS auf RUN geschaltet oder der Austaster S0 (E0.0) betätigt oder die ganze Kette durchlaufen wurde.

Beide Merker werden abgefragt und als Eingangsbedingung für Schritt 1 gewählt (siehe Programm Bild 9.2/17, Seite 113 und die Zwei-Wege-Steuerung, Aufgabe K, Kapitel 9.15, Seite 150).

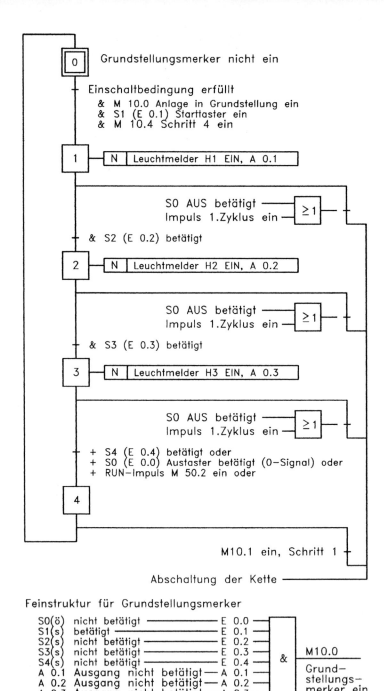

Bild 9.2/16: FUP: Lineare Schrittkette mit Grundstellungsmerker für Anlage in Grundstellung

Funktionsbeschreibung:

Wird die SPS in den „RUN-Betrieb" geschaltet, so wird über den RUN-Impuls durch Merker M50.2 die Kette mit Merker M10.4 in Grundstellung geschaltet. Alle Eingänge und Ausgänge werden über den Grundstellungsmerker M10.0 abgefragt. Der Merker M10.0 hat 0-Signal, wenn die Stellglieder an den Ausgängen und die Geber an den Eingängen in Grundstellung sind. Das kann für die entsprechenden Eingänge oder Ausgänge 0-Signal oder 1-Signal bedeuten.

Ist die Anlage in Grundstellung, so hat der Grundstellungsmerker M10.0 also 0-Signal. Wird der Einschalter S1 (E0.1) betätigt, so hat M10.0 ein 1-Signal. Schritt 1 wird geschaltet und der Leuchtmelder H1 schaltet ein. Schritt 2 und Schritt 3 können über die Geber S2 (E0.2) und S3 (E0.3) eingeschaltet werden. Eine Einschaltung von Schritt 1 ist dann nicht mehr möglich, da der Grundstellungsmerker M10.0 auf 0-Signal geht.

Die Schritte 1 bis 3 können über den Austaster S0 (E0.0) oder über den RUN-Impuls von M50.2 ausgeschaltet werden, Schritt 4 wird von Schritt 1 rückgesetzt. Bei Ausschaltung durch S0 (E0.0) oder den RUN-Impuls wird immer der Schritt 4 (Kette in Grundstellung) geschaltet.

Zuordnungsliste

Datei A:S9KET6ZO.SEQ   BLATT   1

OPERAND	SYMBOL	KOMMENTAR
E0.1	S1	Taster S1 (s)
E0.2	S2	Taster S2 (s)
E0.3	S3	Taster S3 (s)
E0.4	S4	Taster S4 (s)
E0.0	S0	Aus-Taster S0 (o)
A0.1	H1	Anzeige fuer Schritt 1
A0.2	H2	Anzeige fuer Schritt 2
A0.3	H3	Anzeige fuer Schritt 3
M10.0	GRUME	Grundstellungsmerker
M10.1	SR1	Schritt 1
M10.2	SR2	Schritt 2
M10.3	SR3	Schritt 3
M10.4	SR4	Schritt 4, Kette in Grundstellung
M50.1	HIME	Hilfsmerker Zyklusimpuls
M50.2	ZYKME	Impulsmerker 1.Zyklus

```
PB 1                           A:S9KET6ST.S5D                  LAE=65
                                                               BLATT   1
NETZWERK 1              0000   Lin.Kette m.Grundstellungsmerker
0000      :U    E    0.0                       Abfragen der Eingaenge
0002      :U    E    0.1                       "
0004      :UN   E    0.2                       "
0006      :UN   E    0.3                       "
0008      :UN   E    0.4                       "
000A      :UN   A    0.1                       Abfragen der Ausgaenge
000C      :UN   A    0.2                       "
000E      :UN   A    0.3                       "
0010      :=    M   10.0                       Grundstellungsmerker
0012      :***


NETZWERK 2             0014   Netzwerk Zyklus-Merker
0014      :UN   M   50.1                       Hilfsmerker
0016      :=    M   50.2                       Merker Impuls/Zyklus
0018      :S    M   50.1                       Hilfsmerker
001A      :***


NETZWERK 3             001C   Schritt 1
001C      :U    E    0.1                       Starttaster S1
001E      :U    M   10.0                       Grundstellungsmerker
0020      :U    M   10.4                       Schritt 4
0022      :S    M   10.1                       Setzen von Schritt 1
0024      :UN   E    0.0                       Austaster S0
0026      :O    M   50.2                       Impuls 1.Zyklus
```

Bild 9.2/17: AWL: Lineare Schrittkette mit Grundstellungsmerker für Anlage in Grundstellung

(Fortsetzung auf nächster Seite)

```
0028          :O     M    10.2                        Ruecksetzen durch Schritt 2
002A          :R     M    10.1                        Ruecksetzen von Schritt 1
002C          :NOP   0
002E          :***


NETZWERK  4              0030         Schritt 2
0030          :U     E     0.2
0032          :U     M    10.1
0034          :S     M    10.2                        Setzen von Schritt 2
0036          :UN    E     0.0
0038          :O     M    50.2                        Impuls 1.Zyklus
003A          :O     M    10.3
003C          :R     M    10.2                        Ruecksetzen von Schritt 2
003E          :NOP   0
0040          :***


NETZWERK  5              0042         Schritt 3
0042          :U     E     0.3
0044          :U     M    10.2
0046          :S     M    10.3                        Setzen von Schritt 3
0048          :UN    E     0.0
004A          :O     M    50.2                        Impuls 1.Zyklus
004C          :O     M    10.4
004E          :R     M    10.3                        Ruecksetzen von Schritt 3
0050          :NOP   0
0052          :***


NETZWERK  6              0054         Schritt 4
0054          :U     E     0.4
0056          :U     M    10.3
0058          :ON    E     0.0
005A          :O     M    50.2                        Impuls 1.Zyklus
005C          :S     M    10.4                        Setzen von Schritt 4
005E          :U     M    10.1
0060          :R     M    10.4                        Ruecksetzen von Schritt 4
0062          :NOP   0
0064          :***


NETZWERK  7              0066         Leuchtmelder H1
0066          :U     M    10.1
0068          :=     A     0.1                        Leuchtmelder H1
006A          :***


NETZWERK  8              006C         Leuchtmelder H2
006C          :U     M    10.2
006E          :=     A     0.2                        Leuchtmelder H2
0070          :***


NETZWERK  9              0072         Leuchtmelder H3
0072          :U     M    10.3
0074          :=     A     0.3                        Leuchtmelder H3
0076          :BE
```

Bild 9.2/17: AWL: Lineare Schrittkette mit Grundstellungsmerker für Anlage in Grundstellung

(Fortsetzung von vorhergehender Seite)

9.3 Lineare Ablaufsteuerung für einen Mischautomaten (s9mi1 bis 5)

Die grundsätzlichen Ausführungen zur Schrittkette nach Abschnitt 9.2 werden im Folgenden am Beispiel eines „Mischautomaten" angewendet.

Die Programme befinden sich im Buch und auf der Diskette.

Der Text zu den Programmen befindet sich ausschließlich im Buch.

Beschreibung des Modells (Technologieschema) und der Funktion der Steuerung.

1. **Ein Mischautomat** für Flüssigkeiten bestehe aus folgenden Teilen **(Bild 9.3/1):**
   - einer Ventilanordnung Y1, Y2, Y3 und Y4 für die Zufuhr der einzelnen Flüssigkeiten,
   - einem Mischbehälter und Rührer mit Motor M1 für eine gründliche Mischung,
   - einer Pumpe mit Motor M2,
   - einer Füllstandsmessvorrichtung mit den Fühlern B1 bis B4.

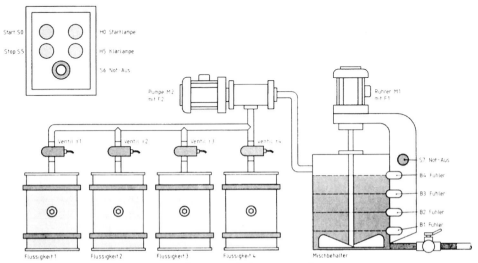

Bild 9.3/1: Modell (Technologieschema) eines „Mischautomaten"

2. Steuerung (Bild 9.3/2, Seite 116)

Die Steuerung soll folgenden Mischzyklus durchlaufen:
- Die Bedienperson betätigt den Startknopf S0.
- Die Startlampe H0 leuchtet, Pumpe M2 und Rührer M1 werden eingeschaltet (Schritt 1).
- Ventil Y1 wird betätigt und Flüssigkeit Nr. 1 läuft in den Mischbehälter (Schritt 1), bis der Initiator B1 betätigt wird. Ventil Y1 schließt (Schritt 2).
- Ventil Y2 wird über B1 betätigt und Flüssigkeit Nr. 2 läuft in den Mischbehälter (Schritt 2), bis der Initiator B2 betätigt wird. Ventil Y2 schließt (Schritt 3).
- Ventil Y3 wird über B2 betätigt und Flüssigkeit Nr. 3 läuft in den Mischbehälter (Schritt 3), bis der Initiator B3 betätigt wird. Ventil Y3 schließt (Schritt 4).
- Ventil Y4 wird über B3 betätigt und Flüssigkeit Nr. 4 läuft in den Mischbehälter (Schritt 4), bis der Initiator B4 betätigt wird. Ventil Y4 schließt (Schritt 5). Die Pumpe M2 wird abgeschaltet, der Rührer M1 läuft weiter.
- Vier Sekunden, nachdem Ventil Y4 geschlossen hat, geht die Startlampe H0 aus, und die Klarlampe H5 leuchtet als Signal für die Bedienperson, dass der Mischvorgang beendet ist (noch Schritt 5).
- Nach dem Aufleuchten der Klarlampe H5 kann die Bedienperson die Stopp-Taste S5 betätigen. Der Rührer M1 wird abgeschaltet und die Klarlampe H5 erlischt. Mit der Stopp-Taste S5 wird die Anlage erst abgeschaltet, wenn die Klarlampe H5 aufleuchtet (M10.6). Der Behälter kann dann entleert werden.
- Die Anlage wird abgeschaltet, wenn die Notaus-Taster S6 oder S7 betätigt werden oder die thermischen Auslöser F1 oder F2 der beiden Motoren M1 und M2 ansprechen.

Der Funktionsplan nach Bild 9.3/2 hat im Wesentlichen N-Befehle. Diese müssen wiederholt gezeichnet werden, wenn sie über mehrere Schritte wirken sollen. So soll z.B. die Pumpe M2 von Schritt 1 bis Schritt 4 einschließlich eingeschaltet sein. Deshalb muss der Befehl „Pumpe M2 ein" an die ersten vier Schritte gezeichnet werden. Der Funktionsplan kann auch in anderer Form gezeichnet werden, wenn an Stelle der Befehlsart „N" die Befehlsart „S" gewählt wird. An diesem Funktionsplan **Bild 9.3/3,** werden die Normen für Funktionspläne nach DIN 40 719, Teil 6, nochmals erläutert.

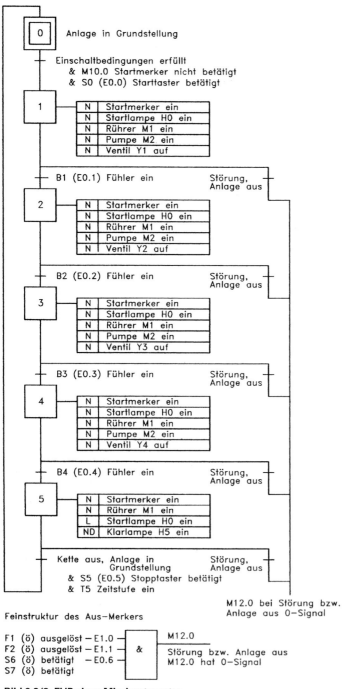

Bild 9.3/2: FUP eines Mischautomaten

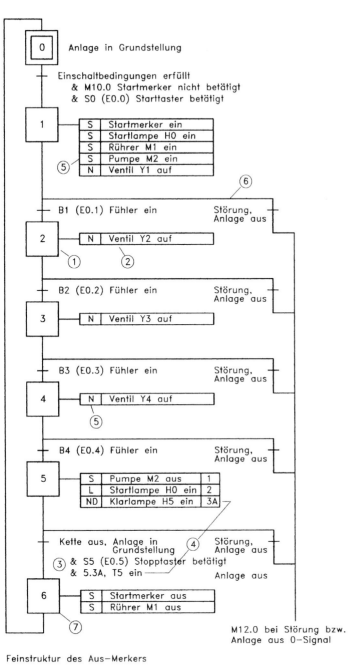

Bild 9.3/3: Erläuterungen der Normen DIN 40 719, Teil 6, am Beispiel des Funktionsplans „Mischautomat"

Zu ①: Schrittsymbol: Das Schrittsymbol ist ein quadratisches Feld, in dem die Schrittnummer steht. Eingänge zu einem Schritt werden „oben", Ausgänge „unten" und „rechts" gezeichnet.

Von einem Schritt werden Befehle auf Merker, Zeitstufen und Ausgänge, also z.B. Stellglieder der Steuerung gegeben.

117

Zu ②: Befehl: In das linke Feld A wird die Art des Befehls (siehe ⑤) eingetragen, in dem mittleren Feld steht die Wirkung des Befehls und in dem rechten Feld (siehe ④) wird die Kennzeichnung für die Art der Rückmeldung angegeben.

Zu ③: Der Schritt 6 kann nur gesetzt werden, wenn die Variablen an den Eingängen eine „UND"-Verknüpfung erfüllen (durch digitalen „UND"-Baustein oder durch &-Zeichen aufgelistet von rechts gezeichnet). Der Schritt 6 kann also nur gesetzt werden, wenn vorher Schritt 5 gesetzt war „UND" alle übrigen Eingangsbedingungen erfüllt sind. Zu den Eingangsbedingungen von Schritt 6 gehören: Schritt 5, Taster S5, Rückmeldung 5.3A des Schrittes 5, Notausschalter S6 und S7 sowie die thermischen Auslöser F1 und F2.

Zu ④: Die Ziffer 5.3A am Eingang zu Schritt 6 weist auf die Rückmeldung von Schritt 5 hin. Die Rückmeldung besagt, dass der Befehl „Klarlampe H5 über T5 ein" mit Verzögerung ausgeführt worden ist. Das Signal der Rückmeldung wird als Eingangsbedingung für einen anderen Schritt (hier Schritt 6) verwendet.

Zu ⑤: Wie bereits unter ② erwähnt, wird im linken Feld A die Art des Befehls eingetragen.

„N" heißt „nicht gespeichert, nicht bedingt": Diese Befehlsart besagt, dass z.B. das Ventil Y1 nur geöffnet wird, wenn Schritt 1 gesetzt ist. Bei allen anderen Schritten ist Y1 geschlossen. Der N-Befehl besagt also, dass der Ausgang nur während des betreffenden Schrittes geschaltet ist.

„S" heißt „gespeichert": Diese Befehlsart besagt, dass z.B. bei Schritt 1 die Pumpe M2 eingeschaltet und bei Schritt 5 ausgeschaltet wird und auch bei Schritt 6 ausgeschaltet bleibt. Dieser Befehl gilt also über 2 oder mehrere Schritte. Der Befehl „S" für den Rührer M1 aus bei Schritt 6 besagt, dass der Rührer M1 ausgeschaltet bleibt, wenn z.B. das Schrittprogramm auf Grundstellung (alle Schritte abgeschaltet) zurückgeht.

„D" heißt „verzögert": Diese Befehlsart besagt, dass der Befehl verzögert ausgeführt wird. Über die Ausführung des Befehls mit oder ohne Speicherung wird keine Aussage gemacht.

„ND" heißt „nicht gespeichert und verzögert": Diese Befehlsart besagt, dass z.B. bei Schritt 5 die Klarlampe H5 verzögert eingeschaltet wird.

„SD" heißt „gespeichert und verzögert": Diese Befehlsart besagt, dass während eines Schrittes der Befehl verzögert eingeschaltet und dann gespeichert wird.

„L" heißt „sofort aber zeitbegrenzt eingeschaltet": Diese Befehlsart besagt, dass z.B. die Startlampe bei Schritt 5 sofort eingeschaltet und verzögert ausgeschaltet wird. Sie bleibt auch bei Schritt 6 ausgeschaltet.

„C" heißt „bedingt": Diese Befehlsart besagt, dass ein Befehl nur ausgeführt wird, wenn die angegebene Bedingung erfüllt ist.

„F" heißt „freigabebedingt": Diese Befehlsart besagt, dass ein Befehl nur ausgeführt werden kann, wenn die Freigabe erfolgt ist.

„P" heißt „impulsförmig": Diese Befehlsart besagt, dass der Befehl nach dem Auftreten des Impulses ausgeführt wird.

Zu ⑥: Wirken mehrere Variablen als Ausschaltgrößen auf mehrere Schritte, so muss hinter jeden betroffenen Schritt eine Wirkungslinie mit dem Hinweis auf Ausschaltung oder Störung gezeichnet werden. Hier wirken also die Notausschalter S6 und S7 und die thermischen Auslöser F1 und F2 auf alle Schritte des Programms. Wird einer der Austaster betätigt oder löst einer der Auslöser aus, werden alle Schritte rückgesetzt.

Zu ⑦: Der Schritt 6 setzt sich selbst zurück. Der Merker M10.6 wird am Ende des Zyklus gesetzt und im darauffolgenden Zyklus rückgesetzt.

Zuordnungsliste

Datei A:S9MI1@ZO.SEQ

OPERAND	SYMBOL	KOMMENTAR
E0.0	S0	Starttaster S0
E0.1	S1	Fuehler B1 (s)
E0.2	S2	Fuehler B2 (s)
E0.3	S3	Fuehler B3 (s)
E0.4	S4	Fuehler B4 (s)
E0.5	S5	Stoptaster (s)
E0.6	S6,S7	Notaus 1+2 (o)
E1.0	F1	thermischer Ausloeser F1, Ruehrer M1
E1.1	F2	thermischer Ausloeser F2, Pumpe M2
E1.3	S13	Aus-Taster S13 (o)
A0.0	H0	Startlampe H0
A0.1	Y1	Ventil Y1
A0.2	Y2	Ventil Y2
A0.3	Y3	Ventil Y3
A0.4	Y4	Ventil Y4
A0.5	M1	Ruehrer M1
A0.6	M2	Pumpe M2
A0.7	H5	Klarlampe H5
M10.0	STAME	Startmerker M10.0
M10.1	SR1	Schritt 1
M10.2	SR2	Schritt 2
M10.3	SR3	Schritt 3
M10.4	SR4	Schritt 4
M10.5	SR5	Schritt 5
M10.6	SR6	Kette aus/Anlage in Grundstellung
M12.0	AUSME	Ausmerker M12.0
T5	ZEIT	Zeitstufe T5 fuer Material

Bild 9.3/4: Beschaltung der SPS für den „Mischautomat"

Programm der Ablaufsteuerung „Mischautomat" nach verschiedenen Verfahren

Der Funktionsplan nach DIN 40 719, Teil 6, bietet eine schnelle Möglichkeit, den Funktionsablauf einer Steuerung zu überblicken. Außerdem können sich Elektrotechniker mit Fachleuten anderer Fachrichtungen mit Hilfe eines Funktionsplanes über die Funktion einer Steuerung besser verständigen. Ohne vorher den Umweg über die Kontakttechnik zu machen, kann man aus dem Funktionsplan direkt ein Programm erstellen. Hierbei bieten sich hinsichtlich des Programmaufbaus verschiedene Verfahren an. Dem folgenden Verfahren 1 liegt der Funktionsplan Bild 9.3/2, Seite 116, zugrunde.

Verfahren 1: Man schreibt zuerst das Programm für die Schrittkette. Hierzu benutzt man die Merker einer SPS, da die Zahl der Ausgänge in der Regel nicht ausreicht. Dann wird der Programmteil für die Ansteuerung der Ausgänge erstellt, indem man jeweils über die Schrittmerker (N-Befehle) die Ausgänge aktiviert. Die Ausgänge werden also jedesmal über die zugehörigen Schrittmerker neu gesetzt. Die Schrittmerker schalten „überlappt", also wird z.B. Schritt 2 zuerst geschaltet, bevor Schritt 1 rückgesetzt wird. Ohne diese Überlappung würde das Stellglied am Ausgang beim Schrittwechsel aus- und eingeschaltet.

Im Folgenden sollen die Programme zum Aufgabenbeispiel „Mischautomat" erläutert werden.

```
PB  1                           A:S9MI1@ST.S5D                        LAE=112
                                                                      BLATT    1
NETZWERK  1           0000      "Mischautomat",Verfahren 1,(Zuw)
0000        :U     E     0.6
0002        :U     E     1.0
0004        :U     E     1.1
0006        :=     M    12.0                            Ausmerker
0008        :***                                        Punkt: (1)


NETZWERK  2           000A      Schritt 1
000A        :U(
000C        :U     E     0.0                  01
000E        :UN    M    10.0                  01
0010        :O     M    10.1                  01
0012        :)                                01
0014        :UN    M    10.2
0016        :U     M    12.0
0018        :=     M    10.1                            Schritt 1
001A        :***                                        Punkt: (2)


NETZWERK  3           001C      Schritt 2
001C        :U(
001E        :U     M    10.1                  01
0020        :U     E     0.1                  01
0022        :O     M    10.2                  01
0024        :)                                01
0026        :UN    M    10.3
0028        :U     M    12.0
002A        :=     M    10.2                            Schritt 2
002C        :***                                        Punkt: (3)


NETZWERK  4           002E      Schritt 3
002E        :U(
0030        :U     M    10.2                  01
0032        :U     E     0.2                  01
0034        :O     M    10.3                  01
0036        :)                                01
0038        :UN    M    10.4
003A        :U     M    12.0
003C        :=     M    10.3                            Schritt 3
003E        :***                                        Punkt: (4)


NETZWERK  5           0040      Schritt 4
0040        :U(
0042        :U     M    10.3                  01
0044        :U     E     0.3                  01
0046        :O     M    10.4                  01
0048        :)                                01
004A        :UN    M    10.5
004C        :U     M    12.0
004E        :=     M    10.4                            Schritt 4
0050        :***                                        Punkt: (5)
```

Bild 9.3/5: AWL: „Mischautomat", Verfahren 1 (Zuweisung) *(Fortsetzung auf nächster Seite)*

```
NETZWERK 6              0052      Schritt 5
0052        :U(
0054        :U    M    10.4              01
0056        :U    E     0.4              01
0058        :O    M    10.5              01
005A        :)                          01
005C        :UN   M    10.6
005E        :U    M    12.0
0060        :=    M    10.5                    Schritt 5
0062        :***                                Punkt: (6)


NETZWERK 7              0064      Kette aus/Anlage i.Grundstellung
0064        :U    M    10.5
0066        :U    E     0.5
0068        :U    T     5
006A        :=    M    10.6                    Kette aus/Anlage i.Grundstellung
006C        :***                                Punkt: (7)


NETZWERK 8              006E      Startmerker
006E        :U    M    10.1
0070        :O    M    10.2
0072        :O    M    10.3
0074        :O    M    10.4
0076        :O    M    10.5
0078        :=    M    10.0                    Startmerker
007A        :***                                Punkt: (8)


NETZWERK 9              007C      Startlampe H0
007C        :U    M    10.5
007E        :UN   T     5
0080        :O    M    10.1
0082        :O    M    10.2
0084        :O    M    10.3
0086        :O    M    10.4
0088        :=    A     0.0                    Startlampe H0
008A        :***                                Punkt: (9)


NETZWERK 10             008C      Ruehrermotor M1
008C        :U    M    10.1
008E        :O    M    10.2
0090        :O    M    10.3
0092        :O    M    10.4
0094        :O    M    10.5
0096        :=    A     0.5                    Ruehrermotor M1
0098        :***                                Punkt: (10)


NETZWERK 11             009A      Pumpenmotor M2
009A        :U    M    10.1
009C        :O    M    10.2
009E        :O    M    10.3
00A0        :O    M    10.4
00A2        :=    A     0.6                    Pumpenmotor M2
00A4        :***                                Punkt: (11)


NETZWERK 12             00A6      Ventil Y1
00A6        :U    M    10.1
00A8        :=    A     0.1                    Ventil Y1
00AA        :***                                Punkt: (12)
```

Bild 9.3/5: AWL: „Mischautomat", Verfahren 1 (Zuweisung) *(Fortsetzung auf nächster Seite)*

```
NETZWERK  13                00AC      Ventil  Y2
00AC          :U     M     10.2
00AE          :=     A      0.2                        Ventil  Y2
00B0          :***                                     Punkt:  (13)


NETZWERK  14                00B2      Ventil  Y3
00B2          :U     M     10.3
00B4          :=     A      0.3                        Ventil  Y3
00B6          :***                                     Punkt:  (14)


NETZWERK  15                00B8      Ventil  Y4
00B8          :U     M     10.4
00BA          :=     A      0.4                        Ventil  Y4
00BC          :***                                     Punkt:  (15)


NETZWERK  16                00BE      Zeitstufe  T5  fuer  Klarlampe  H5
00BE          :U     M     10.5
00C0          :L     KT    004.2                       Zeit  t=4  Sekunden
00C4          :SE    T      5
00C6          :NOP   0
00C8          :NOP   0
00CA          :NOP   0
00CC          :NOP   0
00CE          :***                                     Punkt:  (16)


NETZWERK  17                00D0      Klarlampe  H5
00D0          :U     T      5
00D2          :=     A      0.7                        Klarlampe  H5
00D4          :BE                                      Punkt:  (17) + (18)
```

Bild 9.3/5: AWL: „Mischautomat", Verfahren 1 (Zuweisung) *(Fortsetzung von vorhergehender Seite)*

Erläuterungen des Programms Bild 9.3/5

Aufbau des Programms: Erst wird die Schrittkette, dann werden die Ausgänge programmiert.

Zu ①: Über UE0.6, UE1.0, UE1.1 (Adr. 0000 bis 0004) wird der Aus-Merker M 12.0 gesetzt. Dies müssen U (bzw. UND)-Anweisungen sein, da über Öffner an den Eingängen 1-Signal liegt.

Zu ②: Schritt 1 wird gesetzt, wenn der Taster S0 betätigt (UE0.0, Adr. 000C) und der Startmerker M 10.0 nicht gesetzt ist (UNM10.0, Adr. 000E). Schritt 1 bleibt über die Anw. OM10.1 (Adr. 0010) gesetzt (Selbsthaltung).

Zu ③: Schritt 2 wird gesetzt, wenn Schritt 1 gesetzt ist (UM10.1, Adr. 001E), der Fühler B1 angesprochen hat (UE0.1, Adr. 0020), der Aus-Merker M12.0 gesetzt ist (UM12.0, Adr. 0028) und Schritt 3 nicht gesetzt ist (UNM10.3, Adr. 0026). Schritt 1 wird über die Anw. UNM10.2 (Adr. 0014) rückgesetzt.

Zu ④: Schritt 3 wird gesetzt, wenn Schritt 2 gesetzt ist (UM10.2, Adr. 0030), der Fühler B2 angesprochen hat (UE0.2, Adr. 0032), der Aus-Merker M 12.0 gesetzt ist (UM12.0, Adr. 003A) und Schritt 4 nicht gesetzt ist (UNM10.4, Adr. 0038). Schritt 2 wird über die Anw. UNM10.3 (Adr. 0026) rückgesetzt.

Zu ⑤: Schritt 4 wird gesetzt, wenn Schritt 3 gesetzt ist (UM10.3, Adr. 0042), der Fühler B3 angesprochen hat (UE0.3, Adr. 0044), der Aus-Merker M12.0 gesetzt ist (UM12.0, Adr. 004C) und Schritt 5 nicht gesetzt ist (UNM10.5, Adr. 004A). Schritt 3 wird über die Anw. UNM10.4 (Adr. 0038) rückgesetzt.

Zu ⑥: Schritt 5 wird gesetzt, wenn Schritt 4 gesetzt ist (UM10.4, Adr. 0054), der Fühler B4 angesprochen hat (UE0.4, Adr. 0056), der Aus-Merker M12.0 gesetzt ist (UM12.0, Adr. 005E) und Schritt 6 nicht gesetzt ist (UNM10.6 Adr. 005C). Schritt 4 wird über die Anw. UNM10.5 (Adr. 004A) rückgesetzt.

Zu ⑦: Merker M10.6 (Kette aus/Anlage in Grundstellung) wird gesetzt, wenn Schritt 5 gesetzt ist (UM10.5, Adr. 0064), die Zeitstufe T5 abgelaufen ist (UT5, Adr. 0068) und die STOPP-Taste S5 betätigt ist (UE0.5, Adr. 0066). Der Merker M10.6 dient zum Rücksetzen des Schrittes 5 (UNM10.6, Adr. 005C). Die Steuerung fällt damit in die Grundstellung zurück.

Zu ⑧: Der Startmerker M10.0 wird über die Schritte 1 bis 5 mit den Schrittmerkern M10.1 bis M10.5 angesteuert. Durch den Merker M10.6 darf der Startmerker nicht mehr angesteuert werden, da die Steuerung wieder in die Grundstellung (alle Schritte abgeschaltet) gehen soll.

Zu ⑨: Die Startlampe H0 wird von Schritt 1 bis Schritt 5, also über 5 Schritte, angesteuert. Sie wird jedoch während des Schrittes 5 durch die Zeitstufe T5 abgeschaltet (UNT5, Adr. 007E).

Zu ⑩: Der Rührer M1 bleibt von Schritt 1 bis Schritt 5, also über 5 Schritte, gesetzt (ODER-Anweisungen).

Zu ⑪: Die Pumpe M2 bleibt über 4 Schritte gesetzt.

Zu ⑫: Das Ventil Y1 wird nur während Schritt 1 gesetzt.

Zu ⑬: Das Ventil Y2 wird nur während Schritt 2 gesetzt.

Zu ⑭: Das Ventil Y3 wird nur während Schritt 3 gesetzt.

Zu ⑮: Das Ventil Y4 wird nur während Schritt 4 gesetzt.

Zu ⑯: Die Zeitstufe wird durch Schritt 5 angesteuert.

Zu ⑰: Die Klarlampe H0 schaltet, wenn die Zeitstufe abgelaufen ist.

Zu ⑱: Durch die Anweisung „BE" springt das Programm auf die Anfangsadresse 0000 zurück. Es werden dadurch nur die im Programm vorhandenen Adressen bearbeitet. Hierdurch wird die Zykluszeit und damit die Bearbeitungszeit verkürzt. Andere hinter der End-Anweisung BE vorhandene Anweisungen stören das Programm nicht.

Das Bild 9.3/6 zeigt das Programm entsprechend dem Verfahren 1 für den Mischautomaten mit RS-Speichern programmiert.

```
PB  1                              A:S9MI2@ST.S5D                      LAE=110
                                                                      BLATT    1
NETZWERK  1              0000        "Mischautomat",Verfahren1,(RS)
0000        :U      E     0.6
0002        :U      E     1.0
0004        :U      E     1.1
0006        :=      M    12.0                        Ausmerker
0008        :***


NETZWERK  2              000A        Schritt 1
000A        :U      E     0.0
000C        :UN     M    10.0
000E        :S      M    10.1                        Setzen Schritt 1
0010        :U      M    10.2
0012        :ON     M    12.0
0014        :R      M    10.1                        Ruecksetzen Schritt 1
0016        :NOP 0
0018        :***


NETZWERK  3              001A        Schritt 2
001A        :U      M    10.1
001C        :U      E     0.1
001E        :S      M    10.2                        Setzen Schritt 2
0020        :U      M    10.3
0022        :ON     M    12.0
0024        :R      M    10.2                        Ruecksetzen Schritt 2
0026        :NOP 0
0028        :***
```

Bild 9.3/6: AWL: „Mischautomat", Verfahren 1 (RS-Speicher) *(Fortsetzung auf nächster Seite)*

```
NETZWERK  4              002A        Schritt 3
002A          :U    M    10.2
002C          :U    E     0.2
002E          :S    M    10.3                    Setzen Schritt 3
0030          :U    M    10.4
0032          :ON   M    12.0
0034          :R    M    10.3                    Ruecksetzen Schritt 3
0036          :NOP  0
0038          :***


NETZWERK  5              003A        Schritt 4
003A          :U    M    10.3
003C          :U    E     0.3
003E          :S    M    10.4                    Setzen Schritt 4
0040          :U    M    10.5
0042          :ON   M    12.0
0044          :R    M    10.4                    Ruecksetzen Schritt 4
0046          :NOP  0
0048          :***


NETZWERK  6              004A        Schritt 5
004A          :U    M    10.4
004C          :U    E     0.4
004E          :S    M    10.5                    Setzen Schritt 5
0050          :U    M    10.6
0052          :ON   M    12.0
0054          :R    M    10.5                    Ruecksetzen Schritt 5
0056          :NOP  0
0058          :***


NETZWERK  7              005A        Schr.6,Kette aus/Anl.i.Grundst.

005A          :U    M    10.6
005C          :R    M    10.6                    Ruecksetzen im naechsten Zyklus
005E          :U    M    10.5
0060          :U    E     0.5
0062          :U    T     5                      Zeitstufe fuer Klarlampe H5
0064          :S    M    10.6                    Schr.6,Kette aus/Anl.i.Grundst.
0066          :NOP  0                            Setzen von M10.6 am Zyklusende
0068          :***


NETZWERK  8              006A        Startmerker
006A          :U    M    10.1
006C          :S    M    10.0                    Setzen Startmerker
006E          :U    M    10.6
0070          :ON   M    12.0
0072          :R    M    10.0                    Ruecksetzen Startmerker
0074          :NOP  0
0076          :***


NETZWERK  9              0078        Startlampe H0
0078          :U    M    10.1
007A          :S    A     0.0                    Setzen Startlampe H0
007C          :U    T     5                      Zeit Klarlampe H5
007E          :ON   M    12.0
0080          :R    A     0.0                    Ruecksetzen Startlampe H0
0082          :NOP  0
0084          :***
```

Bild 9.3/6: AWL: „Mischautomat", Verfahren 1 (RS-Speicher) *(Fortsetzung auf nächster Seite)*

```
NETZWERK 10              0086      Ruehrermotor M1
0086         :U    M    10.1
0088         :S    A     0.5                        Setzen Ruehrermotor M1
008A         :U    M    10.6
008C         :ON   M    12.0
008E         :R    A     0.5                        Ruecksetzen Ruehrermotor M1
0090         :NOP  0
0092         :***


NETZWERK 11              0094      Pumpenmotor M2
0094         :U    M    10.1
0096         :S    A     0.6                        Setzen Pumpenmotor M2
0098         :U    M    10.5
009A         :ON   M    12.0
009C         :R    A     0.6                        Ruecksetzen Pumpenmotor M2
009E         :NOP  0
00A0         :***


NETZWERK 12              00A2      Ventil Y1
00A2         :U    M    10.1
00A4         :=    A     0.1                        Ventil Y1
00A6         :***


NETZWERK 13              00A8      Ventil Y2
00A8         :U    M    10.2
00AA         :=    A     0.2                        Ventil Y2
00AC         :***


NETZWERK 14              00AE      Ventil Y3
00AE         :U    M    10.3
00B0         :=    A     0.3                        Ventil Y3
00B2         :***


NETZWERK 15              00B4      Ventil Y4
00B4         :U    M    10.4
00B6         :=    A     0.4                        Ventil Y4
00B8         :***


NETZWERK 16              00BA      Zeitstufe T5 fuer Klarlampe H5
00BA         :U    M    10.5
00BC         :L    KT  004.2
00C0         :SE   T     5                          Zeit t=4 Sekunden
00C2         :NOP  0
00C4         :NOP  0
00C6         :NOP  0
00C8         :NOP  0
00CA         :***


NETZWERK 17              00CC      Klarlampe H5
00CC         :U    T     5
00CE         :=    A     0.7                        Klarlampe H5
00D0         :BE
```

Bild 9.3/6: AWL: „Mischautomat", Verfahren 1 (RS-Speicher) *(Fortsetzung von vorhergehender Seite)*

Verfahren 2: Diesem Verfahren liegt der Funktionsplan nach Bild 9.3/3, Seite 117, zugrunde. Auch hier wird wie in Verfahren 1 zunächst die Schrittkette mit Startmerker und Aus-Merker programmiert. Dann erfolgt das Setzen der Ausgänge, wenn erforderlich, speichernd durch Selbsthaltung.

Dieses Programm befindet sich nur auf der Diskette.

Der Text zu diesem Programm befindet sich nur auf der Diskette.

SABLAUF
s9mi3

Verfahren 3: Diesem Verfahren liegt ebenfalls der Funktionsplan nach Bild 9.3/3, Seite 117, zugrunde. Hier werden jedoch aus der Schrittkette ein Schritt und dann sofort, wie im Plan gezeichnet, alle zugehörigen Ausgänge programmiert.

Diese Programme befinden sich nur auf der Diskette.

Der Text zu diesen Programmen befindet sich nur auf der Diskette.

SABLAUF
s9mi4
s9mi5

9.4 Aufbau eines Netzwerkes

Zusammenfassend lässt sich über einen abgeschlossenen Teil eines SPS-Programms einer Ablaufsteuerung – „Netzwerk" genannt – sagen:

Ein „Netzwerk" ist, wenn es sich um einen Schritt (Speicher) oder einen gespeicherten Befehl mit der Befehlsart (S) handelt, immer in der gleichen Weise aufgebaut.

Es besteht aus drei Teilen:

– der Eingangsbedingung
– der Speicherbedingung und
– der Rücksetzbedingung.

Die nachstehenden Beispiele dienen der Verdeutlichung.

Beispiel 1: In der AWL „Mischautomat" **Bild 9.3/5,** Seite 120, finden Sie unter den Adressen 000A im Netzwerk 2, Schritt 1:

– die Eingangsbedingung U (, UE0.0, UNM10.0
– die Speicherbedingung OM10.1)
– die Rücksetzbedingung UNM10.2, UM12.0.

Beispiel 2: In der AWL „Mischautomat" **Bild 9.3/6,** Seite 125, finden Sie unter den Adressen 0094 bis 009E im Netzwerk 11, S-Befehl für Pumpenmotor M2:

– die Eingangsbedingung UM10.1
– die Speicherbedingung SA0.6
– die Rücksetzbedingung UM10.5, ONM12.0, RA0.6

Diese Beispiele entstammen SPS-Programmen, die mit „Zuweisung" bzw. „RS-Speicher" programmiert sind.

Beispiel 3: In der AWL „Lineare Schrittkette mit Startmerker (RS-Speicher)" **Bild 9.2/15,** Seite 110, finden Sie unter den Adressen 0000 bis 000C im Netzwerk 1, Schritt 1:

– die Eingangsbedingung UE0.1, UNA0.7
– die Speicherbedingung SA0.1
– die Rücksetzbedingung UA0.2, RA0.1.

Wenn bei einem Schritt oder einem Befehl die Speicherbedingung fehlt, so entfällt auch die Rücksetzbedingung, wie die nächsten Beispiele zeigen.

Beispiel 4: In der AWL „Mischautomat", **Bild 9.3/5,** Seite 121, finden Sie unter den Adressen 0064 bis 006A im Netzwerk 7 den Merker M10.6 (Kette aus/Anlage in Grundstellung) mit Selbstrücksetzung. Das Netzwerk enthält folgende Bedingungen:

– die Eingangsbedingung UM10.5, UE0.5, UT5
– keine Speicherbedingung
– keine Rücksetzbedingung.

Auch für Befehle der Befehlsart N entfällt die Rücksetzbedingung, wenn es keine Speicherbedingung gibt, wie das letzte Beispiel zeigt.

Beispiel 5: In der AWL „Mischautomat", **Bild 9.3/5,** Seite 121, finden Sie unter den Adressen 009A bis 00A2 im Netzwerk 11, Pumpenmotor M2:

– die Eingangsbedingung UM10.1, OM10.2, OM10.3, OM10.4
– keine Speicherbedingung
– keine Rücksetzbedingung.

9.5 Lineare Ablaufsteuerung einer Zwei-Wege-Steuerung (s9zw1 und 2)

In diesem Abschnitt wird ein anderes Beispiel gewählt, um weitere steuerungstechnische Bedingungen zu zeigen, die am Mischautomat nicht sinnvoll dargestellt werden können. Zur besseren Einarbeitung soll nochmals eine lineare Ablaufsteuerung programmiert werden.

Das Programm befindet sich im Buch und auf der Diskette.

Der Text zum Programm befindet sich ausschließlich im Buch.

Aufgabe A: Die Zwei-Wege-Steuerung schaltet eine Transportanlage, die Werkstücke mit Hilfe eines Elektromagneten von einem Förderband auf einen Ablagetisch umsetzt **(Bild 9.5/1)**.

– Nach Betätigung des Startschalters S7 und nach Ansprechen des Näherungsschalters S0 wird das Werkstück durch einen Magneten vom Förderband genommen.
– Der Motor M1 fährt den Hubarm in A↑-Richtung, bis die Endlage durch Betätigung des Endtasters S2 erreicht wird.
– M1 schaltet ab und M2 fährt den Schlitten mit dem Hubarm in B→-Richtung bis S4.
– Dann erfolgt das Absetzen des Werkstückes auf dem Ablagetisch.
– Nach Ablauf einer Zeit fährt M2 den Schlitten mit dem Hubarm zurück in C←-Richtung bis S3.
– M1 fährt dann den Hubarm in D↓-Richtung bis S1.
– Wenn S7 eingeschaltet ist und der Näherungsschalter S0 anspricht, kann ein neues Werkstück aufgenommen werden.
– Bei Spannungsausfall bleibt der Hubarm an der Stelle stehen, an welcher er gerade im Betrieb war. Die Anlage kann nur dann erneut in Betrieb genommen werden, wenn sie sich wieder in der Grundstellung befindet.

Bild 9.5/2, Seite 128, zeigt den Funktionsplan für das Programm mit RS-Speichern.

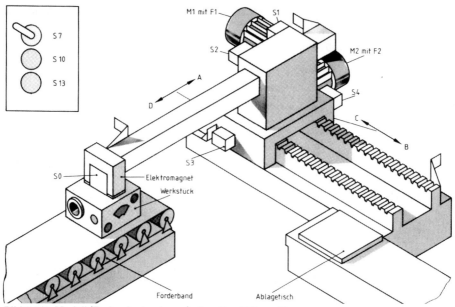

Bild 9.5/1: Modell (Technologieschema) einer Zwei-Wege-Steuerung

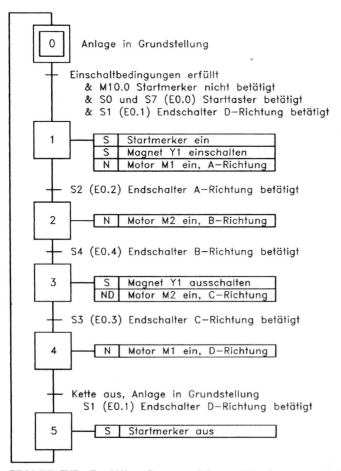

Bild 9.5/2: FUP: „Zwei-Wege-Steuerung" lineare Ablaufsteuerung, Aufgabe A

Zuordnungsliste

```
Datei A:S9ZW2@ZO.SEQ                                    BLATT        1

    OPERAND     SYMBOL    KOMMENTAR

    E0.0        S0        Naeherungsschalter S0
    E0.0        S7        Startschalter S7
    E0.1        S1        Endschalter S1 fuer D-Richtung  (s)
    E0.2        S2        Endschalter S2 fuer A-Richtung  (s)
    E0.3        S3        Endschalter S3 fuer C-Richtung  (s)
    E0.4        S4        Endschalter S4 fuer B-Richtung  (s)
    A0.0        Y1        Magnet Y1
    A0.1        M1A       Motor M1, A-Richtung
    A0.2        M2B       Motor M2, B-Richtung
    A0.3        M2C       Motor M2, C-Richtung
    A0.4        M1D       Motor M1, D-Richtung
    M10.0       STAME     Startmerker M10.0
    M10.1       SR1       Schritt 1
    M10.2       SR2       Schritt 2
    M10.3       SR3       Schritt 3
    M10.4       SR4       Schritt 4
    M10.5       SR5       Schr.5,Kette aus/Anlage in Grundstellung
    T5          ZEIT      Zeitstufe T5 fuer Material
```

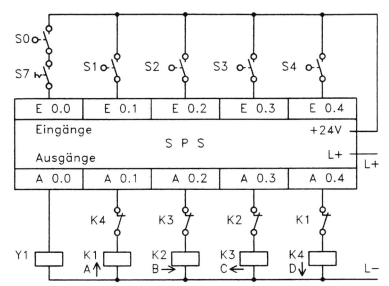

Bild 9.5/3: Beschaltung der SPS, „Zwei-Wege-Steuerung", Aufgabe A

Bei der Erstellung des Programms wurde nach Verfahren 1 vorgegangen. Als Lösungshilfe kann auch das Beispiel „Mischautomat", Programm nach **Verfahren 1, Bild 9.3/5,** Seite 120, dienen.

Wie bereits erwähnt, hat die Lösung der Aufgabe A keine Ausschaltung und Überwachung der Motoren durch thermische Auslöser. Bei Abschaltung muss die Anlage zum erneuten Anfahren in die Grundstellung gebracht werden. Dadurch werden die Bedingungen für den ersten Schritt erfüllt. Die Steuerung benötigt deshalb z.B. eine Rückholschaltung, die nach Abschaltung der Anlage über Handbetrieb die Anlage in Grundstellung fahren kann. Solche Rückholschaltungen in Anlagen für Fertigungsprozesse sind gefährlich, da sie bei falscher Bedienung zu Unfällen und zur Zerstörung der Anlage führen können. Sie wird deshalb nur bei kleinen überschaubaren Anlagen verwendet.

 Das Bild 9.5/4 zeigt die AWL mit RS-Speichern programmiert. Eine Lösung mit Zuweisungen befindet sich auf der Diskette unter SABLAUF Datei s9zw1.

SABLAUF
s9zw1

```
NETZWERK 1              0000    Zwei-Wege-Steuerung,linear
0000        :U    E      0.0
0002        :UN   M     10.0              Abfrage Startmerker
0004        :S    M     10.1              Setzen Schritt 1
0006        :U    M     10.2
0008        :R    M     10.1              Ruecksetzen Schritt 1
000A        :NOP  0                       Aufgabe A (RS-Speicher)
000C        :***


NETZWERK 2              000E    Schritt 2
000E        :U    M     10.1
0010        :U    E      0.2
0012        :S    M     10.2              Setzen Schritt 2
0014        :U    M     10.3
0016        :R    M     10.2              Ruecksetzen Schritt 2
0018        :NOP  0
001A        :***


NETZWERK 3              001C    Schritt 3
001C        :U    M     10.2
001E        :U    E      0.4
0020        :S    M     10.3              Setzen Schritt 3
0022        :U    M     10.4
0024        :R    M     10.3              Ruecksetzen Schritt 3
0026        :NOP  0
0028        :***


NETZWERK 4              002A    Schritt 4
002A        :U    M     10.3
002C        :U    E      0.3
002E        :S    M     10.4              Setzen Schritt 4
0030        :U    M     10.5
0032        :R    M     10.4              Ruecksetzen Schritt 4
0034        :NOP  0
0036        :***


NETZWERK 5              0038    Schr.5,Kette aus/Anl.i.Grundst.
0038        :U    M     10.5
003A        :R    M     10.5              Ruecksetzen im naechsten Zyklus
003C        :U    M     10.4
003E        :U    E      0.1
0040        :S    M     10.5              Schr.5,Kette aus/Anl.i.Grundst.
0042        :NOP  0                       Setzen von M10.5 am Zyklusende
0044        :***


NETZWERK 6              0046    Startmerker
0046        :U    M     10.1
0048        :S    M     10.0              Setzen Startmerker
004A        :U    M     10.5
004C        :R    M     10.0              Ruecksetzen Startmerker
004E        :NOP  0
0050        :***
```

Bild 9.5/4: AWL: „Zwei-Wege-Steuerung", Aufgabe A (RS-Speicher) *(Fortsetzung auf nächster Seite)*

```
NETZWERK 7              0052      Magnet Y1
0052        :U    M    10.1
0054        :S    A     0.0                              Setzen Magnet Y1
0056        :U    M    10.3
0058        :R    A     0.0                              Ruecksetzen Magnet Y1
005A        :NOP  0
005C        :***


NETZWERK 8             005E       Motor M1, A-Richtung
005E        :U    M    10.1
0060        :UN   A     0.4
0062        :=    A     0.1                              Motor M1, A-Richtung
0064        :***


NETZWERK 9             0066       Motor M2, B-Richtung
0066        :U    M    10.2
0068        :UN   A     0.3
006A        :=    A     0.2                              Motor M2, B-Richtung
006C        :***


NETZWERK 10            006E       Motor M2, C-Richtung
006E        :U    M    10.3
0070        :U    T     5                                Zeit fuer Materialablage
0072        :UN   A     0.2
0074        :=    A     0.3                              Motor M2, C-Richtung
0076        :***


NETZWERK 11            0078       Zeitstufe fuer Materialablage
0078        :U    M    10.3
007A        :L    KT  004.2                              t=4 Sekunden
007E        :SE   T     5                                Zeitstufe fuer Materialablage
0080        :NOP  0
0082        :NOP  0
0084        :NOP  0
0086        :NOP  0
0088        :***


NETZWERK 12            008A       Motor M1, D-Richtung
008A        :U    M    10.4
008C        :UN   A     0.1
008E        :=    A     0.4                              Motor M1, D-Richtung
0090        :BE
```

Bild 9.5/4: AWL: „Zwei-Wege-Steuerung", Aufgabe A (RS-Speicher) *(Fortsetzung von vorhergehender Seite)*

9.6 Zwei-Wege-Steuerung mit Rückholschaltung, Eingriff in die Ausgänge, Aufgabe B (s9zw3 und 4)

Aufgabe B:

Die Steuerungsbedingungen der Aufgabe A sollen wie folgt ergänzt werden:

– Die Anlage ist über den Austaster S13 abschaltbar.

– Die Motoren M1 und M2 werden durch die thermischen Überstromauslöser F1 und F2 überwacht. Bei Überlastung von M1 oder M2 wird die Anlage abgeschaltet.

– Ein Rückholtaster S10 kann nach Abschaltung die Anlage im Tippbetrieb in die Grundstellung zurückfahren. Hierbei dürfen F1 oder F2 nicht ausgelöst sein und der Austaster S13 nicht betätigt sein.

Zwei-Wege-Steuerung, Rückholschaltung im Tippbetrieb (Zuweisung).
Dieses Programm befindet sich nur auf der Diskette.
Der Text zu diesem Programm befindet sich nur auf der Diskette.

SABLAUF
s9zw5

Zwei-Wege-Steuerung, Rückholschaltung im Tippbetrieb (RS-Speicher).
Dieses Programm befindet sich nur auf der Diskette.
Der Text zu diesem Programm befindet sich nur auf der Diskette.

SABLAUF
s9zw4

9.7 „Zwei-Wege-Steuerung", mit Rückholschaltung im Dauerbetrieb, Beeinflussung der Schrittkette, Aufgabe C (s9zw5 und 6)

Aufgabe C: Die Steuerungsbedingung soll so lauten wie in Aufgabe B. Der Rückholbetrieb über den Taster S10 soll jedoch im Dauerbetrieb erfolgen. Hierbei muss vorher die Schrittkette durch ein Ereignis abgeschaltet worden sein (z.B. durch F1, F2, S13). Beim Rückholbetrieb dürfen F1 oder F2 nicht ausgelöst sein und S13 darf nicht betätigt sein.

Zwei-Wege-Steuerung, Rückholschaltung im Dauerbetrieb (Zuweisung).
Dieses Programm befindet sich nur auf der Diskette.
Der Text zu diesem Programm befindet sich nur auf der Diskette.

SABLAUF
s9zw5

Zwei-Wege-Steuerung, Rückholschaltung im Dauerbetrieb (RS-Speicher).
Dieses Programm befindet sich nur auf der Diskette.
Der Text zu diesem Programm befindet sich nur auf der Diskette.

SABLAUF
s9zw6

9.8 Aufbau und Programm einer verzweigten Schrittkette (UND-Verzweigung) (s9ket7 und 8)

Sollen bei einer Ablaufsteuerung mehrere Vorgänge gleichzeitig ablaufen, so muss man die Schrittketten mit Verzweigung programmieren. Hierzu eignet sich die UND-Verzweigung. Als Vorübung für die nächste Problemlösung soll zunächst eine Aufgabe gelöst werden.

Aufgabe: Gesucht ist das Schrittprogramm für eine Schrittkette mit einer UND-Verzweigung. Damit die Arbeitsweise der Schrittkette durch Leuchtdioden gut erkennbar ist, sollen als Schrittmerker die echten Ausgänge A0.0 bis A0.4 genommen werden. Die Lösung soll mit RS-Speicher erfolgen.

Schritt 1 (A0.0) soll gesetzt werden, wenn der Taster S0 betätigt wird.

Schritt 2.1 (A0.1) bzw. **Schritt 2.2** (A0.2) soll gesetzt werden, wenn Taster S1 (für A0.1) bzw. Taster S2 (für A0.2) betätigt wird.

Schritt 1 (A0.0) soll aber erst abgeschaltet werden, **wenn Schritt 2.1 UND Schritt 2.2** gesetzt sind. Die Reihenfolge der Schrittsetzung 2.1 und 2.2 soll dabei beliebig sein.

Schritt 3 (A0.3) soll gesetzt werden, wenn **Schritt 2.1 UND Schritt 2.2** gesetzt sind. Schritt 2.1 und Schritt 2.2 werden rückgesetzt.

Schritt 4 (A0.4) wird durch S4 gesetzt, so dass **Schritt 3** (A0.3) rückgesetzt wird. Die Schrittkette soll dann in die Grundstellung (alle Schritte rückgesetzt) zurückfallen.

Die in der Aufgabenstellung formulierten Schaltbedingungen lassen sich in einem Funktionsplan (Bild 9.8/2) übersichtlich darstellen. Die erste UND-Bedingung der verzweigten Schrittkette wird dadurch erreicht, dass der gesetzte Schritt 1 (A0.0) erst rückgesetzt wird, wenn die Schritte 2.1 (A0.1) und 2.2 (A0.2) gesetzt sind. Die zweite UND-Bedingung ist an Schritt 3 (A0.3) erkennbar. Schritt 3 wird erst gesetzt, wenn Schritt 2.1 und Schritt 2.2 gesetzt sind.

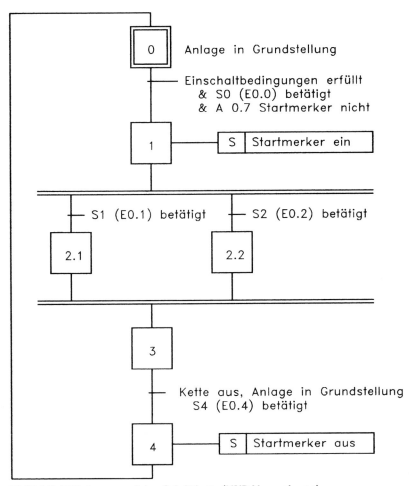

Bild 9.8/1: FUP der verzweigten Schrittkette (UND-Verzweigung)

Zuordnungsliste

```
Datei A:S9KET8Z0.SEQ                                          BLATT        1

     OPERAND      SYMBOL      KOMMENTAR

     E0.0         S0          Taster S0 (s)
     E0.1         S1          Taster S1 (s)
     E0.2         S2          Taster S2 (s)
     E0.4         S4          Taster S4 (s)
     A0.0         SR1         Schritt 1
     A0.1         SR2.1       Schritt 2.1
     A0.2         SR2.1       Schritt 2.2
     A0.3         SR3         Schritt 3
     A0.4         SR4         Schr.4, Kette aus,Anlage i.Grundstellung
     A0.7         STAME       Startmerker
```

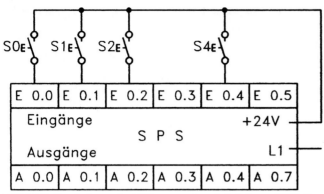

Bild 9.8/2: Beschaltung der SPS, verzweigte Schrittkette (UND-Verzweigung)

Erläuterung zum Programm:

Die erste UND-Bedingung für Schritt 1 wird durch die beiden Anweisungen UA0.1, UA0.2 (Adr. 0006, 0008) erreicht. Wenn diese UND-Bedingung erfüllt ist, wird der Schritt 1 zurückgesetzt.

Eine weitere UND-Bedingung der verzweigten Ketten ist als Eingangsbedingung für Schritt 3 durch die Anweisungen UA0.1, UA0.2 (Adr. 002C, 002E) gegeben.

Der Startmerker gewährleistet das Schalten der Schritte in richtiger Reihenfolge. Er darf vor Schritt 1 nicht gesetzt sein (Anw. UNA0.7, Adr. 0002), wird mit Schritt 1 gesetzt (Anw. UA0.0, Adr. 0048) und mit Schritt 4 durch Anw. UA0.4 (Adr. 004C) rückgesetzt.

```
PB 1                                A:S9KET8ST.S5D                   LAE=47
                                                                     BLATT   1
NETZWERK 1              0000        Kette UND-Verzweigung (RS-Spei.)
0000        :U    E     0.0
0002        :UN   A     0.7                       Abfrage Startmerker
0004        :S    A     0.0                       Setzen Schritt 1
0006        :U    A     0.1                       UND-Bedingung, Ruecksetzen durch
0008        :U    A     0.2                       Schritt 2.1 UND Schritt 2.2
000A        :R    A     0.0                       Ruecksetzen Schritt 1
000C        :NOP  0
000E        :***


NETZWERK 2              0010        Schritt 2.1
0010        :U    A     0.0
0012        :U    E     0.1
0014        :S    A     0.1                       Setzen Schritt 2.1
0016        :U    A     0.3                       Ruecksetzen durch Schritt 3
0018        :R    A     0.1                       Ruecksetzen Schritt 2.1
001A        :NOP  0
001C        :***


NETZWERK 3              001E        Schritt 2.2
001E        :U    A     0.0
0020        :U    E     0.2
0022        :S    A     0.2                       Setzen Schritt 2.2
0024        :U    A     0.3                       Ruecksetzen durch Schritt 3
0026        :R    A     0.2                       Ruecksetzen Schritt 2.2
0028        :NOP  0
002A        :***
```

Bild 9.8/3: AWL: Verzweigte Schrittkette (UND-Verzweigung, RS-Speicher) *(Fortsetzung auf nächster Seite)*

```
NETZWERK 4              002C        Schritt 3
002C        :U    A     0.1                   UND-Bedingung. Ansteuern durch
002E        :U    A     0.2                   Schritt 2.1 UND Schritt 2.2
0030        :S    A     0.3                   Setzen Schritt 3
0032        :U    A     0.4                   Ruecksetzen durch Schritt 4
0034        :R    A     0.3                   Ruecksetzen Schritt 3
0036        :NOP  0
0038        :***


NETZWERK 5              003A        Schr.4,Kette aus/Anl.i.Grundst.
003A        :U    A     0.4
003C        :R    A     0.4                   Ruecksetzen im naechsten Zyklus
003E        :U    A     0.3
0040        :U    E     0.4
0042        :S    A     0.4                   Schr.4,Kette aus/Anl.i.Grundst.
0044        :NOP  0                           Setzen von A0.4 am Zyklusende
0046        :***


NETZWERK 6              0048        Startmerker
0048        :U    A     0.0
004A        :S    A     0.7                   Setzen Startmerker
004C        :U    A     0.4
004E        :R    A     0.7                   Ruecksetzen Startmerker
0050        :NOP  0
0052        :BE
```

Bild 9.8/3: AWL: Verzweigte Schrittkette (UND-Verzweigung, RS-Speicher) *(Fortsetzung von vorhergehender Seite)*

```
NETZWERK 1            0000        Kette UND-Verzweigung (RS-Spei.)
!                                 A 0.0
!E 0.0     A 0.7        +-----+
+---] [---+---]/[---+-!S    !
!                  !        !
!A 0.1     A 0.2   !        !
+---] [---+---] [---+-!R    Q!-
!                    +-----+
!
NETZWERK 2           0010        Schritt 2.1
!                                 A 0.1
!A 0.0     E 0.1        +-----+
+---] [---+---] [---+-!S    !
!                  !        !
!A 0.3             !        !
+---] [---+---------+-!R    Q!-
!                    +-----+
!
NETZWERK 3           001E        Schritt 2.2
!                                 A 0.2
!A 0.0     E 0.2        +-----+
+---] [---+---] [---+-!S    !
!                  !        !
!A 0.3             !        !
+---] [---+---------+-!R    Q!-
!                    +-----+
!
```

Bild 9.8/4: KOP: Verzweigte Schrittkette (UND-Verzweigung, RS-Speicher) *(Fortsetzung auf nächster Seite)*

```
NETZWERK 4                002C       Schritt 3
!                               A 0.3
!A 0.1      A 0.2            +-----+
+---] [---+---] [---+-!S    !
!                   !       !
!A 0.4              !       !
+---] [---+---------+-!R   Q!-
!                   +-----+
!

NETZWERK 5                003A       Schr.4,Kette aus/Anl.i.Grundst.
!                               A 0.4
!A 0.4                      +-----+
+---] [---+---------+-!R    !
!                   !       !
!A 0.3      E 0.4   !       !
+---] [---+---] [---+-!S   Q!-
!                   +-----+
!

NETZWERK 6                0048       Startmerker
!            A 0.7
!A 0.0       +-----+
+---] [---+-!S    !
!         !       !
!A 0.4    !       !
+---] [---+-!R   Q!-
!         +-----+
!
!                         :BE
!
```

Bild 9.8/4: KOP: Verzweigte Schrittkette (UND-Verzweigung, RS-Speicher) *(Fortsetzung von vorhergehender Seite)*

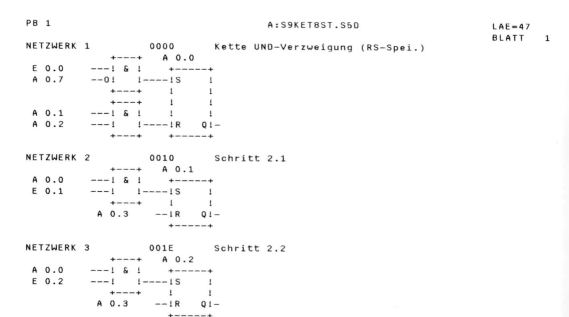

```
NETZWERK 1             0000       Kette UND-Verzweigung (RS-Spei.)
                   +---+   A 0.0
E 0.0      ---! & !     +-----+
A 0.7      --0!   !----!S    !
           +---+        !    !
           +---+        !    !
A 0.1      ---! & !     !    !
A 0.2      ---!   !----!R   Q!-
           +---+        +-----+


NETZWERK 2             0010       Schritt 2.1
                   +---+   A 0.1
A 0.0      ---! & !     +-----+
E 0.1      ---!   !----!S    !
           +---+        !    !
           A 0.3       --!R   Q!-
                        +-----+


NETZWERK 3             001E       Schritt 2.2
                   +---+   A 0.2
A 0.0      ---! & !     +-----+
E 0.2      ---!   !----!S    !
           +---+        !    !
           A 0.3       --!R   Q!-
                        +-----+
```

Bild 9.8/5: FUP: Verzweigte Schrittkette (UND-Verzweigung, RS-Speicher) *(Fortsetzung auf nächster Seite)*

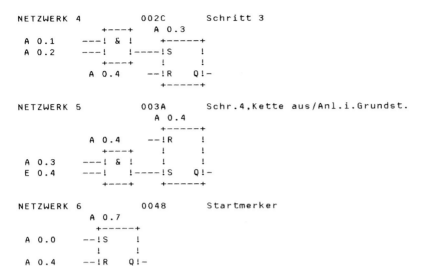

```
NETZWERK 4              002C        Schritt 3
                +---+     A 0.3
A 0.1    ---! & !     +-----+
A 0.2    ---!   !----!S    !
                +---+     !    !
         A 0.4    --!R    Q!-
                        +-----+


NETZWERK 5              003A        Schr.4,Kette aus/Anl.i.Grundst.
                        A 0.4
                        +-----+
         A 0.4    --!R    !
                +---+     !    !
A 0.3    ---! & !     !    !
E 0.4    ---!   !----!S    Q!-
                +---+     +-----+


NETZWERK 6              0048        Startmerker
         A 0.7
         +-----+
A 0.0    --!S    !
         !    !
A 0.4    --!R    Q!-
         +-----+  :BE
```

Bild 9.8/5: FUP: Verzweigte Schrittkette (UND-Verzweigung, RS-Speicher) *(Fortsetzung von vorhergehender Seite)*

Verzweigte Schrittkette, UND-Verzweigung (Zuweisung).
Dieses Programm befindet sich nur auf der Diskette.
Der Text zu diesem Programm befindet sich im Buch und auf der Diskette.

SABLAUF
s9ket7

9.9 Verzweigte Ablaufsteuerung am Beispiel der Zwei-Wege-Steuerung (UND-Verzweigung), Aufgabe D (s9zw7 und 8)

In diesem Abschnitt soll an einem Beispiel der Zwei-Wege-Steuerung die Anwendung der verzweigten Schrittkette mit UND-Verzweigung deutlich gemacht werden.

Das Programm mit RS-Speicher befindet sich im Buch und auf der Diskette.

Der Text zum Programm befindet sich ausschließlich im Buch.

Aufgabe D:

Die Zwei-Wege-Steuerung schaltet wieder eine Transportanlage, die die Werkstücke mit Hilfe eines Elektromagneten von einem Förderband auf einen Ablagetisch umsetzt **(Bild 9.5/1,** Seite 128).

– Nach Betätigung des Startschalters S7 und nach Ansprechen des Näherungsschalters S0 wird das Werkstück durch einen Magneten vom Förderband genommen.

– Zur Abkürzung des Transportweges wird das Werkstück gleichzeitig in A↑-Richtung **und** B→-Richtung (Diagonalbetrieb) transportiert.

– Nach Betätigung der Endschalter S2 **und** S4 erfolgt das Absetzen des Werkstückes auf den Ablagetisch.

– Nach Ablauf einer Zeitspanne fährt die Anlage im Diagonalbetrieb, nämlich in C←-Richtung **und** in D↓-Richtung, in die Ausgangslage zurück.

– Damit das Programm einfacher wird, soll die Anlage keine Rückholschaltung und keine Ausschaltung haben. Deshalb bleibt bei Spannungsausfall der Hubarm an der Stelle stehen, an welcher er gerade in Betrieb war. Die Anlage kann nur erneut in Betrieb genommen werden, wenn sie sich in der Grundstellung befindet.

Zuordnungsliste

```
Datei A:S9ZW8@ZO.SEQ                                    BLATT        1

     OPERAND     SYMBOL    KOMMENTAR

     E0.0        S0        Naeherungsschalter S0
     E0.0        S7        Startschalter S7
     E0.1        S1        Endschalter S1 fuer D-Richtung   (s)
     E0.2        S2        Endschalter S2 fuer A-Richtung   (s)
     E0.3        S3        Endschalter S3 fuer C-Richtung   (s)
     E0.4        S4        Endschalter S4 fuer B-Richtung   (s)
     A0.0        Y1        Magnet Y1
     A0.1        M1A       Motor M1, A-Richtung
     A0.2        M2B       Motor M2, B-Richtung
     A0.3        M2C       Motor M2, C-Richtung
     A0.4        M1D       Motor M1, D-Richtung
     M10.0       STAME     Startmerker M10.0
     M10.1       SR1       Schritt 1
     M10.3       SR3       Schritt 3
     M10.5       SR5       Kette aus/Anlage in Grundstellung
     M11.2       SR2.1     Schritt 2.1
     M11.4       SR4.1     Schritt 4.1
     M12.2       SR2.2     Schritt 2.2
     M12.4       SR4.2     Schritt 4.2
     T5          ZEIT      Zeitstufe T5 fuer Material
```

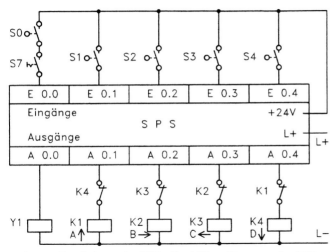

Bild 9.9/1: Beschaltung der SPS, „Zwei-Wege-Steuerung" mit Diagonalbetrieb, Aufgabe D

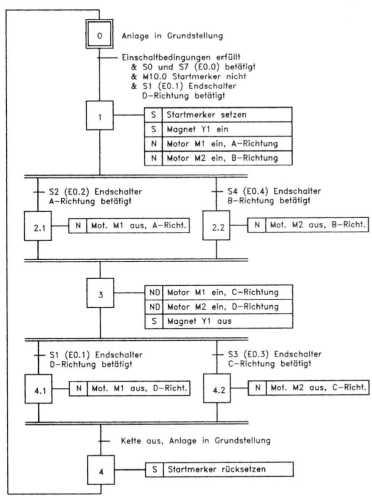

Bild 9.9/2: FUP: „Zwei-Wege-Steuerung" mit Diagonalbetrieb, Aufgabe D

Erläuterungen zum Funktionsplan (Bild 9.9/2) und zum Programm **(Bild 9.9/3,** der „Zwei-Wege-Steuerung" im Diagonalbetrieb:

Aus dem FUP Bild 9.9/2 ist erkennbar, dass mit Setzen des Schrittes 1 beide Motoren für A- und B-Richtung angesteuert werden. Ist z.B. der Weg A kürzer als der Weg B, so fährt Motor M1 zuerst gegen den Endschalter S2. Hierdurch wird Schritt 2.1 gesetzt und der Ausgang A0.1 rückgesetzt. Schritt 1 bleibt noch gesetzt.

Dies ist im FUP zeichnerisch durch den Befehl „Motor M1 aus" gekennzeichnet. Im Programm wird die Abschaltung des Ausgangs A0.1 durch die Anweisung UNM11.2 (Adr. 0080) erreicht. Der Schritt 1 bleibt noch gesetzt, da die Anw. UM12.2 (Adr. 0008) für die Rücksetzbedingung noch nicht wirksam ist.

Fährt auch der Schlitten durch den Motor M2 gegen den Endschalter S4, so wird Schritt 2.2 gesetzt. Damit ist die UND-Bedingung erfüllt und Schritt 1 wird rückgesetzt. Beide Motoren sind jetzt abgeschaltet. Außerdem wird Schritt 3 gesetzt.

Die Befehle von Schritt 3 besagen, dass der Magnet unverzögert ausgeschaltet wird und die beiden Motoren in C←- und D↓-Richtung nach Ablauf der Zeitstufe T5 verzögert eingeschaltet werden. Auch hier werden die Ausgänge A0.3 und A0.4 getrennt über die Grenztaster S1 und S3 abgeschaltet, wenn die Fahrwege C← und D↓ unterschiedlich lang sind.

```
PB 1                            A:S9ZW8@ST.S5D                      LAE=99
                                                                   BLATT   1
NETZWERK  1           0000    Zwei-Wege-Steuerung, ohne Rueckh
0000         :U    E    0.0
0002         :UN   M   10.0                         Abfrage Startmerker
0004         :S    M   10.1                         Setzen Schritt 1
0006         :U    M   11.2                         UND-Bedingung fuer Diagonal=
0008         :U    M   12.2                         betrieb (A+B-Richt,C+D-Richt.)
000A         :R    M   10.1                         Ruecksetzen Schritt 1
000C         :NOP  0
000E         :***                                   Aufgabe D (RS-Speicher)


NETZWERK  2           0010    Schritt 2.1
0010         :U    M   10.1
0012         :U    E    0.2
0014         :S    M   11.2                         Setzen Schritt 2.1
0016         :U    M   10.3
0018         :R    M   11.2                         Ruecksetzen Schritt 2.1
001A         :NOP  0
001C         :***


NETZWERK  3           001E    Schritt 2.2
001E         :U    M   10.1
0020         :U    E    0.4
0022         :S    M   12.2                         Setzen Schritt 2.2
0024         :U    M   10.3
0026         :R    M   12.2                         Ruecksetzen Schritt 2.2
0028         :NOP  0
002A         :***


NETZWERK  4           002C    Schritt 3
002C         :U    M   11.2                         UND-Bedingung, Ansteuerung von
002E         :U    M   12.2                         Schritt 3
0030         :S    M   10.3                         Setzen Schritt 3
0032         :U    M   11.4                         UND-Bedingung, Ruecksetz=
0034         :U    M   12.4                         bedingung von Schritt 3
0036         :R    M   10.3                         Ruecksetzen Schritt 3
0038         :NOP  0
003A         :***
```

Bild 9.9/3: AWL: „Zwei-Wege-Steuerung" mit Diagonalbetrieb, Aufgabe D (RS-Speicher)

(Fortsetzung auf nächster Seite)

```
NETZWERK 5                003C        Schritt 4.1
003C         :U    M      10.3
003E         :U    E       0.1
0040         :S    M      11.4                     Setzen Schritt 4.1
0042         :U    M      10.5
0044         :R    M      11.4                     Ruecksetzen Schritt 4.1
0046         :NOP  0
0048         :***


NETZWERK 6                004A        Schritt 4.2
004A         :U    M      10.3
004C         :U    E       0.3
004E         :S    M      12.4                     Setzen Schritt 4.2
0050         :U    M      10.5
0052         :R    M      12.4                     Ruecksetzen Schritt 4.2
0054         :NOP  0
0056         :***


NETZWERK 7                0058        Schr.4,Kette aus/Anl.i.Grundst.
0058         :U    M      10.5
005A         :R    M      10.5                     Ruecksetzen im naechsten Zyklus
005C         :U    M      11.4                     UND-Bedingung, Ansteuerung von
005E         :U    M      12.4                     Schritt 5
0060         :S    M      10.5                     Kette aus/Anlage i.Grundstellung
0062         :NOP  0                               Setzen von M10.5 am Zyklusende
0064         :***


NETZWERK 8                0066        Startmerker
0066         :U    M      10.1
0068         :S    M      10.0                     Startmerker setzen
006A         :U    M      10.5
006C         :R    M      10.0                     Startmerker ruecksetzen
006E         :NOP  0
0070         :***


NETZWERK 9                0072        Magnet Y1
0072         :U    M      10.1
0074         :S    A       0.0                     Setzen Magnet Y1
0076         :U    M      10.3
0078         :R    A       0.0                     Ruecksetzen Magnet Y1
007A         :NOP  0
007C         :***


NETZWERK 10               007E        Motor M1, A-Richtung
007E         :U    M      10.1
0080         :UN   M      11.2
0082         :UN   A       0.4
0084         :=    A       0.1                     Motor M1, A-Richtung
0086         :***


NETZWERK 11               0088        Motor M2, B-Richtung
0088         :U    M      10.1
008A         :UN   M      12.2
008C         :UN   A       0.3
008E         :=    A       0.2                     Motor M2, B-Richtung
0090         :***
```

Bild 9.9/3: AWL: „Zwei-Wege-Steuerung" mit Diagonalbetrieb, Aufgabe D (RS-Speicher)

(Fortsetzung von vorhergehender Seite)

```
NETZWERK  12              0092     Motor  M2,  C-Richtung
0092        :U     M      10.3
0094        :U     T      5                        Zeit  fuer  Materialablage
0096        :UN    M      12.4
0098        :UN    A      0.2
009A        :=     A      0.3                      Motor  M2,  C-Richtung
009C        :***


NETZWERK  13              009E     Motor  M1,  D-Richtung
009E        :U     M      10.3
00A0        :U     T      5                        Zeit  fuer  Materialablage
00A2        :UN    M      11.4
00A4        :UN    A      0.1
00A6        :=     A      0.4                      Motor  M1,  D-Richtung
00A8        :***


NETZWERK  14              00AA     Zeitstufe  Materialablage
00AA        :U     M      10.3
00AC        :L     KT     004.2                    t=4  Sekunden
00B0        :SE    T      5
00B2        :NOP  0
00B4        :NOP  0
00B6        :NOP  0
00B8        :NOP  0
00BA        :BE
```

Bild 9.9/3: AWL: „Zwei-Wege-Steuerung" mit Diagonalbetrieb, Aufgabe D (RS-Speicher)

(Fortsetzung von vorhergehender Seite)

Zwei-Wege-Steuerung, Diagonalbetrieb, Aufgabe D, (Zuweisung) ist unter Verzeichnis SABLAUF Datei s9zw7 zu finden.

SABLAUF   Dieses Programm befindet sich nur auf der Diskette.

s9zw7   Der Text zu diesem Programm befindet sich zum Teil auf der Diskette und zum Teil im Buch.

9.10 Verzweigte Ablaufsteuerung einer „Zwei-Wege-Steuerung mit Rückholschaltung und Diagonalbetrieb, Aufgabe E (s9zw9 und 10)

Dieser Abschnitt enthält eine Verbesserung der Schaltung D von Abschnitt 9.9.

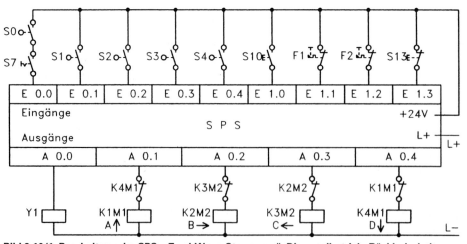

Bild 9.10/1: Beschaltung der SPS, „Zwei-Wege-Steuerung", Diagonalbetrieb, Rückholschaltung (Tippbetrieb), Aufgabe E

SABLAUF
s9zw9

Zwei-Wege-Steuerung, mit Verzweigung, Diagonalbetrieb, Rückholschaltung, (Zuweisung), Aufgabe E befindet sich im Verzeichnis SABLAUF Datei s9zw9.
Dieses Programm befindet sich nur auf der Diskette.
Der Text zu diesem Programm befindet sich nur auf der Diskette.

SABLAUF
s9zw10

Zwei-Wege-Steuerung mit Verzweigung, Diagonalbetrieb, Rückholschaltung, (RS-Speicher), Aufgabe E befindet sich im Verzeichnis SABLAUF Datei s9zw10.
Dieses Programm befindet sich nur auf der Diskette.
Der Text zu diesem Programm befindet sich nur auf der Diskette.

9.11 Ablaufsteuerung mit Taktüberwachung am Beispiel der „Zwei-Wege-Steuerung", Aufgabe F (s9zw11 und 12)

Bei der automatischen Herstellung von Produkten werden die einzelnen Arbeitsschritte oder Arbeitstakte überwacht. Man spricht in diesem Fall von einer Taktüberwachung. Hierbei findet häufig eine Einzeltaktüberwachung und eine Gesamttaktüberwachung für den gesamten Fertigungsprozess statt.

So wird z.B. bei einer automatischen Bohrvorrichtung mit den Takten (Schritten) „Rohteil einschieben", „Teil ausrichten und spannen", „Teil bearbeiten", „Teil entspannen und auswerfen" mindestens eine zeitliche Überwachung der Takte, vor allem des Bearbeitungstaktes, durchgeführt. Dadurch lassen sich z.B. Materialfehler, Bohrerverschleiß, Bohrerbruch u.ä. feststellen.

In diesem Abschnitt soll am Beispiel der „Zwei-Wege-Steuerung" eine Taktüberwachung der einzelnen Wege A↑, B→, C← und D↓ vorgenommen werden.

SABLAUF
s9zw11

Zwei-Wege-Steuerung, Taktüberwachung, (Zuweisung), Aufgabe F befindet sich im Verzeichnis SABLAUF Datei s9zw11.
Dieses Programm befindet sich nur auf der Diskette.
Der Text zu diesem Programm befindet sich nur auf der Diskette.

SABLAUF
s9zw12

Zwei-Wege-Steuerung, Taktüberwachung, (RS-Speicher), Aufgabe F.
Verzeichnis SABLAUF Datei s9zw12.
Dieses Programm befindet sich nur auf der Diskette.
Der Text zu diesem Programm befindet sich nur auf der Diskette.

9.12 Einrichte- und Automatikbetrieb einer Ablaufsteuerung am Beispiel der „Zwei-Wege-Steuerung", Aufgabe G (s9zw13 und 14)

Automatisch ablaufende Steuerungen, bei denen das Weiterschalten der Schrittkette über prozessabhängige Eingangssignale erfolgt, werden beim Einschalten häufig nicht mit Automatikbetrieb angefahren. Zur Kontrolle wird die Anlage zunächst im Einrichtebetrieb von Schritt zu Schritt, also im Handbetrieb, durchgefahren und dann erst für den Automatikbetrieb freigegeben. Am Beispiel der „Zwei-Wege-Steuerung" soll das Prinzip einer solchen Steuerung gezeigt werden.

SABLAUF
s9zw13

Zwei-Wege-Steuerung, Einrichte- und Automatikbetrieb, (Zuweisung), Aufgabe G befindet sich im Verzeichnis SABLAUF Datei s9zw13.
Dieses Programm befindet sich nur auf der Diskette.
Der Text zu diesem Programm befindet sich nur auf der Diskette.

SABLAUF
s9zw14

Zwei-Wege-Steuerung, Einrichte- und Automatikbetrieb, (RS-Speicher), Aufgabe G befindet sich im Verzeichnis SABLAUF Datei s9zw14.
Dieses Programm befindet sich nur auf der Diskette.
Der Text zu diesem Programm befindet sich nur auf der Diskette.

9.13 Aufbau und Programm einer verzweigten Schrittkette (ODER-Verzweigung) (s9ket9 und 10)

Soll bei einer Ablaufsteuerung, die mehrere Zweige hat, nur ein Zweig durchlaufen werden, so eignet sich dafür am besten die ODER-Verzweigung. Als Vorübung für die nächste Problemlösung soll zunächst eine Übungsaufgabe mit einer ODER-Schrittkette gelöst werden.

Das Programm mit RS-Speicher befindet sich im Buch und auf der Diskette. Der Text befindet sich ausschließlich im Buch.

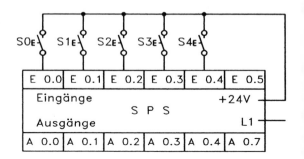

Aufgabe:

Gesucht ist das Schrittprogramm für eine Schrittkette mit einer ODER-Verzweigung. Damit die Arbeitsweise der Schrittkette durch Leuchtdioden gut erkennbar ist, sollen als Schrittmerker die echten Ausgänge A0.0 bis A0.4 genommen werden.

Schritt 1

(A0.0) soll gesetzt werden, wenn der Taster S0 betätigt wird.

Schritt 2.1

(A0.1) bzw. **Schritt 2.2** (A0.2) soll gesetzt werden, wenn Taster S1 (für A0.1) bzw. Taster S2 (für A0.2) betätigt wird.

Schritt 1

(A0.0) soll rückgesetzt werden, wenn **Schritt 2.1** (A0.1) **oder Schritt 2.2** (A0.2) gesetzt wird. Die Reihenfolge der Schrittsetzung soll hierbei beliebig sein.

Schritt 3

(A0.3) soll gesetzt werden, wenn entweder **Schritt 2.1** (A0.1) **oder Schritt 2.2** (A0.2) gesetzt und wenn Taster S3 betätigt wird. Schritt 2.1 bzw. Schritt 2.2 wird dann rückgesetzt.

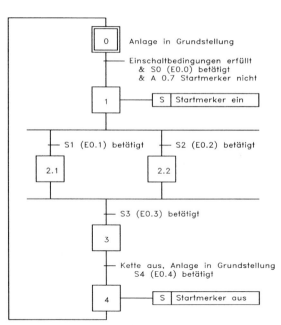

Bild 9.13/1: Beschaltung der SPS
Funktionsplan der verzweigten
Schrittkette (ODER-Verzweigung)

Schritt 4

(A0.4) wird durch S4 gesetzt, so dass Schritt 3 (A0.3) rückgesetzt wird. Die Schrittkette soll dann in die Grundstellung (alle Schritte rückgesetzt) zurückfallen.

Die in der Aufgabenstellung formulierten Schaltbedingungen lassen sich wieder in einem Funktionsplan **(Bild 9.13/1)** übersichtlich darstellen. Dabei ist besonders hervorzuheben, dass die ODER-Bedingung der verzweigten Schrittkette eigentlich eine EXKLUSIV-ODER-Bedingung ist. Nach DIN 40719, Teil 6, Bild 11, Seite 12, darf bei einer ODER-Verzweigung nämlich nur **eine** Verzweigung durchlaufen werden. Nach Schritt 1 darf also entweder Schritt 2.1 ODER Schritt 2.2 schalten und damit Schritt 1 rücksetzen. Schritt 3 setzt dann Schritt 2.1 bzw. Schritt 2.2 zurück.

Zuordnungsliste   Datei A:S9KE10ZO.SEQ

OPERAND	SYMBOL	KOMMENTAR
E0.0	S0	Taster S0, Schritt 1 (s)
E0.1	S1	Taster S1, Schritt 2.1 (s)
E0.2	S2	Taster S2, Schritt 2.2 (s)
E0.3	S3	Taster S3, Schritt 3 (s)
E0.4	S4	Taster S4, Schritt 4 (s)
A0.0		Schritt 1
A0.0		Schritt 1
A0.1		Schritt 2.1
A0.2		Schritt 2.2
A0.3		Schritt 3
A0.4		Schritt 4
A0.7		Startmerker

PB 1   A:S9KE10ST.S5D   LAE=50
                                                                                 BLATT   1

```
NETZWERK 1              0000    Verzweigte Schrittkette,ODER, RS
0000      :U    E   0.0
0002      :UN   A   0.7                     Abfrage Startmerker
0004      :S    A   0.0                     Setzen Schritt 1
0006      :O    A   0.1                     ODER-Bedingung,Ruecksetzen durch
0008      :O    A   0.2                     Schritt 2.1 ODER Schritt 2.2
000A      :R    A   0.0                     Ruecksetzen Schritt 1
000C      :NOP  0
000E      :***


NETZWERK 2              0010    Schritt 2.1
0010      :U    A   0.0
0012      :U    E   0.1
0014      :S    A   0.1                     Setzen Schritt 2.1
0016      :U    A   0.3                     Ruecksetzen durch Schritt 3
0018      :R    A   0.1                     Ruecksetzen Schritt 2.1
001A      :NOP  0
001C      :***


NETZWERK 3              001E    Schritt 2.2
001E      :U    A   0.0
0020      :U    E   0.2
0022      :S    A   0.2                     Setzen Schritt 2.2
0024      :U    A   0.3                     Ruecksetzen durch Schritt 3
0026      :R    A   0.2                     Ruecksetzen Schritt 2.2
0028      :NOP  0
002A      :***


NETZWERK 4              002C    Schritt 3
002C      :U(
002E      :O    A   0.1              01     ODER-Bedingung,Ansteuerung ueber
0030      :O    A   0.2              01     Schritt 2.1 ODER Schritt 2.2
0032      :)                         01
0034      :U    E   0.3
0036      :S    A   0.3                     Setzen Schritt 3
0038      :U    A   0.4                     Ruecksetzen durch Schritt 4
003A      :R    A   0.3                     Ruecksetzen Schritt 3
003C      :NOP  0
003E      :***
```

Bild 9.13/2: AWL: Verzweigte Schrittkette, ODER-Verzweigung (RS-Speicher) *(Fortsetzung auf nächster Seite)*

```
NETZWERK 5              0040      Schr.4,Kette aus/Anl.i.Grundst.
0040      :U    A    0.4
0042      :R    A    0.4                  Ruecksetzen im naechsten Zyklus
0044      :U    A    0.3
0046      :U    E    0.4
0048      :S    A    0.4                  Kette aus/Anlage i.Grundstellung
004A      :NOP  0                         Setzen von A0.4 am Zyklusende
004C      :***


NETZWERK 6              004E      Startmerker
004E      :U    A    0.0
0050      :S    A    0.7                  Startmerker setzen
0052      :U    A    0.4
0054      :R    A    0.7                  Startmerker ruecksetzen
0056      :NOP  0
0058      :BE
```

Bild 9.13/2: AWL: Verzweigte Schrittkette, ODER-Verzweigung (RS-Speicher) *(Fortsetzung von vorhergehender Seite)*

Erläuterungen des Programms: Die erste ODER-Bedingung wird dadurch erreicht, dass Schritt 2.1 oder Schritt 2.2 den Schritt 1 zurücksetzt. Es kommt also darauf an, ob zuerst S1 oder S2 betätigt wird. Die ODER-Bedingung wird über die Anw. OA0.1 und OA0.2 (Adr. 0006 und 0008) erfüllt. Schritt 1 wird nämlich zurückgesetzt, wenn entweder Schritt 2.1 (A0.1) oder Schritt 2.2 (A0.2) gesetzt wird.

Schritt 3 wird gesetzt, wenn entweder Schritt 2.1 (Anw. OA0.1, Adr. 002E) oder Schritt 2.2 (Anw. OA0.2, Adr. 0030) und wenn Taster S3 (Anw. UE0.3, Adr. 0034) betätigt wird. Schritt 3 setzt dann den Schritt 2.1 bzw. Schritt 2.2 zurück.

Über S4 wird mit Schritt 4 der Schritt 3 rückgesetzt.

Das Programm mit Zuweisung befindet sich nur auf der Diskette.

SABLAUF
s9ket8

Um die ODER-Schrittkette an einem Beispiel zu verdeutlichen, soll im nächsten Abschnitt das Aufgabenbeispiel gewechselt werden.

9.14 Verzweigte Ablaufsteuerung am Beispiel eines Getränkeautomaten und einer automatischen Wende-Stern-Dreieck-Schaltung, Aufgaben H und J (ODER-Verzweigung) (s9gtr1 und 2 und s9std1 und 2)

In diesem Abschnitt soll am Beispiel eines Getränkeautomaten die Anwendung der verzweigten Schrittkette mit ODER-Verzweigung deutlich gemacht werden.

Aufgabe H: Aus einem Getränkeautomaten können Kaffee + Milch, Kakao oder Tee + Zucker für einen Preis von DM 0,60 entnommen werden.
- Der erforderliche Münzeinwurf von 0,10 DM und 0,50 DM ist in beliebiger Reihenfolge möglich.
- Die Sensoren des Münzprüfers werden durch die Taster S0 und S30 simuliert.
- Eine Geldrückgabe durch den Taster S32 ist möglich, solange der volle Betrag von 0,60 DM nicht eingeworfen ist.
- Eine Geldwechslung ist nicht möglich.

Der Text und die Programme zu den Aufgaben H und J befinden sich nur auf der Diskette. Das Technologieschema und die Beschaltung befinden sich auf der nächsten Seite.

SABLAUF
s9gtr1 und 2
s9std1 und 2

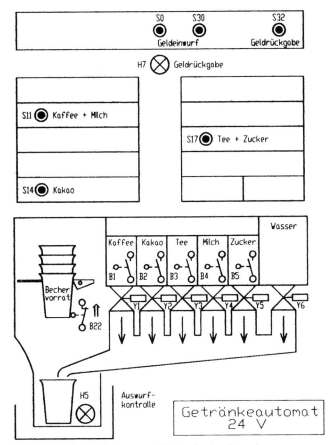

Bild 9.14/1: Getränkeautomat (Technologieschema)

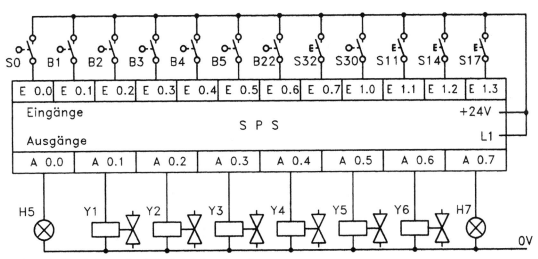

Bild 9.14/2: Beschaltung der SPS: Getränkeautomat

9.15 Betriebsartenteil, Schrittkette und Befehlsausgabe einer Ablaufsteuerung, Aufgabe K (s9zw15 und 16)

Bei den im Kapitel 9 gewählten Beispielen handelt es sich weitgehend um Steuerungen, mit denen Bearbeitungsvorgänge durchgeführt werden oder nach denen Prozesse ablaufen. Diese Steuerungen nennt man deshalb auch Prozesssteuerungen. Solche Prozessabläufe werden zweckmäßig mit Ablaufsteuerungen gesteuert. In diesem Abschnitt sollen nochmals eine zusammenfassende Darstellung über die Struktur einer Ablaufsteuerung gegeben und die Vorteile bei der Anwendung von Ablaufsteuerungen aufgezählt werden. An einem einfachen Beispiel soll dann die Struktur einer vollständigen Ablaufsteuerung verdeutlicht werden.

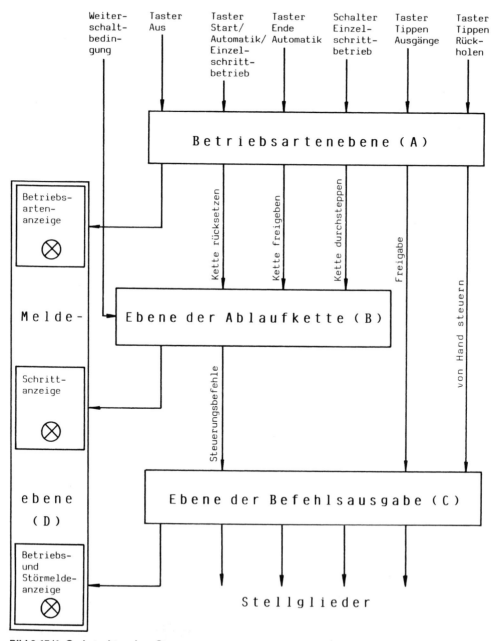

Bild 9.15/1: Grobstruktur einer Steuerung

1. Vorteile für die Anwendung von Ablaufsteuerungen

1.1 Der Entwurf (Projektierung) solcher Anlagen ist einfach und zeitsparend.

1.2 Der Programmaufbau ist einfach und übersichtlich.

1.3 Der Funktionsablauf lässt sich aus dem Funktionsplan für Ablaufsteuerungen nach DIN 40 719, Teil 6, leicht herauslesen.

1.4 Funktionsablaufpläne und Programme können leicht geändert werden.

1.5 Bei Störungen im Funktionsablauf können Fehler leicht geortet und damit beseitigt werden.

2. Struktur und Ablaufsteuerung

Bei größeren Steuerungen sollte die Anlage für Bedienungs- und Wartungspersonal übersichtlich aufgebaut sein. Man kann eine Ablaufsteuerung in 4 Ebenen einteilen:

A)	**Betriebsartenebene**
B)	**Ebene der Ablaufkette**
C)	**Ebene der Befehlsausgabe**
D)	**Meldeebene**

Das Blockschaltbild (**Bild 9.15/1,** Seite 148) zeigt die Grobstruktur einer solchen Ablaufsteuerung. Diese grundsätzliche Lösung kann natürlich variiert werden. Das Blockschaltbild entspricht dem in diesem Abschnitt ausgewählten Beispiel (Funktionsplan **Bild 9.15/4,** Seite 154).

Erläuterungen zum Blockschaltbild (Bild 9.15/1, Seite 148):

In der Betriebsartenebene werden die Bedingungen und Verriegelungen für die einzelnen Betriebsarten bearbeitet. Die unterschiedlichen Betriebsarten können über Taster oder Stellschalter gewählt werden. Die wichtigsten Betriebsarten sind:

Ebene A

a) Automatikbetrieb: Die Steuerung arbeitet vollautomatisch ohne Eingriff des Bedienungspersonals. Die Stellglieder werden ausschließlich von der Schrittkette angesteuert.

b) Einzelschrittbetrieb (Hand-Tippbetrieb): Der Einzelschrittbetrieb dient zur Prüfung des Programms, zum Einfahren der Anlage und zur Behebung von Fehlern beim Funktionsablauf. In dieser Betriebsart kann die Schrittkette von Hand schrittweise weitergeschaltet werden in Abhängigkeit von den Verriegelungen der einzelnen Schritte.

c) Einrichtebetrieb (Hand-Tippbetrieb): In dieser Betriebsart können die einzelnen Stellglieder von Hand eingeschaltet werden. Unter Umgehung der Schrittkette können nach Anwahl der einzelnen Schritte die zugehörigen Ausgänge zu den Stellgliedern von Hand angewählt werden.

Einzelschrittbetrieb und Einrichtebetrieb werden manchmal auch miteinander kombiniert.

Ebene B

Die Schrittkette enthält das Programm der Steuerung. Die einzelnen Schritte werden von den prozessabhängigen Weiterschaltbedingungen eingeschaltet.

Ebene C

In der Ebene der Befehlsausgabe werden die Befehle der Schritte mit den Gebersignalen des Betriebsartenteils, z.B. Handbetriebsbedingungen und Freigabebedingungen sowie den Verriegelungssignalen der Maschinen und anderer Stellglieder verknüpft. Hierzu gehören auch die Sicherheitsverriegelungen.

Ebene D

In der Meldeebene werden die Meldungen der Betriebsart, der Schrittkette und der ausgegebenen Befehle gebildet.

Beispiel einer Ablaufsteuerung mit Betriebsartenteil, Schrittkette und Befehlsausgabe

Das Programm mit Zuweisung befindet sich im Buch und auf der Diskette.
Der Text zum Programm befindet sich ausschließlich im Buch.

Aufgabe K:

– Die Zwei-Wege-Steuerung schaltet eine Transportanlage, die Werkstücke mit Hilfe eines Elektromagneten von einem Förderband auf einen Ablagetisch umsetzt **(Bild 9.15/2)**.

Die Zuordnungsliste und die Beschaltung der SPS sind im Bild 9.15/3, Seite 152, dargestellt.

Folgende Steuerungsbedingungen sollen erfüllt werden:

– Befindet sich die Anlage in Grundstellung, also Endschalter S1 und S3 betätigt, so soll nach Betätigung von S0 „Start Automatik" die Anlage im Automatikbetrieb nacheinander die Wege A↑, B→, C← und D↓ durchfahren.

– Hat die Anlage die Wege A↑, B→, C← und D↓ durchlaufen, so soll bei Betätigung des Näherungsschalters S11 der Vorgang automatisch von neuem beginnen.

– Wird während des Automatikbetriebes der Taster S5 „Automatik Ende" betätigt, so soll die Anlage noch weiterlaufen, bis die Grundstellung erreicht ist. Dort soll sie dann stehen bleiben.

– Wird der Stellschalter S6 „Einzelschritt" betätigt, soll durch Tippen des Tasters S0 „Start Automatik/Einzelschritt" die Schrittkette im Steppbetrieb von Hand Schritt für Schritt durchgetaktet werden können, wenn die Eingangsbedingungen in die Schritte erfüllt sind.

– Über den Taster S7 „Freigabe der Ausgänge" sollen bei Bedarf auch die Motoren zusammen mit dem zugehörigen Schritt in Betrieb genommen werden können.

– Wird der Einzelschrittbetrieb über S6 „Einzelschritt" nicht gefordert, so soll die Freigabe der Schrittkette und der Ausgänge bei „Start Automatik" über den Taster S0 automatisch erfolgen.

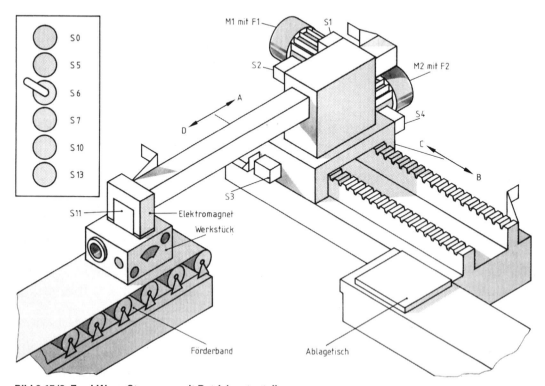

Bild 9.15/2: Zwei-Wege-Steuerung mit Betriebsartenteil

– Wird während des Automatikbetriebs mit Stellschalter S6 „Einzelschritt" auf Einzelschrittbetrieb umgeschaltet, so soll die Steuerung ohne Freigabe der Ausgänge (Taster S7) auf dem gerade eingeschalteten Schritt stehen bleiben. Die Anlage soll dann im Steppbetrieb über S0 „Start" und S7 „Freigabe der Ausgänge" weitergefahren oder über den Rückholtaster S10 in die Grundstellung gebracht werden können. Bei Rückholung durch S10 muss vorher S13 „Aus" betätigt werden.

– Nach Betätigung des Austasters S13 oder Ansprechen der thermischen Auslöser F1 und F2 soll die Anlage jederzeit mit dem Rückholtaster S10 im Tippbetrieb in die Grundstellung zurückgefahren werden können.

Zuordnungsliste

```
Datei A:S9ZW15ZO.SEQ                                            BLATT         1

     OPERAND      SYMBOL     KOMMENTAR

     E0.0         S0         Taster S0, Start Auto/Einzelschr.(s)
     E0.0         S0         Taster S0, Start Auto/Einzelschr.(s)
     E0.1         S1         Endschalter S1 fuer D-Richtung    (s)
     E0.2         S2         Endschalter S2 fuer A-Richtung    (s)
     E0.3         S3         Endschalter S3 fuer C-Richtung    (s)
     E0.4         S4         Endschalter S4 fuer B-Richtung    (s)
     E0.5         S5         Taster S5 "Ende Automatik"        (s)
     E0.6         S6         Schalter S6 "Einzelschritt"       (s)
     E0.7         S7         Taster S7 "Freigabe Ausgaenge"    (s)
     E1.0         S10        Taster S10 "Rueckholbetrieb"      (s)
     E1.1         S11        Naeherungsschalter S11            (s)
     E1.2         S12        Therm.Ausloeser F1, F2            (o)
     E1.3         S13        Aus-Taster S13                    (o)
     A0.0         Y1         Magnet Y1
     A0.1         M1A        Motor M1, A-Richtung
     A0.2         M2B        Motor M2, B-Richtung
     A0.3         M2C        Motor M2, C-Richtung
     A0.4         M1D        Motor M1, D-Richtung
     A0.7         H1         Kontrollampe H1 "Automatik Ein"
     M10.0        GRUME      Merker Grundstellung
     M10.1        STAIMP     Merker Start/Impuls
     M10.2        IMPEIZ     Merker Impuls Einzelschritt
     M10.3        AUTAUS     Merker Automatik beenden
     M10.4        FREIKET    Merker Freigabe der Ablaufkette
     M10.5        GRUKET     Merker Ablaufkette in Grundst.
     M10.6        FREIAUSG   Merker Freigabe der Ausgaenge
     M10.7        RUECKCR    Merker Rueckhol M2, C-Richtung
     M11.0        RUECKDR    Merker Rueckhol M1, D-Richtung
     M14.1        SR1        Schritt 1
     M14.2        SR2        Schritt 2
     M14.3        SR3        Schritt 3
     M14.4        SR4        Schritt 4
     M14.5        SR5        Kette aus/Anlage in Grundstellung
     T5           ZEIT       Zeitstufe Materialablage
```

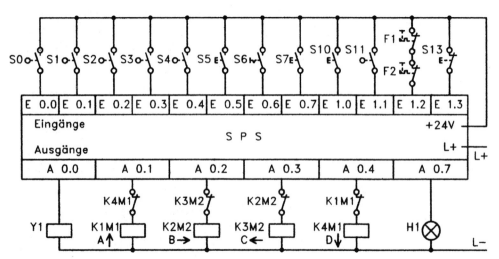

Bild 9.15/3: Beschaltung der SPS: Zwei-Wege-Steuerung, verschiedene Betriebsarten, Aufgabe K

Um die folgende Funktionsbeschreibung der Steuerung besser zu verstehen, bieten sich folgende Pläne als Lesehilfe an.

1. **Funktionsplan Zwei-Wege-Steuerung (Bild 9.15/4,** Seite 154, 155): zur Übersicht der auf Merker abgespeicherten Betriebsarten und Gesamtübersicht der Steuerung.

2. **AWL, Zwei-Wege-Steuerung (Bild 9.15/5,** Seite 156).

3. **Querverweisliste (Bild 9.15/6,** Seite 160): Erkennen, an welchen Adressen z.B. Eingänge, Ausgänge, Merker, Zeiten im Programm bearbeitet sind.

Erläuterungen des Programms und der Schaltpläne (Bild 9.15/4, Seite 154 bis Bild 9.15/6, Seite 160), Zwei-Wege-Steuerung, verschiedene Betriebsarten, Aufgabe K.

Ist die SPS im **RUN-Betrieb** und befindet sich die Anlage in der Grundstellung und ist kein Ausgang gesetzt, so ist die UND-Bedingung erfüllt (Bild 9.15/4, Seite 154) und der Merker M10.0 „Anlage in Grundstellung" gesetzt. Ebenfalls wird der Merker M10.5 „Hilfsmerker für Kette in Grundstellung" gesetzt. Merker M10.5 setzt den Schrittmerker M14.5 (Schritt 5: „Kette in Grundstellung" Bild 9.15/5).

Taster S0 (Start Automatik/Einzelschritt): Betätigt man Taster S0, so wird während eines Zyklus **ein** Impuls über M10.1 erzeugt. Nach Betätigung von S0 wird M10.1 und M10.2 gesetzt. Bleibt S0 eingeschaltet, so geht M10.2 in Selbsthaltung (Bild 9.15/4, Seite 154). Nach Ablauf eines Zyklus ist die **UND**-Bedingung S0↑ ∧ M10.2 nicht mehr erfüllt, so dass M10.1 rückgesetzt wird. M10.2 bleibt eingeschaltet M10.1 hat also nur während eines Zyklus ein 1-Signal geliefert.

Wird S0 wieder losgelassen, so wird auch M10.2 rückgesetzt, da die UND-Bedingung (M10.2 V M10.1) ∧ S0↑ (Bild 9.15/4, Seite 154, Bild 9.15/5, Seite 156, Adressen 0030, 0032 und 0036 nicht mehr erfüllt ist. Bei erneutem Betätigen von S0 wird über M10.1 wieder während **eines** Zyklus ein Impuls erzeugt.

Durch Betätigen des Starttasters S0 wird, wenn der Stellschalter S6 Einzelschrittbetrieb nicht betätigt ist, der Ausgang A0.7 „Automatik Ein" mit der Kontrolllampe H1 gesetzt. Außerdem werden M10.4 „Freigabe Schrittkette" und M10.6 „Freigabe Befehlsausgabe" gesetzt. Der Merker M10.0 „Anlage in Grundstellung" und Merker M10.5 „Hilfsmerker Kette in Grundstellung" werden rückgesetzt. Ebenfalls wird der Schrittmerker M14.5 „Kette in Grundstellung" rückgesetzt. Die Anlage läuft jetzt im Automatikbetrieb.

Taster S5 (Automatik Ende): Betätigt man während des Automatikablaufs den Taster S5, so wird der Merker M10.3 gesetzt. Dies hat zunächst keinen Einfluss auf den Automatikablauf. An den beiden negierten Eingängen von M10.3 und M10.0 vor Ausgang A0.7 ist dies zu erkennen (Bild 9.15/4, Seite 154). Der Merker M10.3 ist zwar gesetzt, aber Merker M10.0 führt 0-Signal, da nach Anfahren der Anlage Merker M10.0 rückgesetzt worden ist. Der Ausgang A0.7 (Automatik Ein) ist deshalb noch gesetzt.

Am Ende des Automatikablaufs wird der Merker M10.0 kurzzeitig gesetzt. Hierdurch wird der Ausgang A0.7 rückgesetzt. Die Anlage bleibt in der Grundstellung stehen und muss dann neu gestartet werden.

Stellschalter S6 (Einzelschritt) und Taster S7 (Freigabe Ausgänge): Der Stellschalter S6 ist ein Wahlschalter für Einzelschrittbetrieb. Ist die Steuerung in Grundstellung und wird S6 eingeschaltet, so wird der Merker M10.5 „Kette in Grundstellung" rückgesetzt. M10.6 „Freigabe Befehlsausgabe" wird vorbereitet (Bild 9.15/4, Seite 154 und Bild 9.15/5, Seite 156).

Wird jetzt Taster S0 „Start Einzelschritt" betätigt, so schaltet der Impulsmerker M10.1 den Merker M10.4 „Freigabe Schrittkette". M10.4 schaltet den Schritt 1, Merker M14.1, wenn die Eingangsbedingungen zu Schritt 1 erfüllt sind (Bild 9.15/4, Seite 154). Über Taster S6 kann nach Belieben Merker M10.6 „Freigabe Ausgänge" und damit Ausgang A0.0 (Magnet Y1) und Ausgang A0.1 (Motor M1, A↑) geschaltet werden.

Ist die Eingangsbedingung zu Schritt 2 (S2 geschlossen) erfüllt, wird durch erneutes Tasten von S0 Merker M10.4 erneut impulsartig geschaltet und damit Schritt 2 gesetzt.

Der Merker M10.4 hat hier eine wichtige Funktion. Er ist nicht mehr über die Anw. OA0.7 (Adresse 0076, Bild 9.15/5, Seite 156) wie während des Automatikbetriebes dauernd gesetzt, sondern wird nur noch bei jedem Tasten von S0 impulsartig geschaltet. Dies garantiert, dass nach dem Setzen von Schritt 1 der Schritt 2 nicht automatisch, sondern über die Anw. UM10.4 (Adresse 00E8) nur noch nach Tasten von S0 gesetzt wird. Die Anlage wird also im Einzelschritt durchfahren.

Das Durchsteppen der Schrittkette (ohne Freigabe der Ausgänge) kann jedoch nur dann durchgeführt werden, wenn zusätzlich Verriegelungen über den vorletzten Schritt vorgenommen werden (UNM14.4, UNM14.5, UNM14.1, UNM14.2, UNM14.3, Adr. 00D0, 00E6, 00FC, 0112, 0128). Dies wird besonders deutlich, wenn beim Durchsteppen der Schrittkette über den Taster S7 die Ausgänge nicht freigegeben werden. Ist z.B. Schritt 2 geschaltet und befindet sich die Anlage in Grundstellung (Endschalter S1 und S3 betätigt), so kann nach Betätigung von Endschalter S4 (z.B. von Hand) und Tippen von S0 „Start" der Schritt 3 (M14.3) gesetzt werden (Bild 9.15/4, Seite 154).

Sobald jedoch Schritt 3 gesetzt ist, würden für Schritt 4 und sofort danach für Schritt 5 die Setzbedingungen erfüllt sein, wenn die Verriegelungen fehlen. Die Schrittkette würde also von Schritt 3 bis auf Schritt 5 „durchschalten", so dass ein Durchsteppen der Einzelschritte nicht mehr möglich ist.

Wird während des Automatikbetriebes der Stellschalter S6 betätigt, so bleibt die Steuerung bei dem gerade eingeschalteten Schritt stehen. Es bleibt nur der Schritt in der Schrittkette eingeschaltet, während der zugehörige Ausgang (Befehlsausgabe) durch den Merker M10.6 abgeschaltet wird (Anw. OA0.7, Adr. 009C ist nicht mehr wirksam). Die Anlage kann durch zusätzliche Betätigung von S7 „Freigabe der Ausgänge" über den Starttaster S0 im Einzelschritt bis zur Grundstellung weitergesteppt werden oder nach Betätigung des Rückholtasters S10 ohne vorherige Betätigung des Austasters S13 in die Grundstellung zurückgefahren werden.

Taster S7 (Freigabe der Ausgänge): Mit diesem Taster kann bei gesetztem Schritt der zugehörige Ausgang im Tippbetrieb über Merker M10.6 gesetzt werden. Häufig wird der Betrieb „Stellschalter Einzelschritt" S6 und Taster S7 „Freigabe der Ausgänge" kombiniert und nicht getrennt vorgesehen.

Taster S13 (Aus): Wird bei irgendeinem Betriebszustand der Taster S13 betätigt oder spricht ein thermischer Auslöser F1 bzw. F2 an, so wird über den Merker M10.5 die Kette sofort in die Grundstellung (Schritt 5, M14.5 gesetzt), geschaltet. Von dieser Stellung kann die Anlage nur über die Rückholschaltung mit S10 in die Grundstellung gefahren werden.

Taster S10 (Rückhol): Wurde die Anlage über den Austaster S13 oder durch Auslösung eines thermischen Auslösers F1 oder F2 stillgesetzt, so kann die Anlage durch Betätigung von S10 im Tippbetrieb in die Grundstellung gefahren werden.

Spannungsausfall: Fällt die Spannung aus und kehrt dann wieder, ist **keiner** der Merker gesetzt, auch nicht der Grundstellungsmerker M14.5. Deshalb wird nach Wiederkehr der Spannung und erneutem

Einschalten des RUN-Betriebes der SPS mit dem Impulsmerker M7.1 über die ODER-Anweisung (OM7.1, Adr. 0090) ein einmaliger Impuls erzeugt, der den Merker M10.5 und damit den Merker M14.5 „Kette in Grundstellung" setzt. Der Merker M7.1 ist im Netzwerk 24 programmiert.

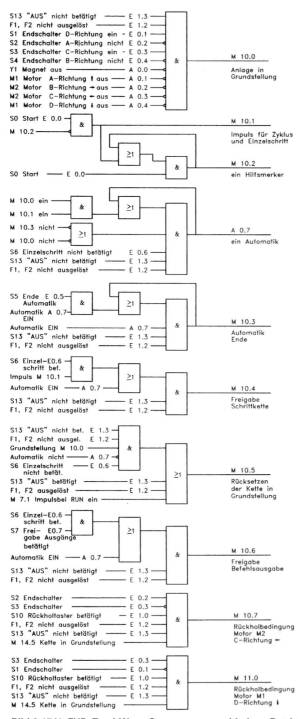

Bild 9.15/4: FUP: Zwei-Wege-Steuerung, verschiedene Betriebsarten, Aufgabe K *(Fortsetzung auf nächster Seite)*

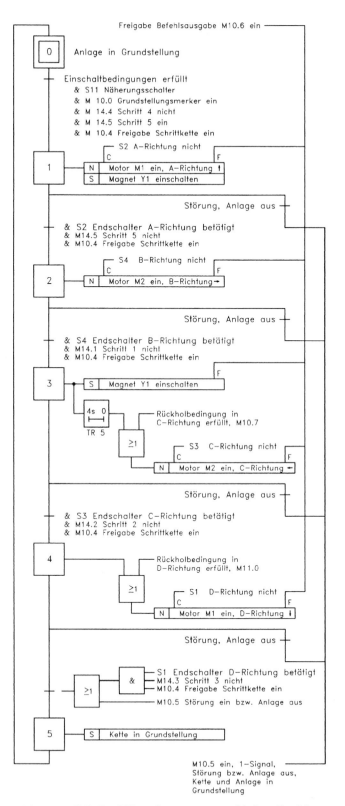

Bild 9.15/4: FUP: Zwei-Wege-Steuerung, verschiedene Betriebsarten, Aufgabe K *(Fortsetzung von vorhergehender Seite)*

```
NETZWERK 1              0000     Zwei-Wege-Steuerung,Betriebsarte
0000      :U    E    1.3                   Aus-Taster S13
0002      :U    E    1.2                   Therm.Ausloeser F1, F2
0004      :U    E    0.1                   Endschalter S1
0006      :UN   E    0.2                   "  S2
0008      :U    E    0.3                   "  S3
000A      :UN   E    0.4                   "  S4
000C      :=    M    8.0                   Hilfsmerker Grundstellung(Eing.)
000E      :***                             Aufgabe J (Zuweisung)


NETZWERK 2              0010     Hilfsmerker Grundstellung(Ausg.)
0010      :UN   A    0.0                   Ausgang fuer Y1
0012      :UN   A    0.1                     "      "    M1
0014      :UN   A    0.2                     "      "    M2
0016      :UN   A    0.3                     "      "    M2
0018      :UN   A    0.4                     "      "    M1
001A      :=    M    8.1                   Hilfsmerker Grundstellung(Ausg.)
001C      :***


NETZWERK 3              001E     Anlage in Grundstellung
001E      :U    M    8.0                   Hilfsmerker fuer Eingaenge
0020      :U    M    8.1                   Hilfsmerker fuer Ausgaenge
0022      :=    M   10.0                   Anlage in Grundstellung
0024      :***


NETZWERK 4              0026     Start / Impuls
0026      :U    E    0.0                   Taster SO Start/Auto/EinzelSR
0028      :UN   M   10.2                   Hilfsmerker fuer Impuls
002A      :=    M   10.1                   Start / Impuls
002C      :***


NETZWERK 5              002E     Hilfsmerker fuer Impuls
002E      :U(
0030      :O    M   10.1            01     Start / Impuls
0032      :O    M   10.2            01     Hilfsmerker fuer Impuls
0034      :)                        01
0036      :U    E    0.0
0038      :=    M   10.2                   Hilfsmerker fuer Impuls
003A      :***


NETZWERK 6              003C     Automatik "Ein"
003C      :U(
003E      :U(                       01
0040      :U    M   10.0            02     Grundstellung
0042      :U    M   10.1            02     Start / Impuls
0044      :O    A    0.7            02
0046      :)                        02
0048      :U(                       01
004A      :ON   M   10.3            02     Automatik Ende
004C      :ON   M   10.0            02     Grundstellung
004E      :)                        02
0050      :UN   E    0.6            01     Schalter S6 "Einzelschritt"
0052      :U    E    1.2            01     Therm.Ueberstromausloeser F1,F2
0054      :U    E    1.3            01     Austaster S13
0056      :)                        01
0058      :=    A    0.7                   Automatik "Ein"
005A      :***
```

Bild 9.15/5: AWL: „Zwei-Wege-Steuerung", verschiedene Betriebsarten, Aufgabe K (Zuweisung)

(Fortsetzung auf nächster Seite)

```
NETZWERK 7              005C        Automatik "Ende"
005C        :U(
005E        :U    E   0.5              01              Taster S5 Automatik "Ende"
0060        :U    A   0.7              01
0062        :O    M   10.3             01
0064        :)                         01
0066        :U    A   0.7
0068        :U    E   1.3
006A        :U    E   1.2
006C        :=    M   10.3                             Automatik "Ende"
006E        :***


NETZWERK 8              0070        Freigabe "Schrittkette"
0070        :U(
0072        :U    E   0.6              01              Schalter S6 "Einzelschritt"
0074        :U    M   10.1             01
0076        :O    A   0.7              01
0078        :)                         01
007A        :U    E   1.3
007C        :U    E   1.2
007E        :=    M   10.4                             Freigabe "Schrittkette"
0080        :***


NETZWERK 9              0082        Kette in "Grundstellung"
0082        :U    E   1.3
0084        :U    E   1.2
0086        :U    M   10.0                             Anlage in Grundstellung
0088        :UN   A   0.7
008A        :UN   E   0.6
008C        :ON   E   1.3
008E        :ON   E   1.2
0090        :O    M   7.1                              Impulsmerker
0092        :=    M   10.5                             Kette in "Grundstellung"
0094        :***


NETZWERK 10             0096        Freigabe "Befehlsausgabe"
0096        :U(
0098        :U    E   0.6              01              Schalter S6 "Einzelschritt"
009A        :U    E   0.7              01              Taster S7 "Freigabe Ausgaenge"
009C        :O    A   0.7              01
009E        :)                         01
00A0        :U    E   1.3
00A2        :U    E   1.2
00A4        :=    M   10.6                             Freigabe "Befehlsausgabe"
00A6        :***


NETZWERK 11             00A8        Rueckhol M2, C-Richtung
00A8        :U    E   0.2
00AA        :UN   E   0.3
00AC        :U    E   1.0                              Taster S10 Rueckholung
00AE        :U    E   1.2
00B0        :U    E   1.3
00B2        :U    M   14.5
00B4        :=    M   10.7                             Rueckhol M2, C-Richtung
00B6        :***
```

Bild 9.15/5: AWL: „Zwei-Wege-Steuerung", verschiedene Betriebsarten, Aufgabe K (Zuweisung)

(Fortsetzung auf nächster Seite)

```
NETZWERK 12           00B8      Rueckhol M1, D-Richtung
00B8       :U     E    0.3
00BA       :UN    E    0.1
00BC       :U     E    1.0                          Taster S10 Rueckhol
00BE       :U     E    1.2
00C0       :U     E    1.3
00C2       :U     M   14.5
00C4       :=     M   11.0                          Rueckhol M1, D-Richtung
00C6       :***


NETZWERK 13           00C8      Schritt 1
00C8       :U(
00CA       :U     M   10.0               01         Grundstellungsmerker
00CC       :U     E    1.1               01         Naeherungsschalter S11
00CE       :U     M   14.5               01
00D0       :UN    M   14.4               01
00D2       :U     M   10.4               01
00D4       :O     M   14.1               01
00D6       :)                            01
00D8       :UN    M   10.5
00DA       :UN    M   14.2
00DC       :=     M   14.1                          Schritt 1
00DE       :***


NETZWERK 14           00E0      Schritt 2
00E0       :U(
00E2       :U     E    0.2               01         Endschalter S2
00E4       :U     M   14.1               01
00E6       :UN    M   14.5               01
00E8       :U     M   10.4               01
00EA       :O     M   14.2               01
00EC       :)                            01
00EE       :UN    M   10.5
00F0       :UN    M   14.3
00F2       :=     M   14.2                          Schritt 2
00F4       :***


NETZWERK 15           00F6      Schritt 3
00F6       :U(
00F8       :U     E    0.4               01         Endschalter S4
00FA       :U     M   14.2               01
00FC       :UN    M   14.1               01
00FE       :U     M   10.4               01
0100       :O     M   14.3               01
0102       :)                            01
0104       :UN    M   10.5
0106       :UN    M   14.4
0108       :=     M   14.3                          Schritt 3
010A       :***


NETZWERK 16           010C      Schritt 4
010C       :U(
010E       :U     E    0.3               01         Endschalter S3
0110       :U     M   14.3               01
0112       :UN    M   14.2               01
0114       :U     M   10.4               01
0116       :O     M   14.4               01
0118       :)                            01
011A       :UN    M   10.5
011C       :UN    M   14.5
011E       :=     M   14.4                          Schritt 4
0120       :***
```

Bild 9.15/5: AWL: „Zwei-Wege-Steuerung", verschiedene Betriebsarten, Aufgabe K (Zuweisung)

(Fortsetzung auf nächster Seite)

```
NETZWERK 17              0122        Schritt 5
0122      :U(
0124      :U   E    0.1              01              Endschalter S1
0126      :U   M   14.4              01
0128      :UN  M   14.3              01
012A      :U   M   10.4              01
012C      :O   M   14.5              01
012E      :O   M   10.5              01
0130      :)                        01
0132      :UN  M   14.1                              Kette in Grundstellung
0134      :=   M   14.5
0136      :***


NETZWERK 18              0138        Magnet Y1
0138      :U(
013A      :O   M   14.1              01
013C      :O   M   14.2              01
013E      :)                        01
0140      :U   M   10.6                              Freigabe Befehlsausgaenge
0142      :=   A    0.0                              Magnet Y1
0144      :***


NETZWERK 19              0146        Motor M1, A-Richtung
0146      :U   M   14.1                              Schritt 1
0148      :U   M   10.6                              Freigabe Befehlsausgaenge
014A      :UN  E    0.2
014C      :UN  A    0.4
014E      :=   A    0.1                              Motor M1, A-Richtung
0150      :***


NETZWERK 20              0152        Motor M2, B-Richtung
0152      :U   M   14.2                              Schritt 2
0154      :U   M   10.6                              Freigabe Befehlsausgaenge
0156      :UN  E    0.4
0158      :UN  A    0.3
015A      :=   A    0.2                              Motor M2, B-Richtung
015C      :***


NETZWERK 21              015E        Motor M2, C-Richtung
015E      :U(
0160      :U   M   14.3              01              Schritt 3
0162      :U   T    5                01              Zeit Materialablage
0164      :U   M   10.6              01              Freigabe Befehlsausgaenge
0166      :O   M   10.7              01              Rueckholmerker
0168      :)                        01
016A      :UN  E    0.3
016C      :UN  A    0.2
016E      :=   A    0.3                              Motor M2, C-Richtung
0170      :***


NETZWERK 22              0172        Zeitstufe T5 Materialablage
0172      :U   M   14.3                              Schritt 3
0174      :L   KT 004.2                              Zeit t=4 Sekunden
0178      :SE  T    5
017A      :NOP 0
017C      :NOP 0
017E      :NOP 0
0180      :NOP 0
0182      :***
```

Bild 9.15/5: AWL: „Zwei-Wege-Steuerung", verschiedene Betriebsarten, Aufgabe K (Zuweisung)

(Fortsetzung auf nächster Seite)

```
NETZWERK 23            0184      Motor M1, D-Richtung
0184        :U(
0186        :U    M   14.4              01              Schritt 4
0188        :U    M   10.6              01              Freigabe Befehlsausgaenge
018A        :O    M   11.0              01              Rueckholmerker
018C        :)                         01
018E        :UN   E    0.1
0190        :UN   A    0.1
0192        :=    A    0.4                              Motor M1, D-Richtung
0194        :***


NETZWERK 24            0196      RUN-Impulsmerker
0196        :UN   M    7.0                              Merker zum Start von T6
0198        :L    KT 001.1                              t=0.1 Sekunde
019C        :SI   T    6                                Abfallverzoegerung
019E        :NOP  0
01A0        :NOP  0
01A2        :NOP  0
01A4        :U    T    6                                Abfrage der Zeitstufe
01A6        :=    M    7.1                              Einmaliger Impuls bei RUN
01A8        :BE                                         und bei Spannungswiederkehr
```

Bild 9.15/5: AWL: „Zwei-Wege-Steuerung", verschiedene Betriebsarten, Aufgabe K (Zuweisung)

(Fortsetzung von vorhergehender Seite)

QUERVERWEISLISTE: EINGAENGE

```
E      0.0 - NETZW. :     4 , 5
E      0.1 - NETZW. :     1 , 12 , 17 , 23
E      0.2 - NETZW. :     1 , 11 , 14 , 19
E      0.3 - NETZW. :     1 , 11 , 12 , 16 , 21
E      0.4 - NETZW. :     1 , 15 , 20
E      0.5 - NETZW. :     7
E      0.6 - NETZW. :     6 ,  8 ,  9 , 10
E      0.7 - NETZW. :    10
E      1.0 - NETZW. :    11 , 12
E      1.1 - NETZW. :    13
E      1.2 - NETZW. :     1 ,  6 ,  7 ,  8 ,  9 , 10 , 11 , 12
E      1.3 - NETZW. :     1 ,  6 ,  7 ,  8 ,  9 , 10 , 11 , 12
```

QUERVERWEISLISTE: AUSGAENGE

```
A      0.0 - NETZW. :     2 , 18*
A      0.1 - NETZW. :     2 , 19*, 23
A      0.2 - NETZW. :     2 , 20*, 21
A      0.3 - NETZW. :     2 , 20 , 21*
A      0.4 - NETZW. :     2 , 19 , 23*
A      0.7 - NETZW. :     6*,  7 ,  8 ,  9 , 10
```

Bild 9.15/6: Querverweisliste: „Zwei-Wege-Steuerung", verschiedene Betriebsarten, Aufgabe K (Zuweisung)

(Fortsetzung auf nächster Seite)

Anmerkung:

Mit einem Stern * wird angezeigt, dass in dem angegebenen Netzwerk ein Ausgang vorhanden ist.

```
PB 1                       A:S9ZW15ST.S5D                     LAE=218
                                                              BLATT   1

QUERVERWEISLISTE: MERKER

 M     7.0  - NETZW. :   24
 M     7.1  - NETZW. :    9 , 24*
 M     8.0  - NETZW. :    1*,  3
 M     8.1  - NETZW. :    2*,  3
 M    10.0  - NETZW. :    3*,  6 ,  9 , 13
 M    10.1  - NETZW. :    4*,  5 ,  6 ,  8
 M    10.2  - NETZW. :    4 ,  5*
 M    10.3  - NETZW. :    6 ,  7*
 M    10.4  - NETZW. :    8*, 13 , 14 , 15 , 16 , 17
 M    10.5  - NETZW. :    9*, 13 , 14 , 15 , 16 , 17
 M    10.6  - NETZW. :   10*, 18 , 19 , 20 , 21 , 23
 M    10.7  - NETZW. :   11*, 21
 M    11.0  - NETZW. :   12*, 23
 M    14.1  - NETZW. :   13*, 14 , 15 , 17 , 18 , 19
 M    14.2  - NETZW. :   13 , 14*, 15 , 16 , 18 , 20
 M    14.3  - NETZW. :   14 , 15*, 16 , 17 , 21 , 22
 M    14.4  - NETZW. :   13 , 15 , 16*, 17 , 23
 M    14.5  - NETZW. :   11 , 12 , 13 , 14 , 16 , 17*

QUERVERWEISLISTE: ZEITEN

 T     5    - NETZW. :   21 , 22*
 T     6    - NETZW. :   24*
```

Bild 9.15/6: Querverweisliste: „Zwei-Wege-Steuerung“, verschiedene Betriebsarten, Aufgabe K (Zuweisung)

(Fortsetzung von vorhergehender Seite)

Zwei-Wege-Steuerung, versch. Betriebsarten. (RS-Speicher)
Verzeichnis SABLAUF Datei k9zw16

SABLAUF Dieses Programm befindet sich nur auf Diskette.

s9zw16 Der Text zu diesem Programm befindet sich nur auf Diskette.

Anmerkung:

Mit einem Stern * wird angezeigt, dass in dem angegebenen Netzwerk ein Ausgang vorhanden ist.

9.16 Sprünge in SPS-Programmen (s9spr1 bis 8)

Sprünge werden in SPS-Programmen ausgeführt, wenn z.B. Teile einer Schrittkette übersprungen werden sollen, um bestimmte Funktionen des Programms nicht ausführen zu lassen. Sie werden dann bei der Abarbeitung des Programms ausgelassen.

Es sind verschiedene Arten von Sprüngen möglich:

– z.B. unbedingter (absoluter) Sprung **SPA,** der erfolgt, wenn eine bestimmte Programmstelle erreicht wird. Der Sprung wird ohne Bedingung immer ausgeführt

– z.B. bedingter Sprung **SPB,** wenn eine bestimmte Programmstelle erreicht wird **UND** eine Sprungbedingung mit dem Verknüpfungsergebnis **1** vorliegt.

Im Folgenden finden Sie in Programm s9spr4 das Programm mit den Sprungbefehlen. Solche Sprünge lassen sich auch über Verknüpfungen in den Eingangsbedingungen der Schrittkette erreichen (siehe Programm s9spr1 und 2 auf Diskette).

```
Zuordnungsliste

Datei A:S9SPR4ZO.SEQ                                    BLATT        1

        OPERAND      SYMBOL    KOMMENTAR

        E0.1         S1        Taster S1  (s),  Schritt 1
        E0.2         S2        Taster S2  (s),  Schritt 2
        E0.3         S3        Taster S3  (s),  Schritt 3
        E0.4         S4        Taster S4  (s),  Schritt 4
        E0.5         S5        Taster S5  (s),  Schritt 5
        E0.6         S6        Taster S6  (s),  Schritt 6
        E0.7         S7        Taster S7  (s),  Schritt 7
        E1.0         S10       Taster S10, Sprungbedingung (s),bei 1-Si
        E1.1         S11       Taster S11 (s),  Schritt 8
        A0.1         SR1       Schritt 1
        A0.2         SR2       Schritt 2
        A0.3         SR3       Schritt 3
        A0.4         SR4       Schritt 4
        A0.5         SR5       Schritt 5
        A0.6         SR6       Schritt 6
        A0.7         SR7       Schritt 7
        A1.0         SR8       Schritt 8
        M10.0        STAME     Startmerker M10.0
```

Aufgabe:

Gesucht ist das Programm für eine Schrittkette, in der durch eine Sprungbedingung ein bedingter Sprung **SPB** in einer linearen Schrittkette ausgelöst werden kann.

Damit die Arbeitsweise der Schrittkette gut erkennbar ist, sollen als Schrittmerker die Ausgänge A0.1 bis A1.0 genommen werden. An deren Leuchtdioden kann der Ablauf des Programms gut sichtbar verfolgt werden. Das Weiterschalten der Schrittkette geschieht bei dieser Aufgabe durch Handbetätigung der Taster S1 bis S11. Eine Sprungbedingung wird mit S10 gegeben.

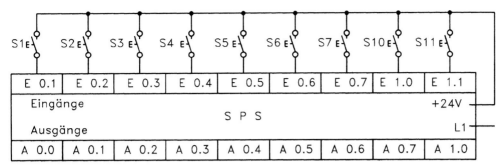

Bild 9.16/1: Beschaltung

Beschreibung des Programms:

– Kette ohne Sprung (S10 hat 0-Signal)

Die Kette kann ohne Sprung durchlaufen werden, wenn von S10 ein 0-Signal kommt. Das Signal wird invertiert und bildet mit S3 das Setzsignal für Schritt 3 (A0.3). Die Schrittkette wird daher in der Folge der Schrittnummern **1-2-3-4-5-6-7-8** durchlaufen.

Ein Sprung von Schritt 2 (A0.2) nach Schritt 6 (A0.6) kann nicht erfolgen, da wegen des 0-Signals von S10 die Sprungbedingung nicht erfüllt ist.

– Kette mit Sprung (S10 hat 1-Signal)

Ist der Schalter S10 auf 1-Signal geschaltet, so wird die Sprungbedingung erfüllt. Der Sprung wird über die Anweisung **SPB = ORT1** nach **ORT1** ausgeführt Die Schrittkette wird nun in der Folge der Schrittnummern **1-2-6-7-8** durchlaufen. Die Schritte **3-4-5** werden übersprungen. Ist der Schalter S10 nicht eingeschaltet, also auf 0-Signal, wird der Sprung nicht ausgeführt und alle Schritte durchlaufen. Bild 9.16/2 zeigt das Flussdiagramm einer Schrittkette mit Weiterschaltung von Hand und dem Schalter S10 mit Sprungbedingung bei 1-Signal.

 Beispiele mit automatischer Weiterschaltung finden Sie unter s9spr5–8 auf der Diskette.

SABLAUF
sspr1 bis 8

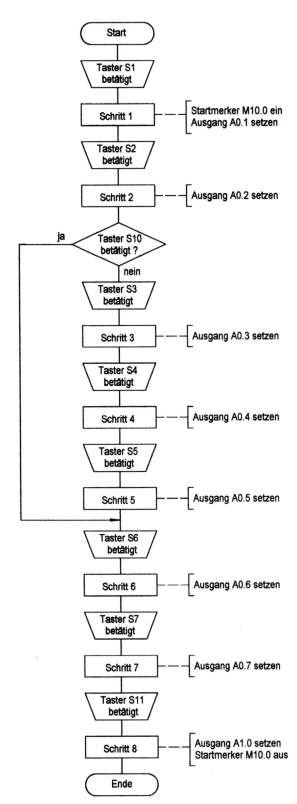

Bild 9.16/2: Flussdiagramm: Sprung-Handumschaltung

NETZWERK 1   0000   Sprung-Handumschaltung mit SPB

Sprung-Handumschaltung, bedingter Sprung mit Sprunganweisung SPB rueckwaerts
auf Sprungziel, (RS-Speicher)
NAME :S9SPR4   Sprung-Handumsch.mit SPB (RS)
BEZ :SPRU   E/A/D/B/T/Z: E   BI/BY/W/D: BI

```
0010          :U    E    0.1                    Taster S1
0012          :UN   M   10.1
0014          :S    A    0.1                    Setzen Schritt 1
0016          :U    A    0.2
0018          :R    A    0.1                    Ruecksetzen Schritt 1
001A          :
001C          :U    E    0.2                    Taster S2
001E          :U    A    0.1
0020          :S    A    0.2                    Setzen Schritt 2
0022          :U    A    0.3
0024          :O    A    0.6
0026          :R    A    0.2                    Ruecksetzen Schritt 2
0028          :
002A          :U    E    1.0                    Sprungbedingung Schalter S10
002C          :SPB  =ORT1                       Sprungbefehl auf Ziel ORT1
002E          :U    E    0.3                    Taster S3
0030          :U    A    0.2
0032          :S    A    0.3                    Setzen Schritt 3
0034          :U    A    0.4
0036          :R    A    0.3                    Ruecksetzen Schritt 3
0038          :
003A          :U    E    0.4                    Taster S4
003C          :U    A    0.3
003E          :S    A    0.4                    Setzen Schritt 4
0040          :U    A    0.5
0042          :R    A    0.4                    Ruecksetzen Schritt 4
0044          :
0046          :U    E    0.5                    Taster S5
0048          :U    A    0.4
004A          :S    A    0.5                    Setzen Schritt 5
004C          :U    A    0.6
004E          :R    A    0.5                    Ruecksetzen Schritt 5
0050          :
0052 ORT1     :U(                               Sprungziel
0054          :U    A    0.5          01
0056          :O    A    0.2          01
0058          :)                      01
005A          :U    E    0.6                    Taster S6
005C          :S    A    0.6                    Setzen Schritt 6
005E          :U    A    0.7
0060          :R    A    0.6                    Ruecksetzen Schritt 6
0062          :
0064          :U    E    0.7                    Taster S7
0066          :U    A    0.6
0068          :S    A    0.7                    Setzen Schritt 7
006A          :U    A    1.0                    Schritt 8
006C          :R    A    0.7                    Ruecksetzen Schritt 7
006E          :
0070          :U    E    1.1                    Taster S11
0072          :U    A    0.7
0074          :=    A    1.0                    Schritt 8
0076          :
0078          :U    A    0.1
007A          :S    M   10.0                    Setzen Startmerker
007C          :U    A    1.0
007E          :R    M   10.0                    Ruecksetzen Startmerker
0080          :BE
```

Bild 9.16/3: AWL: Sprung-Handumschaltung

9.17 Schleifen in SPS-Programmen (s9sle1 bis 8)

Schleifen werden in einem SPS-Programm angewendet, wenn z.B. Teile von Schrittketten-Programmen mehrfach hintereinander ausgeführt werden sollen. Schleifen werden mit einem bedingten Sprung **SPB** rückwärts programmiert. Nicht alle Hersteller von Automatisierungsgeräten lassen Sprünge nach rückwärts zu. Hier sind die Empfehlungen des Herstellers zu beachten.

Aufgabe:

Gesucht ist das Programm für eine Schrittkette, in der durch eine Schleifenbedingung ein Programmteil mehrfach hintereinander durchlaufen wird.

Über einen Geber S10 soll mit Hilfe einer Sprunganweisung **SPB** rückwärts eine Schleife durchlaufen werden können. Die Weiterschaltung soll über Schalter von Hand erfolgen.

Im Folgenden finden Sie in Programm s9sle4 das Programm mit dem Sprungbefehl **SPB**. Solche Sprünge lassen sich auch über Verknüpfungen in den Eingangsbedingungen der Schrittkette erreichen (siehe Programm s9sle1 und 2 auf Diskette).

Zuordnungsliste

```
Datei A:S9SLE4ZO.SEQ

   OPERAND     SYMBOL    KOMMENTAR

   E0.1        S1        Taster S1  (s),  Schritt 1
   E0.2        S2        Taster S2  (s),  Schritt 2
   E0.3        S3        Taster S3  (s),  Schritt 3
   E0.4        S4        Taster S4  (s),  Schritt 4
   E0.5        S5        Taster S5  (s),  Schritt 5
   E0.6        S6        Taster S6  (s),  Schritt 6
   E0.7        S7        Taster S7  (s),  Schritt 7
   E1.0        S10       Taster S10, Schleifenbedingung (s)
   E1.1        S11       Taster S11 (s),  Schritt 8
   A0.1        SR1       Schritt 1
   A0.2        SR2       Schritt 2
   A0.3        SR3       Schritt 3
   A0.4        SR4       Schritt 4
   A0.5        SR5       Schritt 5
   A0.6        SR6       Schritt 6
   A0.7        SR7       Schritt 7
   A1.0        SR8       Schritt 8
   M10.0       STAME     Startmerker M10.0
```

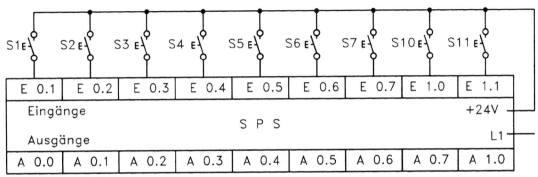

Bild 9.17/1: Beschaltung

Beschreibung des Programms:

– Kette ohne Sprung (S10 hat 0-Signal)

Wenn der Taster S10 nicht betätigt wird, wird die Sprunganweisung **SPB = ORT1** nicht ausgeführt. Die Kette durchläuft die Schritte in der Reihenfolge **1-2-3-4-5-6-7-8**.

– Kette mit Sprung (S10 hat 1-Signal)

Wenn der Taster S10 betätigt wird, wird nach Erreichen der Sprungbedingung **SPB = ORT1** mit 1-Signal der Rücksprung nach **ORT1** ausgeführt. Die Schrittkette wird nun in der Folge der Schrittnummern **3-4-5** wiederholt durchlaufen, solange die Schleifenbedingung S10 vorhanden ist. Wenn S10 ein 0-Signal hat, wird nach Schritt 5 der Schritt 6 aktiviert. Die Schrittkette durchläuft dann die Schritte **6-7-8** zum Programmende. Das folgende Flussdiagramm verdeutlicht den Aufbau des Programms. Bild 9.17/3 zeigt das Flussdiagramm für eine Schrittkette mit Weiterschaltung von Hand und einer Schleifenbedingung über den Schalter S10 bei 1-Signal.

Beispiele mit automatischer Weiterschaltung finden Sie unter s9sle5–8 auf der Diskette.

SABLAUF
ssle1 bis 8

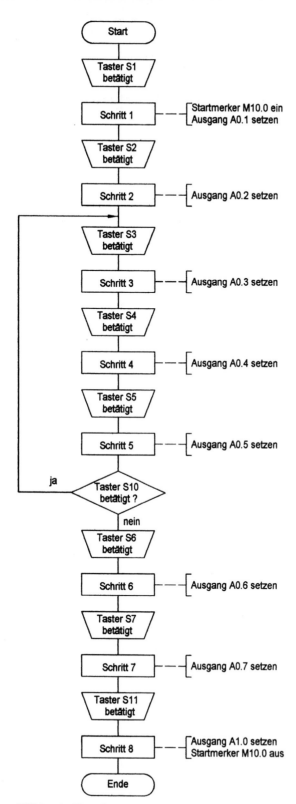

Bild 9.17/2: Flussdiagramm: Schleife-Handumschaltung

NETZWERK 1   0000   Schleife-Handumschaltung,mit SPB

Schleife-Handumschaltung, bedingter Sprung mit Sprunganweisung SPB rueck-
waerts auf Sprungziel, (RS-Speicher)
NAME :S9SLE4   Sprung SPB rueckwaerts (RS-Sp.)
BEZ :SLEI   E/A/D/B/T/Z: E   BI/BY/W/D: BI

```
0010         :U    E    0.1              Taster S1(s)
0012         :UN   M   10.0              Abfrage Startmerker
0014         :S    A    0.1              Setzen Schritt 1
0016         :U    A    0.2
0018         :R    A    0.1              Ruecksetzen Schritt 1
001A         :
001C         :U    E    0.2              Taster S2(s)
001E         :U    A    0.1
0020         :S    A    0.2              Setzen Schritt 2
0022         :U    A    0.3
0024         :R    A    0.2              Ruecksetzen Schritt 2
0026         :
0028         :U    E    0.3              Taster S3
002A         :U    A    0.2
002C ORT1    :S    A    0.3              Setzen Schritt 3 (Sprungziel)
002E         :U    A    0.4
0030         :R    A    0.3              Ruecksetzen Schritt 3
0032         :
0034         :U    E    0.4              Taster S4(s)
0036         :U    A    0.3
0038         :S    A    0.4              Setzen Schritt 4
003A         :U    A    0.5
003C         :R    A    0.4              Ruecksetzen Schritt 4
003E         :
0040         :U    E    0.5              Taster S5(s)
0042         :U    A    0.4
0044         :S    A    0.5              Setzen Schritt 5
0046         :U    A    0.6
0048         :O    A    0.3
004A         :R    A    0.5              Ruecksetzen Schritt 5
004C         :
004E         :U    E    1.0              Schleifenbedingung bei 1-Signal
0050         :U    E    0.6              Taster S6(s)
0052         :U    A    0.5
0054         :SPB =ORT1                  Sprungbefehl rueckwaerts ORT1
0056         :U    E    0.6              Taster S6(s)
0058         :U    A    0.5
005A         :S    A    0.6              Setzen Schritt 6
005C         :U    A    0.7
005E         :R    A    0.6              Ruecksetzen Schritt 6
0060         :
0062         :U    E    0.7              Taster S7(s)
0064         :U    A    0.6
0066         :S    A    0.7              Setzen Schritt 7
0068         :U    A    1.0
006A         :R    A    0.7              Ruecksetzen Schritt 7
006C         :
006E         :U    E    1.1              Taster S11 (s)
0070         :U    A    0.7
0072         :=    A    1.0              Schalten Schritt 8
0074         :
0076         :U    A    0.1
0078         :S    M   10.0              Setzen Startmerker
007A         :U    A    1.0
007C         :R    M   10.0              Ruecksetzen Startmerker
007E         :BE
```

Bild 9.17/3: AWL: Schleife-Handumschaltung

Fragen zu Kapitel 9:

1. Welche Bedingungen gelten für das Weiterschalten eines Schrittes in einer Ablaufsteuerung?

2. Welche Aufgabe hat der Startmerker in einer Schrittkette?

3. Wie arbeitet eine Ablaufsteuerung?

4. Was versteht man
   a) unter prozessabhängiger Ablaufsteuerung
   b) unter zeitabhängiger Ablaufsteuerung?

5. Wann wendet man als Befehlsausgabe eines Schrittes
   a) den N-Befehl
   b) den S-Befehl
   c) den D-Befehl
   d) den SD-Befehl an?

6. Durch welche Vorgänge kann ein Schritt gelöscht werden?

7. Was versteht man unter einer linearen Ablaufsteuerung?

8. Nennen Sie Arten von verzweigten Ablaufsteuerungen.

9. Eine Schrittkette verzweigt sich z.B. ab Schritt 5 mit einer UND-Verzweigung in die Schritte 6.1 und 6.2. Geben Sie an, unter welcher Bedingung Schritt 5 rückgesetzt wird.

10. Eine Schrittkette verzweigt sich z.B. ab Schritt 5 mit einer UND-Verzweigung in die Schritte 6.1 und 6.2. Geben Sie an, ob alle Zweige der Kette durchlaufen werden müssen, um Schritt 7 zu setzen.

11. Eine Schrittkette verzweigt sich ab Schritt 2 mit einer ODER-Verzweigung in die Schritte 3.1 und 3.2. Geben Sie an, unter welcher Bedingung Schritt 2 rückgesetzt wird.

12. Eine Schrittkette verzweigt sich ab Schritt 2 mit einer ODER-Verzweigung in die Schritte 3.1 und 3.2. Geben Sie an, ob alle Zweige durchlaufen werden müssen, um Schritt 4 zu setzen.

13. Anlagen mit Ablaufsteuerungen wie z.B. Positionierantriebe müssen nach Spannungsausfall und Spannungswiederkehr oder NOTAUS-Schaltung in die Grundstellung zurückgefahren werden. Warum ist diese Maßnahme notwendig?

14. An welcher Stelle im Funktionsplan kann eine Rückholbedingung eingezeichnet werden, die eine Rückholung der Anlage in die Grundstellung bewirkt?

15. Bei Ablaufsteuerungen werden häufig Taktüberwachungen programmiert. Welche Aufgabe hat eine solche Taktüberwachung?

16. Welchen Vorteil hat bei der Projektierung und beim Betrieb von Anlagen der Einsatz von Ablaufsteuerungen gegenüber Verknüpfungssteuerungen?

17. Bei übersichtlich aufgebauten Ablaufsteuerungen unterscheidet man grundsätzlich 4 Ebenen. Nennen Sie die 4 Ebenen einer solchen Steuerung.

18. Die Ebene A einer Ablaufsteuerung ist die Betriebsartenebene. Nennen Sie mindestens 3 Betriebsarten.

19. In einem SPS-Programm können Sprünge angewendet werden. Welche programmtechnische Aufgabe kann mit Sprüngen gelöst werden?

20. In einem SPS-Programm sind verschiedene Arten von Sprüngen möglich. Wodurch unterscheiden sich diese in der Programmierung?

21. Wie wird ein Sprung programmtechnisch ausgeführt?

22. In einem SPS-Programm können Schleifen programmiert werden. Welche programmtechnische Aufgabe kann mit Schleifen gelöst werden?

23. Wie wird eine Schleife programmtechnisch erzeugt?

24. Welchen Unterschied im Programmablauf bewirkt eine Schleife bzw. ein Sprung?

10 Strukturierte Programmierung (SSTRUKT)

In der Automatisierungstechnik ist man bestrebt, die Gerätekosten so niedrig wie möglich zu halten. Eine Ersparnis liegt aber auch in der Konzipierung der Programme. Die linearen Programme werden exakt von Anweisung zu Anweisung abgearbeitet. Die Länge des Programms bestimmt somit die Zykluszeit. Je länger ein Programm, umso länger die Zykluszeit und umso langsamer das Programm. Für die Steuerung bedeutet dies eine Verlängerung der Reaktionszeit.

Durch Anwendung der strukturierten Programmierung werden die Programme schneller und übersichtlicher. Hierbei wird das Steuerungsprogramm aus einzelnen Bausteinen zusammengesetzt. Diese können mehrfach aufgerufen und getrennt getestet werden.

Mit Hilfe dieser Programmtechnik können umfangreiche Steuerungsaufgaben zu übersichtlichen Programmteilen zusammengefasst werden. Fehlersuche und Programmänderungen lassen sich einfacher durchführen.

Wenn innerhalb eines Programms bestimmte Steuerungsfunktionen häufiger benötigt werden, kann auch durch Parametrierung von Funktionsbausteinen das Programm komprimierter geschrieben werden. Der Vorteil dieser Programmierung besteht in der Anwendung von Formal- und Aktualoperanden.

10.1 Verwendung verschiedener Bausteine

Für die Programmstrukturierung stehen 4 Bausteintypen bei der S5 – 100 U zur Verfügung:

1. Organisationsbaustein OB

Der Organisationsbaustein OB bestimmt, in welcher Reihenfolge die einzelnen Programmbausteine bearbeitet werden. Die Anweisungen folgen nach SPA- und SPB-Sprunganweisungen.

2. Programmbaustein PB

Das Gesamtprogramm wird durch die Programmbausteine (z.B. PB1 bis PB4) in überschaubare Programmabschnitte aufgeteilt. Sie bestehen aus Netzwerken und werden aufgerufen von Organisationsbausteinen und anderen Programmbausteinen.

3. Funktionsbaustein FB

Funktionsbausteine enthalten Programmabschnitte, die häufig aufgerufen werden können. Ebenso können Funktionsbausteine arithmetische Funktionen enthalten. Sie können von Organisations- und Programmbausteinen aufgerufen werden.

4. Datenbaustein DB

Datenbausteine enthalten Daten, die zu einem Datenwort (16 Bit) zusammengefasst sind. Datenbausteine dienen zur Aufnahme aller festen und variablen Daten. Sie können von Organisationsbausteinen, Programm- und Funktionsbausteinen aufgerufen werden. In Datenbausteinen werden keine Programmoperationen durchgeführt, sondern nur Daten aufbewahrt. Die Daten können Bitmuster, Zahlen und alphanumerische Zeichen sein. Im Gegensatz zu anderen Programmbausteinen werden am Ende keine BE-Anweisungen geschrieben.

10.2 Sprunganweisungen bei der strukturierten Programmierung

Im Folgenden sind einige Sprunganweisungen beschrieben, die im Buch verwendet werden:

1. SPA unbedingter, absoluter Sprung zum genannten Baustein, z.B. SPA PB1.

2. SPB bedingter Sprung, wird ausgeführt, wenn das vorstehende Verknüpfungsergebnis = 1 ist, z.B. SPB FB1 oder SPB = M1 (bedingter Sprung auf Marke 1).

3. BE Baustein-Ende, d.h. der zur Zeit bearbeitete Baustein wird beendet. Es wird ein Rücksprung in den vorher bearbeiteten Baustein ausgeführt, in dem der Bausteinaufruf stand.

4. BEA Der zur Zeit bearbeitete Baustein wird an dieser Stelle abgeschlossen. Es erfolgt ein Rücksprung in den vorher bearbeiteten Baustein, in dem der Aufruf stand. Die Programmbearbeitung wird in der ersten Speicherzelle nach dem Bausteinaufruf fortgesetzt. Der Sprung wird unabhängig vom vorhergehenden Verknüpfungsergebnis ausgeführt.

5. BEB Es erfolgt ein Rücksprung in den vorher bearbeiteten Programmbaustein, wenn das Verknüpfungsergebnis vor BEB eine „1" war. Beim Verknüpfungsergebnis „0" wird die Operation nicht ausgeführt. Die Anwendung der oben verwendeten BEA- und BEB-Anweisungen verhindert in Programmen das sonst notwendige Anspringen der BE-Anweisungen. Das Programm wird so übersichtlicher.

10.3 Mögliche Struktur eines Programms und Beispiel

Ein SPS-Programm kann nach folgender Struktur arbeiten:

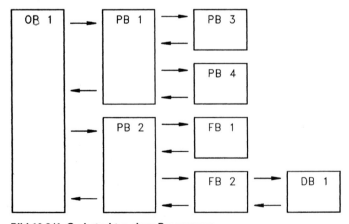

Bild 10.3/1: Grobstruktur eines Programms

An einem kleinen Beispiel soll die strukturierte Programmierung verdeutlicht werden.

Aufgabe:

7 Schalter sollen 6 Ausgänge nach dem unten vorgegebenem Programm s10gv2 schalten. Folgende Punkte werden bearbeitet:

a) Einordnung der Bausteine in die Grobstruktur eines Programms und eines Flussdiagramms

b) Funktionsbeschreibung der einzelnen Bausteine des Programms

c) Beschreibung der Vorteile für die strukturierte Programmierung

zu a)

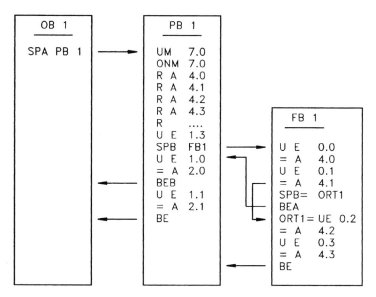

Bild 10.3/2: Programmstruktur von s10gv2

Flussdiagramm von s10gv2 Bild 10.3/3 *(auf nächster Seite)*

173

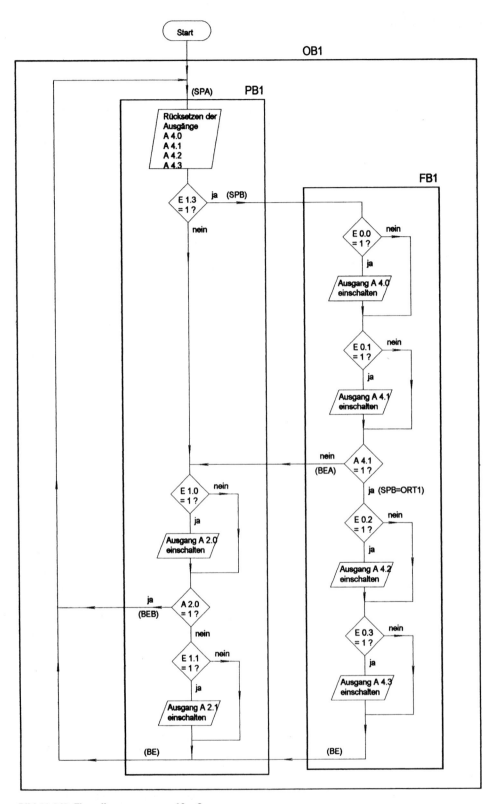

Bild 10.3/3: Flussdiagramm von s10gv2

zu b) **Funktionsbeschreibung:**

Organisationsbaustein OB1:

Im Organisationsbaustein OB1 befindet sich die Organisation des gesamten Anwenderprogramms. Dies geschieht in Form einer Auflistung der Programmbausteine und Funktionsbausteine. So findet von OB1 nach der Reihenfolge der Auflistung der Bausteine (hier PB1, FB1) eine zyklische Abarbeitung statt. Nach dem Durchlauf des Anwenderprogramms wird der OB1 sofort wieder aufgerufen und die im OB1 aufgerufenen Bausteine immer wieder zyklisch bearbeitet.

Programmbaustein PB1:

Hat Eingang E1.0 ein 1-Signal, so wird Ausgang A2.0 geschaltet. Für diesen Fall (A2.0 mit 1-Signal) findet durch nachfolgendes BEB ein bedingter Rücksprung nach OB1 statt. Dadurch kann Ausgang A2.1 über E1.1 nicht geschaltet werden. Hat A2.0 ein 0-Signal, so kann A2.1 geschaltet werden. Wurde zuerst A2.1 über E1.1 eingeschaltet und wird danach E1.0 auf 1-Signal gesetzt, so schaltet A2.0 ein. Damit wird die Sprunganweisung BEB wirksam. Das Signal am Ausgang A2.1 bleibt erhalten, auch wenn der Eingang E1.1 0-Signal hat. Der Grund für dieses Verhalten liegt darin, dass der Programmbaustein durch BEB verlassen wird und dadurch der Zustand des restlichen Programms erhalten bleibt. Soll der Ausgang A2.1 trotzdem noch ausgeschaltet werden können, wenn BEB = 1 ausgeführt wird, so muss in PB1 vor UE1.3 noch die Rücksetzanweisung RA2.1 geschrieben werden.

Die Ausgänge A4.0 bis A4.3 können nur geschaltet werden, wenn E1.3 ein 1-Signal hat. Für diesen Fall findet ein Sprung nach FB1 statt. Diese Ausgänge A4.0 bis A4.3 können ausgeschaltet werden, weil die Rücksetzbedingungen über M7.0 in PB1 vor dem bedingten Sprung SPB FB1 programmiert sind.

Funktionsbaustein FB1:

Der Funktionsbaustein FB1 **(Bild 10.3/2)** ist ein Unterprogramm vom Programmbaustein PB1.

Hat also E1.3 ein 1-Signal, so erfolgt der Sprung von PB1 nach FB1. Sind im Baustein FB1 der Ausgang A4.0 und A4.1 nicht geschaltet, so wird der Sprung SPB = ORT1 nicht wirksam, sondern der absolute Rücksprung BEA. Durch BEA erfolgt ein absoluter Rücksprung nach PB1. Die Ausgänge A4.2 und A4.3 können deshalb nicht geschaltet werden. Wird nur der Ausgang A4.0 über E0.0 geschaltet, so ist die Sprungbedingung SPB = ORT1 immer noch nicht erfüllt, so dass A4.2 und A4.3 immer noch nicht geschaltet werden können. Die Rücksprunganweisung BEA ist immer noch wirksam. Erst wenn A4.1 geschaltet ist und 1-Signal hat, wird innerhalb von FB1 an die Stelle „Ort1" auf Eingang E0.2 durch die SPB-Anweisung ein Sprung ausgeführt, sodass die Ausgänge A4.2 und A4.3 über die Geber S2 (E0.2) und S3 (E0.3) geschaltet werden können.

Sind alle Ausgänge A4.0 bis A4.3 eingeschaltet und fällt die Sprungbedingung von E1.3 weg (E1.3 = 0-Signal), so würden alle Ausgänge A4.0 bis A4.3 eingeschaltet bleiben, wenn nicht der Programmteil vor SPB FB1 in Programmbaustein PB1 geschrieben wäre.

Die Ausgänge würden nämlich nicht mehr in FB1 beeinflusst werden, da der Funktionsbaustein FB1 nicht mehr bearbeitet wird. Auch hier würde wie im Programmbaustein PB1 beim Verlassen des Bausteins der Signalzustand erhalten bleiben.

Die Anwendung der oben verwendeten BEA- und BEB-Anweisungen verhindert in Programmen das sonst notwendige Anspringen der BE-Anweisungen. Das Programm wird so übersichtlicher.

Schwierigkeiten bei Unterprogrammen:

Das obige Beispiel zeigt die grundsätzliche Schwierigkeit bei der Erstellung von Unterprogrammen. Werden in einem Unterprogramm Ausgänge, Merker, Zähler, Zeitstufen über Zuweisung (=) oder Setzbefehl (S) angesteuert, so bleibt ihr Zustand nach Wegfall der Sprungbedingung erhalten, da das Unterprogramm nicht mehr bearbeitet wird.

Wie oben beschrieben, würden alle in FB1 geschalteten Ausgänge eingeschaltet bleiben, wenn die Sprungbedingung (E1.3 = 0-Signal) verschwindet. Ausgänge und Merker müssen deshalb in getrennten Bausteinen rückgesetzt werden, Zeitstufen und Zähler jedoch in denselben Bausteinen, in denen sie gesetzt wurden (siehe Beispiele s10dt... und s10dz... auf der Diskette).

Für die Abschaltung von Ausgängen und Merkern gibt es grundsätzlich zwei Lösungen. Man schaltet außerhalb des Unterprogramms Funktionsbaustein FB1 die Ausgänge ab.

Lösung 1: z.B. UM 7.0   siehe dieses Beispiel s10gv2

                ON M 7.0

                R A4.0

                R A4.1

                R A4.2

                R A4.3

                R A2.1   wenn A2.1 ausschaltbar trotz BEB

Lösung 2: z.B. L KF + 0   siehe s10gv3

                T AB 4

                T AB 2   wenn A2.1 ausschaltbar trotz BEB

Diese Lösungen wurden im Programmbaustein PB1 zu Beginn des Programms vor die Sprunganweisung SPB geschrieben.

zu c) Vorteile der strukturierten Programmierung:

1. Das Programm kann übersichtlich in einzelne Bausteine aufgegliedert werden.

2. Bausteine und Bausteingruppen können getrennt getestet werden.

3. Fehlersuche kann in getrennten Bausteinen besser durchgeführt werden.

4. Programmänderungen und Erweiterungen können ebenfalls besser durchgeführt werden.

5. In strukturierten Programmen kann die Zykluszeit herabgesetzt werden. Soll zum Beispiel im Programmbaustein PB1 nur der Ausgang A2.0 bearbeitet werden, so wird nur Programmbaustein PB1 durchlaufen. Durch die Anweisung BEB erfolgt ein Rücksprung nach OB1. Die Zykluszeit wird kürzer. Bei einer linearen Programmierung werden alte Steuerungsanweisungen durchlaufen. Deshalb ist bei der linearen Programmierung die Zykluszeit grundsätzlich länger.

Weitere Beispiele für strukturierte Programmierung finden Sie auf der Diskette unter dem Verzeichnis SSTRUKT und den Dateien

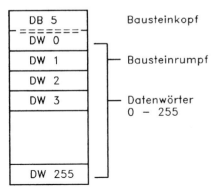

s10gv	Grundschaltungen mit OB, PB, FB
s10db	Grundschaltungen, Datenbausteine
s10dt	Datenbausteine, Zeitwerte
s10dz	Datenbausteine, Zählerwerte
s10mi	Mischautomat
s10zw	Zweiwege-Steuerung

10.4 Strukturierte Programmierung mit Datenbausteinen.

In SPS-Steuerungsprogrammen werden immer wieder Daten wie Zeitfaktoren von Zeitstufen, Faktoren von Zählstufen oder Bitmuster zum Transferieren von Ausgangsbytes oder Ausgangsworten verwendet. Wie im Folgenden beschrieben, können die Daten beliebige Bitmuster, Dual-, Hexadezimal- oder Dezimalzahlen sowie alphanumerische Zeichen wie Meldetexte sein.

Der Datenbaustein besteht aus Bausteinvorkopf, Bausteinkopf und Bausteinrumpf. Der Bausteinvorkopf enthält die Datenformate der im Bausteinrumpf eingegebenen Datenwörter. Er gibt auch die Anzahl der Datenwörter wieder.

Der Bausteinrumpf setzt sich aus Datenwörtern mit 16 Bit zusammen. Mit dem Ladebefehl ist der Zugriff auf die Datenwörter möglich, unabhängig vom vorherigen Verknüpfungsergebnis. Mit dem Transferbefehl können die Datenwörter im Programm geändert werden.

Bild 10.4/1: Prinzipieller Aufbau eines Datenbausteins

Hier die wichtigsten Datenformate für die Programmierung von Datenbausteinen:

FORMAT	BEISPIEL
KM =	Bitmuster (16 Bit) z.B. 00000000 00000011
KH =	Hexadezimalzahl z.B. 0F1A
KF =	Festpunktzahl, z.B. + 123 oder – 342
KY =	2 Betragszahlen z.B. 14,8
KT =	Zeitwert z.B. 004.2 (4 Sekunden)
KZ =	Zählerwert z.B. 488
KC =	Text mit 2 beliebigen ASCII-Zeichen z.B. ALARM2

Tabelle 10.4/1: Tabelle mit verschiedenen Zahlenformaten

Folgendes einfache Beispiel soll die Arbeit mit einem Datenbaustein verdeutlichen:

Aufgabe:

2 Schalter S1 und S2 an den Eingängen E0.1 und E0.2 sollen auf das Ausgangsbyte AB2 mit den Ausgängen A2.0 bis A2.7 zwei verschiedene Bitmuster (xx-- = Dezimalzahl 3 = A2.0 + A2.1) und (xxxx = Dezimalzahl 15 = A2.0 bis A2.3) schalten.

Hat E0.1 ein 1-Signal, soll Zahl 3 angezeigt werden. E0.2 soll dann Zahl 15 nicht schalten (BEA-Anweisung). S1 soll also vorrangig vor S2 schalten.

Die Daten für das Bitmuster sollen einem Datenbaustein mit verschiedenen Datenwörtern entnommen werden (siehe s10db3).

Folgende Punkte sollen bearbeitet werden:

a) Einordnung der einzelnen Bausteine in die Grobstruktur eines Programms und eines Flussdiagramms

b) Funktionsbeschreibung der einzelnen Bausteine des Programms

zu a)

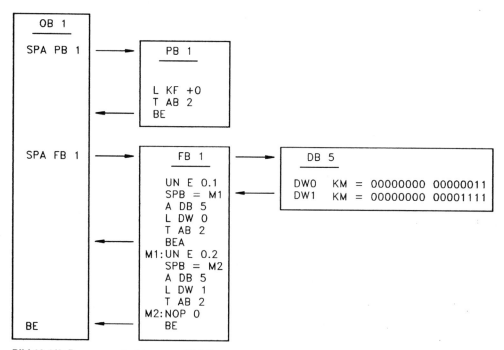

Bild 10.4/2: Programmstruktur von s10db2

Flussdiagramm von s10db2 Bild 10.4/2: *nächste Seite*

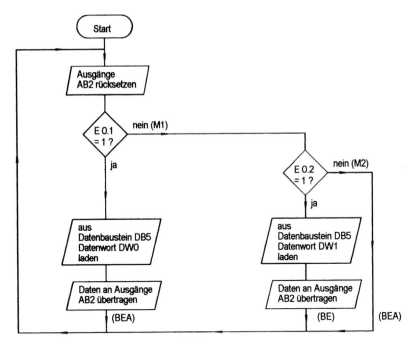

Bild 10.4/3: Flussdiagramm von s10db2

Verwendete Anweisungen sind:

L	Laden
T	Transferieren auf…
A	Ausgabe von Datenbaustein
EB	Eingangsbyte
AB	Ausgangsbyte
DW	Datenwort

zu b) **Funktionsbeschreibung:**

Organisationsbaustein OB1:

Im Organisationsbaustein OB1 befindet sich die Organisation des gesamten Anwenderprogramms. Dies geschieht in Form einer Auflistung der Programmbausteine und Funktionsbausteine. So findet von OB1 nach der Reihenfolge der Auflistung der Bausteine (hier PB1 und FB1) eine zyklische Abarbeitung statt.

Nach dem Durchlauf des Anwenderprogramms wird der OB1 sofort wieder aufgerufen und es werden die im OB1 aufgerufenen Bausteine immer wieder zyklisch bearbeitet.

Programmbaustein PB1:

Haben Eingang E0.1 und E0.2 0-Signal, sind also Schalter S1 und S2 nicht geschaltet, so werden durch die Anweisung L KF + 0 alle Ausgänge A2.0 bis A2.7 auf Null geschaltet. Hiermit erfolgt in PB1 die Abschaltung der Ausgänge, die in FB1 eingeschaltet wurden. In Funktionsbaustein FB1 würden nämlich die Ausgänge eingeschaltet bleiben, wenn PB1 fehlt und der Programmbaustein FB1 nach dem Abschalten von S1 und S2 verlassen wird.

179

Funktionsbaustein FB1:

Sind S1 und S2 nicht betätigt, so werden in Funktionsbaustein FB1 die Sprünge SPB = M1 und SPB = M2 ausgeführt, so dass die Datenwörter DW0 und DW1 nicht geladen werden können. Alle Ausgänge werden auf Null gesetzt (siehe PB1, L KF + 0) Wird S1 betätigt und ist S2 nicht betätigt, so wird der Datenbaustein DB5 mit dem Datenwort DW0 aufgerufen und auf die Ausgänge A2.0 bis A2.7 transferiert (Bitmuster 00000000 00000011). Da nach dem ersten T AB 2 eine BEA-Anweisung steht, erfolgt ein absoluter Sprung nach OB1. Die Ausgänge A2.0 und A2.1 werden geschaltet.

Wird S2 betätigt und ist S1 nicht betätigt, so wird der Datenbaustein DB5 mit dem Datenwort DW1 aufgerufen und auf die Ausgänge A2.0 bis A2.7 transferiert (Bitmuster 00000000 00001111). Da der Schalter S1 nicht betätigt wird, erfolgt ein bedingter Sprung auf Marke M1, sodass die obere Hälfte des Programms nicht bearbeitet wird.

Werden beide Schalter S1 und S2 gleichzeitig betätigt, so wird der erste Teil des Programms mit DW0 vorrangig bearbeitet. Der zweite Teil des Programms kann nicht bearbeitet werden, da die BEA-Anweisung wirksam wird.

Datenbaustein DB5:

In den Datenbaustein wurden die Datenworte als Bitmuster KM geschrieben.
        Datenwort 0   KM = 00000000 00000011
        Datenwort 1   KM = 00000000 00001111

10.5 Parametrierung von Funktionsbausteinen

Wie bereits zu Beginn erwähnt, können neben der strukturierten Programmierung mit dem wiederholten Aufruf von Programmteilen auch die Parametrierung von Funktionsbausteinen DIN 19 239 angewendet werden.

Die sich wiederholende Steuerungsfunktion mit gleichen Stellgliedern und gleichen Gebern (Aktualoperanden), jedoch mit unterschiedlichen Eingängen und Ausgängen, kann in einen Funktionsbaustein mit Formaloperanden (allgemeine Operanden) geschrieben werden. Die Aktualoperanden werden in getrennte Programmbausteine geschrieben.

In einem Organisationsbaustein werden die Sprunganweisungen zu den einzelnen Bausteinen aufgelistet. Es gibt interne, vom Hersteller gelieferte Standard-Bausteine und Bausteine, die man selbst schreiben kann. Im Folgenden soll ein Beispiel für die Programmierung eines parametrierbaren, selbst geschriebenen Bausteins bearbeitet werden.

Aufgabe:

Zwei Pumpengruppen, jede mit den Pumpen A, B und C, sollen überwacht werden. Jede Pumpe ist mit einem Fühler versehen, der bei 0-Signal eine Meldung auf Lampe H1 für Gruppe 1, Lampe H2 für Gruppe 2 ausgibt.

Die Überwachung der Pumpen soll aktiv sein, wenn der Schalter S0 für Gruppe 1 und der Schalter S10 für Gruppe 2 eingeschaltet ist. Eine Störungsmeldung soll in folgenden zwei Fällen ausgegeben werden:

1. wenn 2 Pumpen einer Gruppe länger als 5 Sekunden ausgefallen sind,

2. wenn alle drei Pumpen einer Gruppe ausgefallen sind, soll die Meldung sofort ansprechen.

a) Zeigen Sie anhand eines Grobstrukturplans die Wirkungsweise der Bausteine OB1, FB1, PB1 und PB2 aufeinander.

b) Erstellen Sie eine Grobstruktur der Steuerung.
Verwenden Sie hierzu die Bausteine:
OB1 mit Sprunganweisungen nach PB1 und PB2,
FB1 mit Formaloperanden für Gruppe 1 + 2,
PB1 mit Aktualoperanden von Gruppe 1,
PB2 mit Aktualoperanden von Gruppe 2.

c) Zeichnen Sie den Funktionsplan mit Digital-Bausteinen.

d) Erstellen Sie eine Zuordnungsliste.

e) Erstellen Sie in folgenden Bausteinen das Programm der einzelnen Bausteine:

FB1 mit Formaloperanden,
PB1 mit Aktualoperanden von Gruppe 1,
PB2 mit Aktualoperanden von Gruppe 2,
OB1 mit Sprüngen zu den einzelnen Bausteinen.

f) Erläutern Sie den Vorteil der Parametrierung von Funktionsbausteinen gegenüber herkömmlicher Programmierung anhand dieser Aufgabe.

g) Beschreiben Sie die Wirkungsweise des Programms.

LÖSUNG:

zu a)

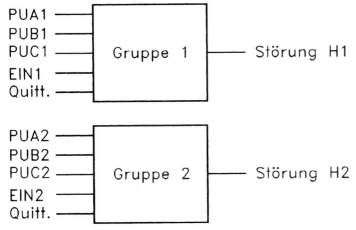

Bild 10.5/1: Grobstruktur der Steuerung

Man erkennt, dass jede Gruppe aus 3 Pumpen, einem Freigabe-/Einschalter, einem Quittierschalter und einer Störmeldeeinrichtung besteht (siehe auch Lösung d).

zu b)

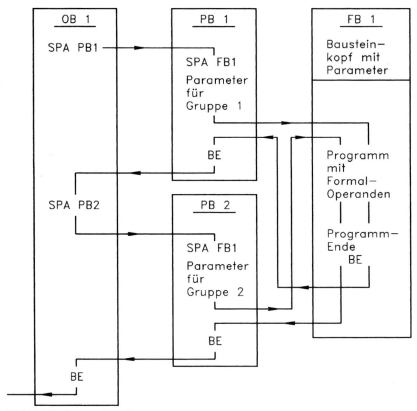

Bild 10.5/2: Grobstruktur für ein Programm

zu c)

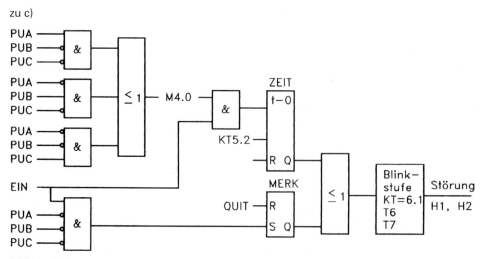

Bild 10.5/3: Funktionsplan mit Digitalbausteinen

zu d) **Zuordnungsliste mit Formal- und Aktualoperanden:**

Gruppe 1:

PUA1	=	E0.1	Pumpe A1
PUB1	=	E0.2	Pumpe B1
PUC1	=	E0.3	Pumpe C1
EIN1	=	E0.0	Einschalter S0, Gruppe 1
STOE1	=	A0.0	Störungsmeldung H1, Gruppe 1
MERK1	=	M6.0	Störungsmerker Gruppe 1
ZEIT1	=	T1	Störungszeit T1

Gruppe 2:

PUA2	=	E1.1	Pumpe A2
PUB2	=	E1.2	Pumpe B2
PUC2	=	E1.3	Pumpe C2
EIN2	=	E1.0	Einschalter S10, Gruppe 2
STOE2	=	A1.0	Störungsmeldung H2, Gruppe 2
MERK2	=	M7.0	Störungsmerker Gruppe 2
ZEIT2	=	T2	Störungszeit T2

Quittierung:

QUIT	=	E0.7	Quittierung für Gruppe 1 und 2

Zwischenmerker:

M 4.0   Merker für Abfrage der Pumpen

zu e) **Siehe SPS-Programm s10pa1 unter dem Verzeichnis SSTRUKT:**

SSTRUKT
s10pa1

zu f) **Vorteil der Parametrierung** (siehe SPS-Programm s10pa1):

Würde man das Programm nach herkömmlicher Schreibweise (lineare Programmierung) erstellen, so müsste das Programm von Gruppe 1 auch noch für Gruppe 2, also zweimal geschrieben werden. Dieses kann man vermeiden, indem man in FB1 das Programm mit Formaloperanden (allgemeine Operanden) schreibt. Im Bausteinvorkopf von FB1 müssen dann unter BEZ diese Formaloperanden aufgelistet werden. Daneben wird die Parameterart (z.B. Eingang E) angegeben, ganz rechts folgt der Parametertyp (z.B. Operand mit Bitadresse BI). Die Anweisung U =EIN z.B. besagt, dass Gruppe 1 oder Gruppe 2 oder beide aktiv sind, je nachdem Schalter S0 (E0.0) oder S10 (E1.0) oder beide 1-Signal haben. Das Gleiche gilt z.B. für den Störungsausgang = =STOE. Es können entweder A4.0 oder A5.0 oder beide geschaltet werden.

zu g) **Funktionsbeschreibung** (siehe SPS-Programm s10pa1):

Organisationsbaustein OB1:

Im Organisationsbaustein OB1 befindet sich die Organisation des gesamten Anwenderprogramms. Dies geschieht in Form einer Auflistung der Programmbausteine und Funktionsbausteine. So findet von OB1 nach der Reihenfolge der Auflistung der Bausteine (hier PB1 und PB2) eine zyklische Abarbeitung statt.

Nach dem Durchlauf des Anwenderprogramms wird der OB1 sofort wieder aufgerufen und die im OB aufgerufenen Bausteine immer wieder zyklisch bearbeitet.

Funktionsbaustein FB1:

Sind z.B. in PB1 die Fühler B1, B2, B3 aktiv (1-Signal) und ist der Schalter S0 eingeschaltet, so kann die erste Gruppe überwacht werden. Durch den absoluten Sprung SPA FB1 werden die Formaloperanden aktiv. Sind z.B. die Pumpen B und C von Gruppe 1 ausgefallen, so wird der Merker M4.0 auf 1-Signal gesetzt. Über die Verknüpfung U =EIN, L KT 005.2, SE =ZEIT (Adr. 0028–002B) wird die Zeitstufe T1 aktiviert (S10 für Gruppe 2 soll 0-Signal haben). T2 wird nicht angesprochen, da S10 nicht eingeschaltet ist.

Nach 5 Sekunden blinkt die Kontrolllampe H1 als Störmeldung für Gruppe 1. Die Ansteuerung von H1 durch T1 erfolgt über die Verknüpfung O =ZEIT, O =MERK, U T7, = =STOE (Adr. 0036–0039). Erst wenn der Schalter S10 eingeschaltet ist und die Fühler B11, B12, B13 aktiv sind, kann auch in gleicher Weise eine Überwachung der Gruppe 2 erfolgen.

Fallen alle drei Pumpen gleichzeitig aus, soll eine Fehlermeldung unverzögert erfolgen, für Gruppe 1, Gruppe 2 oder beide, je nachdem ob Schalter S0, S10 oder beide eingeschaltet sind. Hierfür sind der Programmteil U =EIN, UN =PUA, UN =PUB, UN =PUC, S =MERK (Adr. 0030–0034) und O =MERK, U T7, = =STOE (Adr. 0037–0039) zuständig. Die Zuordnung zu den Aktualoperanden erfolgt über die Programmbausteine PB1 und PB2.

Programmbaustein PB1:

Hier findet die Zuordnung der aufgeführten Aktualoperanden (z.B. die Fühler B1, B2, B3 an den Eingängen E0.1, E0.2, E0.3) und andere Aktualoperanden zu den Formaloperanden in Funktionsbaustein FB1 statt. Aktualoperanden wie z.B. der Quittierungsschalter S7 an Eingang E0.7 sind hier nicht aufgeführt.

Programmbaustein PB2:

Hier findet die Zuordnung der aufgeführten Aktualoperanden (z.B. die Fühler B11, B12, B13 an den Eingängen E1.1, E1.2, E1.3) und andere Aktualoperanden zu den Formaloperanden in Funktionsbaustein FB1 statt. Aktualoperanden wie z.B. der Quittierungsschalter S7 an Eingang E0.7 sind hier nicht aufgeführt.

Fragen zu Kapitel 10:

1. Welchen Vorteil hat eine strukturierte Programmierung gegenüber einer linearen Programmierung?

2. Welcher Vorteil besteht in der Parametrierung von Funktionsbausteinen?

3. Welche Sprunganweisungen sind bei der Anwendung der strukturierten Programmierung in der Regel notwendig?

11 Elektrische Anlagen mit SPS und Betriebssicherheit (SGITTER)

In elektrischen Anlagen können Fehler auftreten. Da Fehler erhebliche wirtschaftliche Schäden verursachen können, ist die Betriebssicherheit ein wichtiger Gesichtspunkt bei der Erstellung von Anlagen mit SPS. Grundlage für Sicherheitsbetrachtungen sind Fehleranalysen. Sie zeigen, dass in einer Gesamtanlage nur etwa 5% der Fehler auf die elektrische Ausrüstung entfallen. 95% der Fehler sind externe Fehler. Sie treten außerhalb des Schaltschrankes auf und betreffen Befehlsein- und -ausgabegeräte. Die 5% der internen Fehler treten innerhalb des Schaltschrankes auf und betreffen hauptsächlich die Verdrahtungen, Fehler bei Schützen und Ein-/Ausgabeschaltungen. Hiervon entfallen wiederum nur 10% auf das Automatisierungsgerät (AG) mit Zentraleinheit und die angeschlossenen Baugruppen; d.h., nur 5‰ aller elektrischen Fehler treten im Automatisierungsgerät auf. Das AG ist damit das am wenigsten störanfällige Gerät einer Anlage.

11.1 Regelwerke

Fehler in Anlagen mit Automatisierungsgeräten dürfen nicht dazu führen, dass die Sicherheit von Menschen gefährdet wird, bzw. Schäden an der Maschine oder am Arbeitsgut verursacht werden können. Die erforderlichen **Mess-Steuer-Regelungs-Schutzmaßnahmen (MSR-Schutzmaßnahmen)** und Schutzeinrichtungen hängen von den Sicherheitsanforderungen und der Risikohöhe der jeweiligen Anwendung ab. In der DIN 31000 wird zu den Begriffen **Sicherheit, Risiko** und **Grenzrisiko** Stellung genommen.

Das **Grenzrisiko** ist definiert als das größte noch vertretbare anlagenspezifische Risiko eines bestimmten technischen Vorgangs oder Zustandes. D.h.: ein Prozess ist dann als **sicher** anzusehen, wenn sein Risiko unterhalb des Grenzrisikos liegt.

Risikoreduzierung kann durch MSR-Maßnahmen und durch betriebsinterne Vorschriften und Schulungen erfolgen. Diesen Zusammenhang zeigt Bild 11.1/1 in grafischer Form.

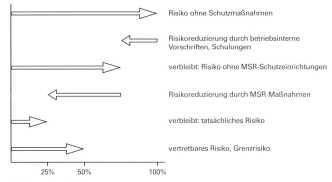

Bild 11.1/1: Risikoarten

Weiterhin heißt es: Das Risiko wird in der Regel durch sicherheitstechnische Festlegungen abgegrenzt, die den Schutzzielen des Gesetzgebers folgend, nach der unter Sachverständigen vorherrschenden Auffassung getroffen werden.

Die Gefahr, die von einer Anlage ausgeht, kann mit Hilfe verschiedener Kriterien von Sachverständigen eingeschätzt werden. Daraus ergeben sich dann **Anforderungen** an die Konstruktion der Anlage, die Steuerung, Schaltungsprinzipien, verwendete Schaltgeräte. usw. **Diese Anforderungen sind in Regelwerken (Normen) niedergelegt** und werden vom TÜV, den Berufsgenossenschaften usw. überwacht.

Die Technischen Überwachungsvereine teilen MSR-Schutzmaßnahmen in 5 Sicherheitsklassen ein, die aufgrund ihrer zugehörigen Vorschriften abgestuft sind. Für jede Sicherheitsklasse gelten besondere Merkmale und Anforderungen an das Automatisierungsgerät. Diese sind Richtlinie für den Einsatz von Automatisierungsgeräten in Anlagen, die vom TÜV abgenommen werden.

Klasse 1	Regelwerk	DIN 57 831/VDE 0831
	Merkmal	Diversitäre Hardware
	Beispiel	Signalanlagen der Eisenbahn
Klasse 2	Regelwerk	TRA 200/101
	Merkmal	Zweikanalige Struktur und hochwertige Tests
	Beispiel	Aufzugsteuerung
Klasse 3	Regelwerk	DIN 57 116/VDE 0116
	Merkmal	Einkanalige Struktur und hochwertige Tests oder zweikanalige Struktur
	Beispiel	Feuerungsanlage
Klasse 4	Regelwerk	DIN 57 113/VDE 0113
	Merkmal	Einkanalige oder zweikanalige Struktur ohne Nachweis qualifizierter Bauelemente
	Beispiel	Be- und Verarbeitungsmaschinen
Klasse 5	Regelwerk	keine Angabe
	Merkmal	Einkanalige Struktur mit vereinfachten Fehlerbetrachtungen
	Beispiel	maschinenbetriebenes Tor

Tabelle 11.1/1: Sicherheitsklassen nach TÜV

In DIN V 19 250 versucht man die Risikohöhe einer Anwendung anhand eines Risikographen abzuschätzen. Verschiedene Parameter beschreiben das Risiko, das von einer Anlage ausgeht.

Risikoparameter können sein:

das **Schadensausmaß.** Dieser Parameter wird durch 4 Schweregrade beschrieben. Diese sind:

S1 leichte Verletzung

S2 schwere irreversible Verletzung einer oder mehrerer Personen oder Tod einer Person

S3 Tod mehrerer Personen

S4 katastrophale Auswirkung, sehr viele Tote

die **Aufenthaltsdauer im Gefahrenbereich.** Hier unterscheidet man:

A1 selten bis öfter

A2 häufig bis dauernd

die **Möglichkeit der Gefahrenabwendung.** Wenn mit besonderen Maßnahmen eine Gefahrenabwendung erreichbar ist, gilt:

G1 möglich unter bestimmten Bedingungen, sonst:

G2 kaum möglich

die **Eintrittswahrscheinlichkeit des unerwünschten Ereignisses.** Dieser Parameter wird durch 3 Möglichkeiten beschrieben:

W1 sehr gering

W2 gering

W3 relativ hoch

Die Kombination der Parameter für eine bestimmte Anlage beschreibt die Sicherheitsanforderungen an eine Anlage. In einer Gegenüberstellung soll versucht werden, DIN V 19 250 und TÜV-Klassifizierung zu verknüpfen.

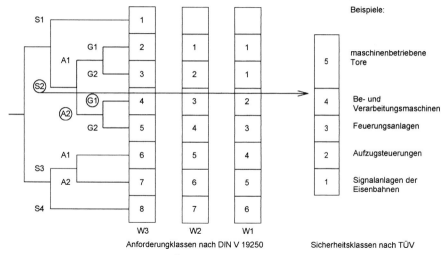

Bild 11.1/2: Risikoparameter und TÜV-Klassifizierung

Beispiel: Eine Anlage, die einen Metallträger eines Autochassis mehrfach bearbeitet (biegen, bohren, schweißen) wird von einem Facharbeiter bedient. Da sich in der Anlage viele bewegende, drehende Teile befinden, sind eventuell schwere Verletzungen oder gar Tod des Arbeiters bei einem Unfall möglich. Also muss hier von **Schadensausmaß S2** ausgegangen werden. Da der Facharbeiter die Maschine ständig mit neuen Rohlingen beschicken, bzw. die fertigen Metallträger entnehmen muss – er sich also häufig bis dauernd an der Anlage befindet – muss bei der **Aufenthaltsdauer A2** angesetzt werden. Sollte zu seiner Sicherheit ein Schutzgitter eingesetzt werden, kann man bei der **Gefahrenabwendung** von **G1** ausgehen. Dies führt zu einem **Risikoparameter, der der TÜV-Sicherheitsklasse 4** entspricht (siehe Bild 11.1/2). Dies bedeutet für den Anlagenbauer, dass er bei der Planung nach VDE 0113 vorzugehen hat. Wäre eine Gefahrenabwendung durch ein Schutzgitter nicht möglich, würde G2 als Parameter zutreffen und damit auch als Regelwerk VDE 0116 mit weiterreichenden Forderungen an die Steuerung der Anlage. DIN 19 250 unterscheidet zusätzlich noch zwischen 3 Eintrittswahrscheinlichkeiten für ein unerwünschtes Ereignis. Durch eine entsprechende Ausbildung, bzw. Schulung des Facharbeiters und Betriebsvorschriften lässt sich die **Wahrscheinlichkeit** für einen Unfall sehr gering halten. In diesem Fall ist von der **Anforderungsklasse W1** auszugehen.

Der Risikograph führt zu einem Katalog von sicherheitstechnischen Anforderungen an die Steuerung. Der Normentwurf prEN 954-1 teilt diese Anforderungen in 5 abgestufte Kategorien ein:

Kategorie B   sieht lediglich vor, dass Komponenten, z.B. Taster, verwendet werden, die den zu erwartenden Betriebs- und Umgebungseinflüssen standhalten.

Kategorie 1   beinhaltet zusätzlich zu „B" sicherheitstechnisch bewährte Bauteile, z.B. Endschalter, und Prinzipien (Schutzmaßnahmen nach VDE).

Kategorie 2   baut auf „B" und „1" auf und fordert eine Eigentestung in angemessenen Zeitabständen. Diese Testung kann z.B. über die Maschinensteuerung selbst vorgenommen werden.

Kategorie 3   fordert – außer „B" und „1" – die Einfehlersicherheit mit gefahrstellenbezogener Fehlererkennung in Teilbereichen, d.h.: die Steuerung ist so auszulegen, dass zur Zeit nur 1 Fehler in einem Teilbereich auftreten kann.

Kategorie 4   stellt die höchste Anforderungsstufe dar. Zusätzlich zu „B" und „1" wird weitergehend als bei Kategorie 3 die Selbstüberwachung gefordert.

Ein weiterer Vorentwurf einer Norm (DIN V 0801) beschreibt **Anforderungen an ein Automatisierungsgerät, das in Aufgaben mit Sicherheitsverantwortung eingesetzt wird.** Unterteilt werden die Maßnahmen in drei Gruppen:

Die **erste Gruppe** enthält **Basismaßnahmen.** Das sind Maßnahmen, die unabhängig von der Anforderungsklasse angewandt werden müssen (z.B. die Beachtung technischer Regeln und die Verwendung verbindlicher Spezifikationen).

Die **zweite Gruppe** beschreibt **nicht austauschbare, jedoch abstufbare Maßnahmen** (z.B. Bauelementeauswahl und strukturierter Entwurf).

Die **dritte Gruppe** beschäftigt sich mit **austauschbaren Maßnahmen.** Sie sind nach Anforderungsklassen abgestuft zu realisieren (z.B. Tests und Funktionsanalysen).

Diese Ausführungen zeigen, dass die grundlegenden Fragen der Sicherheit im Bereich der elektrischen Steuerungen in der Diskussion sind. In verschiedenen Gremien werden diese untersucht und finden ihren Niederschlag in Normen, Vorschriften und Richtlinien.

Die **VDE 0113** (zuständig für Be- und Verarbeitungsmaschinen) schreibt unter Punkt 9.4 **Steuerfunktionen im Fehlerfall,** dort 9.4.1: **Allgemeine Anforderungen:**

Falls Ausfälle oder Störungen in der elektrischen Ausrüstung einen gefährlichen Zustand oder Schaden an der Maschine oder am Arbeitsgut verursachen können, müssen geeignete Maßnahmen getroffen werden, um die Wahrscheinlichkeit des Auftritts solcher Gefahren zu verringern. Die erforderlichen Maßnahmen und der Grad bis zu dem sie verwirklicht werden – entweder einzeln oder in Kombination – hängen von der Risikohöhe ab, mit der die jeweilige Anwendung verbunden ist.

Maßnahmen zur Verringerung dieser Risiken (…) Schutzeinrichtungen an der Maschine (z.B. verriegelte Abdeckungen, Auslöseeinrichtungen);

Schutzverriegelung des elektrischen Stromkreises;

Verwendung von erprobten Schaltungstechniken und Bauteilen;

Vorsehen von teilweiser oder vollständiger Redundanz oder Diversität;

Vorsehen von Funktionsprüfungen.

Kapitel 11.3 *Schutzgitter Testdurchlauf* zeigt als ein Beispiel den Einsatz einer Schutzeinrichtung an einer Maschine, bei der durch einen Testdurchlauf eine Funktionsüberprüfung der Schutzeinrichtung erreicht wird.

Diversität heißt: Aufbau von Steuerstromkreisen nach unterschiedlichen Funktionsprinzipien oder mit unterschiedlichen Arten von Geräten. Dies kann z.B. erreicht werden, indem man Steuerungen herstellt, die aus zwei Automatisierungsgeräten bestehen.

Beide werden mit den gleichen Eingangsinformationen (Prozessabbild der Eingänge, **PAE**) versorgt und arbeiten dann ihr Programm ab. Wenn die Ausgangsinformationen (Prozessabbild der Ausgänge, **PAA)** übereinstimmen, wird die Information an die Peripherie weitergegeben.

Eine weitere Möglichkeit, Risiken in Anlagen zu minimieren, besteht auf der Herstellerseite durch **Verwendung von hochwertigen Bauteilen** – die zum Teil künstlich gealtert werden, um Frühausfälle zu verhindern – **und Einsatz von erprobten Schaltungstechniken.**

Der Schaltanlagenbauer hat über schaltungstechnische Maßnahmen (Schutzverriegelungen, Sicherheitsstromkreise), bei der Projektierung die Möglichkeit, Ausfälle oder Störungen der Anlage zu verhindern.

11.1.1 Maschinensteuerung

Beispiel: Eine Steueranlage (Bild 11.1.1/1) besteht aus einer Steuerstrecke mit mehreren Ventilen für die Zufuhr gefährlicher Flüssigkeiten und einem ungefährlichen Positionierantrieb (K3, K4) für eine Hin- und Herbewegung. Die Anlage soll von einer SPS gesteuert werden. Außerdem enthält die Steuerung auch Melder, die über die SPS mit 24 V Gleichspannung versorgt werden. Ebenfalls befindet sich in der Anlage ein Motor, der nicht über die SPS gesteuert wird. Die Steuerung wird über S8 eingeschaltet.

Im Notfall sollen sicherheitskritische Stellglieder (hier Ventile) durch einen Teil-NOT-AUS-Schalter S9 abgeschaltet werden können, andere Teile der Anlage (hier K3, K4) weiter in Betrieb bleiben können. Ein Gesamt-NOT-AUS wird über S7 erreicht.

Untersuchung der Anlage nach den NOT-AUS-Kategorien von VDE 0113.

Nach VDE 0113 gibt es unter 9.2.2 folgende Kategorien von Stopp-Funktionen:

Kategorie 0:   *Stillsetzen durch sofortiges Ausschalten der Energiezufuhr zu den Maschinenantrieben (d.h. ein ungesteuertes Stillsetzen);*

Kategorie 1:   *Ein gesteuertes Stillsetzen, wobei die Energiezufuhr zu den Maschinenantrieben beibehalten wird, um das Stillsetzen zu erzielen und die Energiezufuhr erst dann unterbrochen wird, wenn der Stillstand erreicht ist;*

Kategorie 2:   *Ein gesteuertes Stillsetzen, bei dem die Energiezufuhr zu den Maschinenantrieben erhalten bleibt.*

Wichtig ist, *dass jede Maschine (…) mit einer Stopp-Funktion der Kategorie 0 ausgerüstet sein muss. Stopp-Funktionen der Kategorien 1 und/oder 2 sind dann vorzusehen, wenn dies für die sicherheits- und/oder funktionstechnischen Erfordernisse der Maschine notwendig ist.*

unter 9.2.5.4 *„Not-Aus"* heißt es weiterhin:

Zusätzlich zu den Anforderungen zu Stopp gelten für „Not-Aus" folgende Anforderungen:

Der „Not-Aus" (hier S7) *muss gegenüber den anderen Funktionen und Betätigungen in allen Betriebsarten Vorrang haben;*

die Energiezufuhr zu den Maschinenantrieben, die gefährliche Zustände verursachen können, muss ohne Erzeugung weiterer Gefahren so schnell wie möglich abgeschaltet werden (…),

das Rücksetzen darf keinen Wiederanlauf einleiten.

Der „Not-Aus" muss entweder als ein Stopp der Kategorie 0 oder 1 wirken. Die Kategorie des Not-Aus muss anhand der Risikobewertung der Maschine festgelegt werden.

Für die Not-Aus-Funktion der Kategorie 0 dürfen nur festverdrahtete, elektromechanische Bauteile verwendet werden. Die Auslösung darf nicht von einer Schaltlogik (Hardware oder Software) oder von der Übertragung von Befehlen über ein Kommunikationsnetzwerk oder eine Datenverbindung abhängen.

Im Beispiel schalten die beiden Not-Aus-Befehle die Energiezufuhr zu den Ventilen bzw. den Schützen K3 und K4 **direkt aus.** Die Auslösung erfolgt **nicht über die SPS** bzw. **über das Programm.** Möglich wäre eine Verarbeitung des Not-Aus-Befehls in der SPS für Anzeigezwecke.

Beschreibung der Schaltung Bild 11.1.1/1, Seite 190.

Der Einsatz von Schützen und Grenztastern an der Peripherie der SPS führt zu einfachen und wirkungsvollen Sicherheitslösungen. Gegenseitig wirkende Ausgangsbefehle (z.B. Hin- und Herbewegungen, K3, K4) müssen über die Öffner der Schütze ① verriegelt werden. **Ebenso werden gegenseitig wirkende Eingangsbefehle per Verdrahtung über die Geberkontakte ② gegenseitig verriegelt.**

In der VDE 0113 heißt es dazu unter 9.3.4:

Alle Schütze, Relais und andere Steuereinrichtungen, die Teile der Maschine steuern und deren gleichzeitige Betätigung einen gefährlichen Zustand herbeiführen kann (z.B. gegenläufige Bewegungen einleiten), müssen gegen fehlerhafte Betätigung verriegelt sein. ① und ③.

Wendeschütze (d.h. solche, die die Drehrichtung des Motors steuern) müssen so verriegelt sein, dass im Normalbetrieb kein Kurzschluss entstehen kann. ①

Beim Überfahren der Endschalter S1 bzw. S2 werden zusätzliche Sicherheitsgrenztaster S5 und S6 wirksam. In der VDE 0113 heißt es dazu unter 9.3.2:

Falls Überfahren zu einem gefährlichen Zustand führen kann, muss eine Begrenzungseinrichtung angebracht sein, die den Hauptstromkreis des (der) entsprechenden Maschinenantriebs(-antriebe) unterbricht. ③

Die Öffner der Taster S5 und S6 werden daher direkt in die Zuleitungen zu den Steuerungen der Stellglieder (K3, K4) verdrahtet. Endtaster weisen konstruktive Besonderheiten auf. Im Fehlerfall hat die Betätigung des Schaltstößels eine Zwangstrennung der Öffnerkontakte zur Folge. Ein sicheres Unterbrechen des Hauptstromkreises für die Schütze K3 und K4 ist somit gegeben. Sensoren jeglicher Art (induktiv, kapazitiv) dürfen wegen ihrer integrierten Halbleiterschaltungen nicht verwendet werden. Die Schließer S5 und S6 werden am Eingang der SPS angeschlossen und per Programm zu einer Verriegelung bzw. einer Störmeldung verarbeitet. ③ Mit Hilfe der beiden Hilfsschütze K1A und K2A wird außerhalb der SPS eine Speicherschaltung realisiert, die bei Netzausfall und Wiederkehr der Netzspannung einen gefährlichen Selbstanlauf verhindert. Siehe hierzu wieder 9.2.5.4 *Not-Aus.* Wird z.B. der Not-Aus-Schalter S7 betätigt, so wird die gesamte Steuerung über Schütz K1A abgeschaltet (Gesamtabschaltung).

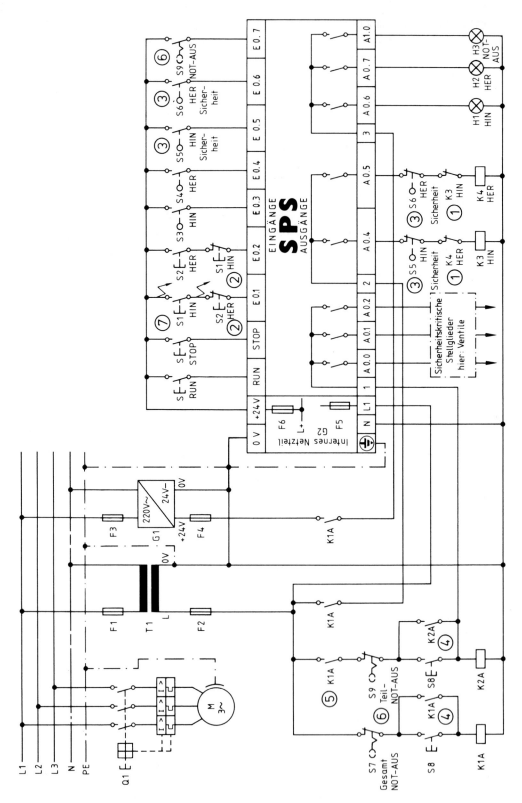

Bild 11.1.1/1: Steuerung einer Anlage mit SPS

Wird jedoch der Not-Aus-Schalter S9 betätigt, so werden nur die sicherheitskritischen Stellglieder (hier: Ventile) abgeschaltet, der ungefährliche Positionierantrieb (K3, K4) bleibt jedoch eingeschaltet.

Die Industrie bietet für die Sicherheitsstromkreise spezielle Not-Aus-Relais an, die mehrere Hilfsschütze enthalten und damit den Verdrahtungsaufwand minimieren und mögliche Verdrahtungsfehler ausschließen. Bild 11.1.1/2 zeigt ein solches Not-Aus-Relais.

Steuerstromkreise müssen von Transformatoren versorgt werden. Diese müssen nach **VDE 0113, 9.1.1 *Versorgung von Steuerstromkreisen,*** getrennte Wicklungen haben. Falls mehrere Transformatoren eingesetzt werden, wird empfohlen, die Wicklungen dieser Transformatoren so zu schalten, dass sie sekundärseitig phasengleich sind. Sind Gleichspannungs-Steuerstromkreise an das Schutzleitersystem angeschlossen, müssen diese über eine getrennte Wicklung des Wechselstrom-Steuertransformators oder über einen anderen Steuertransformator versorgt werden. Unter **9.1.3 *Überstromschutz*** heißt es: *Steuerstromkreise müssen mit einem Überstromschutz… ausgerüstet werden.*

Weiter unter **7.2.3 *Steuerstromkreise:*** *In Steuerstromkreisen, die über einen Transformator gespeist werden, der mit einem Ende der Sekundärwicklung am Schutzleitersystem liegt, ist eine Überstromschutzeinrichtung sekundärseitig nur im nicht geerdeten Leiter erforderlich.*

Unter **8.4 *Isolationsfehler*** heißt es: *Eine Art des Schutzes gegen unbeabsichtigte Funktionen als Folge von Isolationsfehlern ist die Verbindung einer Seite des durch einen Transformator versorgten Steuerstromkreises mit dem Schutzleitersystem und den Steuergeräten.* Tritt nämlich z.B. vor und hinter S1 ein Masseschluss bzw. Erdschluss auf, so löst die Sicherung F6 aus und es führt nicht zu einem gefährlichen Selbstanlauf über Eingang E0.1. Würde die Verbindung von der Klemme 0 V (G2) zum PE fehlen, so führt der Fehler an S1 zu einer gefährlichen Selbsteinschaltung der SPS über den Eingang E0.1, da der Geber S1 durch die Fehler überbrückt wird.

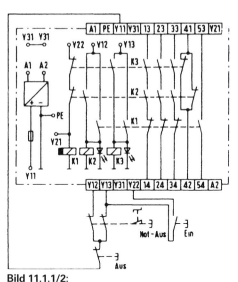

Bild 11.1.1/2:
2-kanalige Not-Aus-Schaltung

Die 2-kanalige Not-Aus-Schaltung bleibt auch dann noch wirksam, wenn einer der beiden Kontakte des Not-Aus-Tasters nicht öffnet. Für den Fehlerfall, dass z.B. der an Y13 angeschlossene Not-Aus-Kontakt nicht öffnet, wird die Sicherheitsschaltung durch den zweiten (redundanten) Kontakt an Y12 aktiviert. Die Kontakte 13–14, 23–24, 33–34 öffnen und der Kontakt 41–42 schließt.

Ein Wiedereinschalten mittels des Ein-Tasters wird durch den offen gebliebenen Kontakt von K3 im Strompfad von K1 verhindert.

11.1.2 Mehlmischerei

Ein zweites Beispiel (Bild 11.1.2/1 und 11.1.2/2) zeigt in 3 Schaltplan-Auszügen Steuerstromkreise, SPS-Einspeisung und Not-Aus-Kreise einer Mehlmischerei. In der Darstellung der Steuerstromkreise findet man alle von VDE 0113 geforderten Schutzmaßnahmen:

Die Zuleitungen zu den Steuertransformatoren sind gegen Überstrom geschützt (7.2.3 Steuerstromkreise).

Für die Versorgung der Steuerstromkreise sind Transformatoren verwendet worden, da die Leistung der Maschinen größer als 3 kW ist (9.1.1 Versorgung von Steuerstromkreisen).

Die Steuerstromkreise sind mit einem Überstromschutz und zum Teil mit einem Überlastschutz ausgerüstet (9.1.3 Überstromschutz).

Die Steuerstromkreise sind sekundärseitig mit dem Schutzleitersystem verbunden (7.2.3 Steuerstromkreise).

Das Schütz K01 überwacht den Steuerstromkreis „Schütze und Ventile". Die Schütze K02 bis K05 können Not-Aus-Befehle aus verschiedenen Anlagenteilen registrieren (siehe Blatt „Not-Aus-Kreise").

Sollte eines der Schütze ansprechen (also abfallen), wird der Not-Aus-Befehl an den Eingängen der SPS unmittelbar abgeschaltet (siehe Blatt „SPS-Einspeisung"). Nach 9.2.5.4 *Not-Aus* handelt es sich hier um eine Not-Aus-Funktion der Stopp-Kategorie 0. Hier dürfen nur festverdrahtete, elektromechanische Bauteile – keine elektronischen Steuerungen – verwendet werden. Für Anzeige- und Meldefunktionen wird die Spannung für die Schütze und Ventile verarbeitet (siehe Blatt „Not-Aus-Kreise").

11.1.3 Brotfermentation

Das 3. Beispiel **(Bild 11.1.3/1,** Seite 195) zeigt die Schaltpläne „Leistungsteil" und „Beschaltung der SPS" für eine Anlage zur Brotfermentation (Lebensmittelindustrie).

In einem Behälter wird ein Teig-Vorprodukt hergestellt. Der Behälter ist über einen Deckel zugänglich und kann dann gefüllt werden. Wenn der Deckel geöffnet wird, schaltet ein Endschalter das Schütz C2 für das Rührwerk unmittelbar aus. Dies stellt eine Verriegelung nach 9.3.4 *Verriegelungen...* dar und ist eine Möglichkeit das Risiko durch eine Schutzeinrichtung an der Maschine zu verringern.

11.2 Schutzgitter für gefährliche Anlageteile (s11sg3)

Beispiel: Eine Anlage hat an einer Stelle einen Antrieb (Motor M1), der für Menschen gefährliche Bewegungen ausführt. Die Gefahrenstelle wird in der Praxis häufig durch ein von Hand verschiebbares Gitter gesichert. Die Stellung des Gitters wird durch die Endschalter S1 und S2 überprüft. Der Antrieb (Motor M1) soll über die SPS nur dann eingeschaltet werden können, wenn das Schutzgitter in der Stellung „geschlossen" steht **(Bild 11.3/1,** Seite 196).

Zur Erhöhung der Sicherheit wird zwischen den Endschaltern S1 und S2 und der SPS noch eine Schützschaltung eingebaut (Kontaktvervielfältigung) und die Kontakte der Schütze werden für das Programm der SPS abgefragt.

Der Einfachheit wegen wurde hier auf die Schützsteuerung verzichtet.

 Das Programm und die Funktionsbeschreibung befinden sich nur auf der Diskette. Verzeichnis: SGITTER, Datei: s11sg3

SGITTER
s11sg3

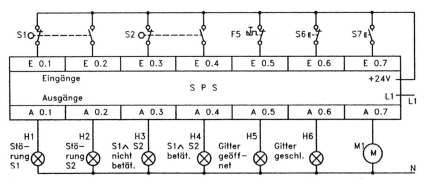

Bild 11.2/1: Beschaltung der SPS: Schutzgitter für gefährliche Anlagenteile

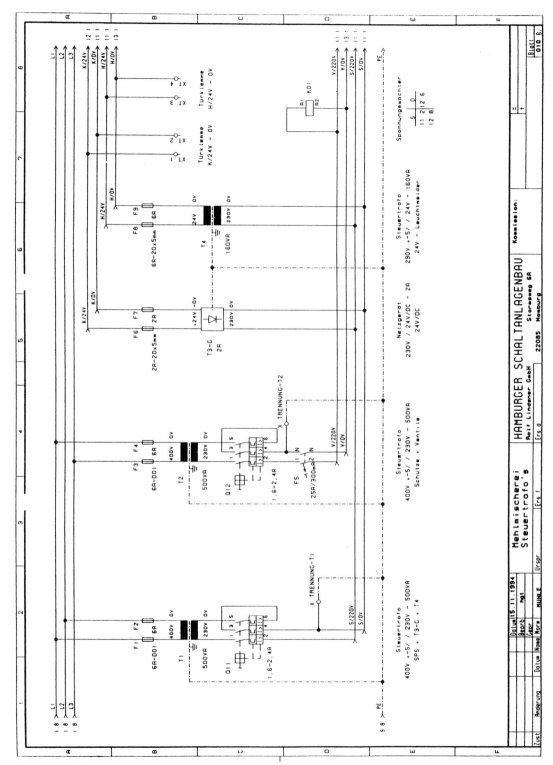

Bild 11.1.2/1: Steuerstromkreise

193

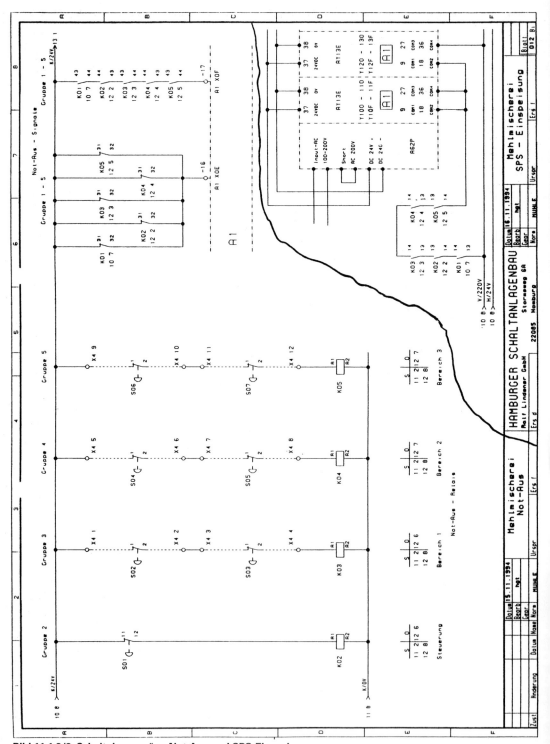

Bild 11.1.2/2: Schaltplanauszüge Not-Aus und SPS-Einspeisung

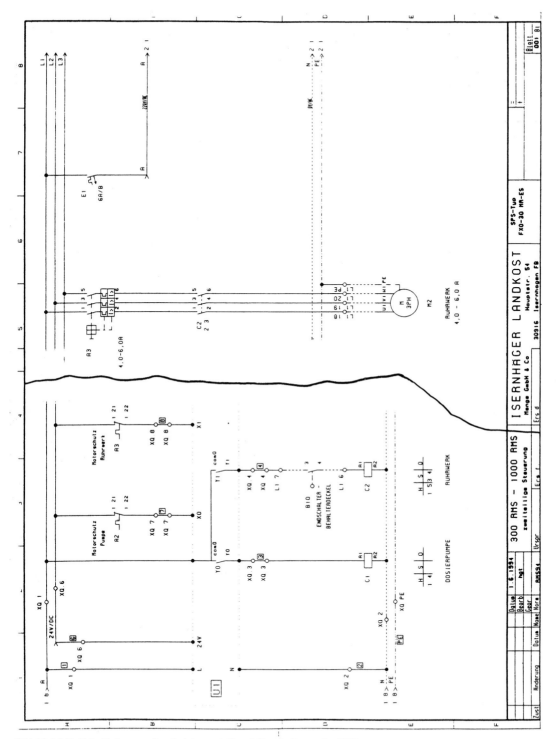

Bild 11.1.3/1: Schaltplanauszüge Leistungsteil und Beschaltung der SPS

11.3 Schutzgitter-Testdurchlauf (s11sg1)

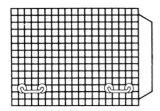

S1 nicht betätigt

S2 nicht betätigt

Schutzgitter geöffnet

S1 betätigt

S2 nicht betätigt

Schutzgitter halb auf

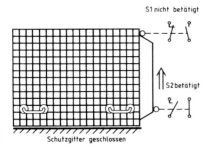

S1 nicht betätigt

S2 betätigt

Schutzgitter geschlossen

Bild 11.3/1: Schutzgitter für gefährliche Anlageteile (Testdurchlauf)

Beispiel: In der Praxis werden für den Betrieb von gefährlichen Anlageteilen Schutzgitter mit Einfluss auf die Steuerung je nach Schutzgitterstellung verwendet. Die Stellung des Schutzgitters wird mit Endschaltern erfasst. Aus Sicherheitsgründen werden manchmal die Kontakte der Endschalter auf eine Schützschaltung geschaltet, die Kontakte der Schütze abgefragt und die Abfrage der Kontakte per Programm in der SPS verarbeitet. Für dieses Beispiel werden nur die Endschalter abgefragt.

Um zu überprüfen, ob das Gitter noch funktionstüchtig ist, muss vor Inbetriebnahme dieser Anlage stets ein Testdurchlauf des Gitters von Hand durchgeführt werden.

Bei Drahtbruch einer Schaltleitung der Endschalter muss die Steuerung nach der sicheren Seite reagieren.

Funktionsbeschreibung:

„Schutzgitter-Testdurchlauf, Anzeige der Testschritte und der Gitterstellung" (FUP, Bild 11.3/3, Seite 198).

Der Testdurchgang bezweckt, dass die Endschalter S1 und S2 während der Prüfung mindestens einmal ein Schaltspiel (z.B. „Einschalten, Ausschalten, Einschalten") durchlaufen. Dazu muss das Gitter aus der Grundstellung „Schutzgitter zu" einmal ganz geöffnet und dann wieder in die Grundstellung gebracht werden. Das Gitter durchläuft folgende Stellungen mindestens einmal:

> „Schutzgitter geschlossen"
>
> „Schutzgitter halb auf"
>
> „Schutzgitter ausgefahren"

Damit der Testvorgang in der erforderlichen Reihenfolge und vollständig geschieht, wird eine Ablaufsteuerung eingesetzt. Der Motor M1 wird erst zum Betrieb der Anlage freigegeben, wenn die Schrittkette der Ablaufsteuerung ganz durchlaufen wurde. Die jeweilige Stellung des Gitters und die durchlaufenen Schritte der Ablaufsteuerung werden durch Kontrolllampen angezeigt.

H 31 zeigt an: „Gitter war geschlossen"

H 32 zeigt an: „Gitter war halb auf"

H 33 zeigt an: „Gitter war ausgefahren"

H 34 zeigt an: „Gitter war halb auf"

H 35 zeigt an: „Gitter war geschlossen"

H 36 zeigt an: „Gitter geschlossen" und „Motor M1 ein"

H 41 zeigt an: „Gitter geschlossen"

H 42 zeigt an: „Gitter halb auf"

H 43 zeigt an: „Gitter ausgefahren"

Während des Tests wird jeder Schalter überprüft, ob folgende Störfälle vorliegen: Kontaktfehler (Öffner öffnet nicht, Schließer schließt nicht, Schluss zwischen zwei Adern, Leitungsbruch). Durch die „UND"-Verknüpfungen der Abfrage der Schalterkontakte von S1 und S2 werden diese Fehler erfasst.

Die Anzeige der Gitterstellung erfolgt also nur, wenn an den Endschaltern S1 und S2, sowie an den Leitungen keine Störung vorhanden ist.

Die gültigen Informationen über die Gitterstellung werden auf die Merker M11.0; M12.0; M13.0 übertragen. ① ② ③

Zuordnungsliste

```
Datei A:S11SG1Z0.SEQ

OPERAND    SYMBOL    KOMMENTAR

E0.1       S1        Endschalter S1 Oeffner      "oben"   (o)
E0.2       S1        Endschalter S1 Schliesser   "oben"   (s)
E0.3       S2        Endschalter S2 Oeffner      "unten"  (o)
E0.4       S2        Endschalter S2 Schliesser   "unten"  (s)
E0.5       S5        Therm.Ausloeser F5                   (o)
E0.6       S6        Austaster S6                         (o)
E0.7       S7        Eintaster S7                         (s)
A0.1       H31       H31, Anzeige        Schritt 1
A0.2       H32       H32,    "               "   2
A0.3       H33       H33,    "               "   3
A0.4       H34       H34,    "               "   4
A0.5       H35       H35,    "               "   5
A0.6       H36       H36,    "               "   6
A0.7       M1        Motor M1
M10.0      STAME     Startmerker
M10.1      SR1       Schritt 1
M10.2      SR2          "    2
M10.3      SR3          "    3
M10.4      SR4          "    4
M10.5      SR5          "    5
M10.6      SR6          "    6
M11.0      GIZU      Merker "Gitter zu"
M12.0      GIHAAUF   Merker "Gitter halb auf"
M13.0      GIAUF     Merker "Gitter auf"
```

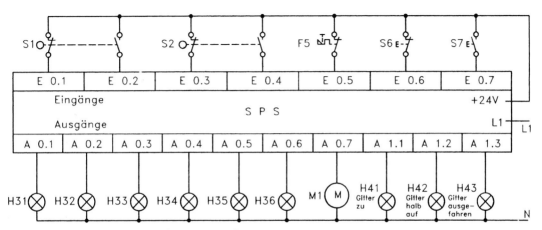

Bild 11.3/2: Beschaltung der SPS (Testdurchlauf)

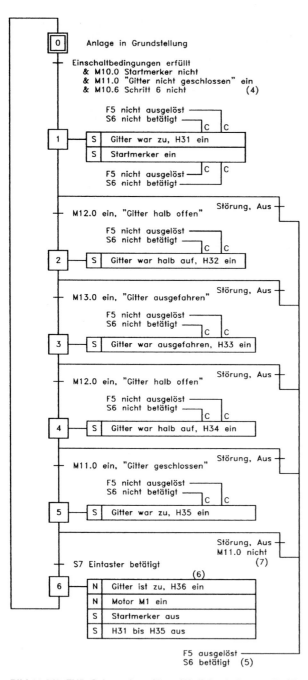

| 0 | Anlage in Grundstellung |

Einschaltbedingungen erfüllt
& M10.0 Startmerker nicht
& M11.0 "Gitter nicht geschlossen" ein
& M10.6 Schritt 6 nicht   (4)

F5 nicht ausgelöst
S6 nicht betätigt   C C

| 1 | S | Gitter war zu, H31 ein |
| | S | Startmerker ein |

F5 nicht ausgelöst   C C
S6 nicht betätigt

M12.0 ein, "Gitter halb offen"   Störung, Aus

F5 nicht ausgelöst
S6 nicht betätigt   C C

| 2 | S | Gitter war halb auf, H32 ein |

M13.0 ein, "Gitter ausgefahren"   Störung, Aus

F5 nicht ausgelöst
S6 nicht betätigt   C C

| 3 | S | Gitter war ausgefahren, H33 ein |

M12.0 ein, "Gitter halb offen"   Störung, Aus

F5 nicht ausgelöst
S6 nicht betätigt   C C

| 4 | S | Gitter war halb auf, H34 ein |

M11.0 ein, "Gitter geschlossen"   Störung, Aus

F5 nicht ausgelöst
S6 nicht betätigt   C C

| 5 | S | Gitter war zu, H35 ein |

Störung, Aus
M11.0 nicht
(7)

S7 Eintaster betätigt
(6)

6	N	Gitter ist zu, H36 ein
	N	Motor M1 ein
	S	Startmerker aus
	S	H31 bis H35 aus

F5 ausgelöst
S6 betätigt   (5)

Bild 11.3/3: FUP: Schutzgitter für gefährliche Anlagenteile (Testdurchlauf) *(Fortsetzung auf nächster Seite)*

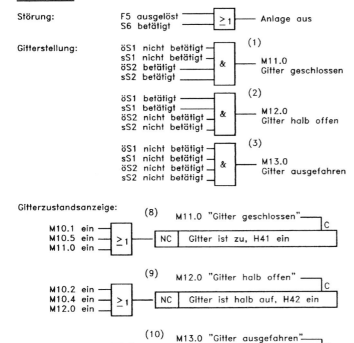

Bild 11.3/3: FUP: Schutzgitter für gefährliche Anlageteile (Testdurchlauf) *(Fortsetzung von vorhergehender Seite)*

Mit Hilfe der Ablaufsteuerung wird ein vollständiger Testdurchlauf zur Überprüfung der Gitterfunktion erzwungen (FUP, Bild 11.3/3).

④ – Schritt 1 (Merker M10.1, Adr. 0048) kann nur gesetzt werden, wenn sich die Kette in Grundstellung befindet. Dazu muss der Schritt 6 (Merker 10.6, Adr. 00AC) rückgesetzt sein (Motor M1 läuft nicht), der Startmerker (Merker M10.0, Adr. 0032) ist nicht gesetzt. Der thermische
⑤ Auslöser F5 (E0.5) ist nicht ausgelöst und der „Aus"-Taster S6 (E0.6) ist nicht betätigt.

– Schritt 1 wird gesetzt, wenn bei Grundstellung der Schrittkette das Gitter geschlossen wird (M11.0). Mit dem Melder H31 (A0.1, Adr. 00BE) wird dies angezeigt. Der Startmerker wird gesetzt.

– Die weiteren Schritte der Schrittkette werden entsprechend der Bewegung des Gitters gesetzt.

– Mit Erreichen des Schrittes 5 (Merker M10.5, Adr. 0098) ist der Testdurchlauf des Gitters beendet. Dies wird durch die Melder H31 bis H35 angezeigt, die alle leuchten. Der Schritt 6 (Merker M10.6, Adr. 00AC) ist jetzt zum Setzen mit S7 (E0.7) vorbereitet.

Tritt während des Testdurchlaufs des Gitters ein Fehler auf, so wird der Schritt 5 nicht erreicht; die Schrittkette bleibt an der fehlerhaften Stelle „hängen".

⑥ – Wird Schritt 6 gesetzt, so wird dies mit dem Melder H36 angezeigt. Der Motor M1 (A0.7, Adr. 0112) wird eingeschaltet, der Startmerker (M10.0) wird ausgeschaltet. Alle Melder H31 bis H35 werden gelöscht.

– Schritt 6 wird rückgesetzt, wenn
⑦ – das Gitter geöffnet wird (M11.0, Adr. 00A6);
– der thermische Auslöser F5 ausgelöst wird (E0.5, Adr. 00AB);
⑤ – der „AUS"-Taster S6 betätigt wird (E0.6, Adr. 00AA).

Zusätzlich zum Stand des Testdurchlaufs wird die Stellung des Gitters angezeigt (FUP, Bild 11.3/3, Seite 198):

⑧   – Melder H41 zeigt an, dass das Gitter „geschlossen" ist (M11.0). Dies ist der Fall, wenn Schritt 1 oder Schritt 5 (M10. 1; M10.5) gesetzt werden. Der Melder H41 verlischt jedoch sofort, wenn das Gitter geöffnet wird.

⑨   – Melder H42 zeigt an, dass das Gitter „halb auf" ist (M12.0). Dies ist der Fall, wenn Schritt 2 oder Schritt 4 (M10.2; M10.4) gesetzt werden. Der Melder verlischt jedoch sofort, wenn das Gitter aus der Stellung „halb auf" wegbewegt wird.

⑩   – Melder H43 zeigt an, dass das Gitter „ausgefahren" ist (M13.0). Dies ist der Fall, wenn Schritt 3 (M10.3) gesetzt wird. Der Melder H43 verlischt jedoch sofort, wenn das Gitter aus der Stellung „ausgefahren" wegbewegt wird.

Die Löschung der Melder H41 bis H43 erfolgt jeweils über die Freigabe F der Ausgänge (M11.0; M12.0; M13.0; A1.1).

⑤ Bei Betätigen des „Aus"-Tasters S6 (E0.6) oder Ansprechen des thermischen Überstromauslösers F5 (E0.5) wird die Schrittkette zurückgesetzt (R-Eingänge der Schritte) und der Motor M1 abgeschaltet. Die Melder H31 bis H36 verlöschen. Die Anzeige der Gitterstellung mit H41 bis H43 bleibt in diesem Falle erhalten.

Wird nach dem Setzen der jeweiligen Schritte 1 bis 5 die Gitterstellung verändert, so beeinflusst dies die Melder H31 bis H35 nicht.

```
PB  1                           A:S11SG1ST.S5D                    LAE=167
                                                                  BLATT   1
NETZWERK 1                0000    Schutzgitter-Testdurchlauf (Zuw)
0000        :U    E       0.1                Abfrage Endschalter S1
0002        :UN   E       0.2                       "             S2
0004        :UN   E       0.3                       "             S3
0006        :U    E       0.4                       "             S4
0008        :=    M      11.0             Gitter geschlossen
000A        :***                          Punkt: (1)


NETZWERK 2                000C    Gitter halb auf
000C        :UN   E       0.1                Abfrage Endschalter S1
000E        :U    E       0.2                       "             S2
0010        :U    E       0.3                       "             S3
0012        :UN   E       0.4                       "             S4
0014        :=    M      12.0             Gitter halb auf
0016        :***                          Punkt: (2)


NETZWERK 3                0018    Gitter ausgefahren
0018        :U    E       0.1                Abfrage Endschalter S1
001A        :UN   E       0.2                       "             S2
001C        :U    E       0.3                       "             S3
001E        :UN   E       0.4                       "             S4
0020        :=    M      13.0             Gitter ausgefahren
0022        :***                          Punkt: (3)


NETZWERK 4                0024    Startmerker
0024        :U(
0026        :U    M      10.1                01
0028        :O    M      10.0                01
002A        :)                              01
002C        :UN   M      10.6             Abfrage Schritt 6
002E        :U    E       0.5             Therm.Ausloeser F5
0030        :U    E       0.6             Austaster S6
0032        :=    M      10.0             Startmerker
0034        :***
```

Bild 11.3/4: AWL: Schutzgitter für gefährliche Anlageteile (Testdurchlauf, Zuweisung) *(Fortsetzung auf nächster Seite)*

```
NETZWERK 5              0036        Schritt 1
0036        :U(
0038        :U    M   11.0              01      Gitter geschlossen
003A        :UN   M   10.0              01      Abfrage Startmerker
003C        :UN   M   10.6              01      Abfrage Schritt 6
003E        :O    M   10.1              01
0040        :)                          01
0042        :UN   M   10.2                      Ruecksetzen durch Schritt 2
0044        :U    E    0.5                       Therm.Ausloeser F5
0046        :U    E    0.6                       Austaster S6
0048        :=    M   10.1                      Schritt 1
004A        :***                                Punkt: (4)


NETZWERK 6             004C         Schritt 2
004C        :U(
004E        :U    M   10.1              01
0050        :U    M   12.0              01      Gitter halb auf
0052        :O    M   10.2              01
0054        :)                          01
0056        :UN   M   10.3
0058        :U    E    0.5
005A        :U    E    0.6
005C        :=    M   10.2                      Schritt 2
005E        :***


NETZWERK 7             0060         Schritt 3
0060        :U(
0062        :U    M   10.2              01
0064        :U    M   13.0              01      Gitter geschlossen
0066        :O    M   10.3              01
0068        :)                          01
006A        :UN   M   10.4
006C        :U    E    0.5
006E        :U    E    0.6
0070        :=    M   10.3                      Schritt 3
0072        :***


NETZWERK 8             0074         Schritt 4
0074        :U(
0076        :U    M   10.3              01
0078        :U    M   12.0              01      Gitter halb auf
007A        :O    M   10.4              01
007C        :)                          01
007E        :UN   M   10.5
0080        :U    E    0.5
0082        :U    E    0.6
0084        :=    M   10.4                      Schritt 4
0086        :***


NETZWERK 9             0088         Schritt 5
0088        :U(
008A        :U    M   10.4              01
008C        :U    M   11.0              01      Gitter geschlossen
008E        :O    M   10.5              01
0090        :)                          01
0092        :UN   M   10.6
0094        :U    E    0.5
0096        :U    E    0.6
0098        :=    M   10.5                      Schritt 5
009A        :***
```

Bild 11.3/4: AWL: Schutzgitter für gefährliche Anlageteile (Testdurchlauf, Zuweisung) *(Fortsetzung auf nächster Seite)*

```
NETZWERK 10              009C        Schritt 6
009C        :U(
009E        :U    M    10.5              01
00A0        :U    E     0.7              01
00A2        :O    M    10.6              01
00A4        :)                           01
00A6        :U    M    11.0                        Gitter geschlossen
00A8        :U    E     0.5
00AA        :U    E     0.6
00AC        :=    M    10.6                        Schritt 6
00AE        :***                                   Punkt: (5) + (7)


NETZWERK 11              00B0        Gitter war zu, H31
00B0        :U(
00B2        :O    M    10.1              01
00B4        :O    A     0.1              01
00B6        :)                           01
00B8        :UN   M    10.6
00BA        :U    E     0.5
00BC        :U    E     0.6
00BE        :=    A     0.1                        Gitter war zu, H31
00C0        :***


NETZWERK 12              00C2        Gitter war halb auf, H32
00C2        :U(
00C4        :O    M    10.2              01
00C6        :O    A     0.2              01
00C8        :)                           01
00CA        :UN   M    10.6
00CC        :U    E     0.5
00CE        :U    E     0.6
00D0        :=    A     0.2                        Gitter war halb auf, H32
00D2        :***


NETZWERK 13              00D4        Gitter war ausgefahren, H33
00D4        :U(
00D6        :O    M    10.3              01
00D8        :O    A     0.3              01
00DA        :)                           01
00DC        :UN   M    10.6
00DE        :U    E     0.5
00E0        :U    E     0.6
00E2        :=    A     0.3                        Gitter war ausgefahren, H33
00E4        :***


NETZWERK 14              00E6        Gitter war halb auf H34
00E6        :U(
00E8        :O    M    10.4              01
00EA        :O    A     0.4              01
00EC        :)                           01
00EE        :UN   M    10.6
00F0        :U    E     0.5
00F2        :U    E     0.6
00F4        :=    A     0.4                        Gitter war halb auf H34
00F6        :***


NETZWERK 15              00F8        Gitter war zu, H35
00F8        :U(
00FA        :O    M    10.5              01
00FC        :O    A     0.5              01
00FE        :)                           01
```

Bild 11.3/4: AWL: Schutzgitter für gefährliche Anlageteile (Testdurchlauf, Zuweisung) *(Fortsetzung auf nächster Seite)*

```
0100      :UN    M    10.6
0102      :U     E     0.5
0104      :U     E     0.6
0106      :=     A     0.5                          Gitter war zu, H35
0108      :***
```

```
NETZWERK 16            010A     Gitter ist zu, Schritt 6, H36
010A      :U     M    10.6
010C      :=     A     0.6                          Gitter ist zu, Schritt 6, H36
010E      :***                                      Punkt: (6)
```

```
NETZWERK 17            0110     Motor M1, Schritt 6
0110      :U     M    10.6
0112      :=     A     0.7                          Motor M1, Schritt 6
0114      :***                                      Punkt: (6)
```

```
NETZWERK 18            0116     Gitter ist zu, H41
0116      :U(
0118      :O     M    10.1                01
011A      :O     M    10.5                01

011C      :O     M    11.0                01
011E      :)                              01
0120      :U     M    11.0
0122      :=     A     1.1                          Gitter ist zu, H41
0124      :***                                      Punkt: (8)
```

```
NETZWERK 19            0126     Gitter ist halb auf, H42
0126      :U(
0128      :O     M    10.2                01
012A      :O     M    10.4                01
012C      :O     M    12.0                01
012E      :)                              01
0130      :U     M    12.0
0132      :=     A     1.2                          Gitter ist halb auf, H42
0134      :***                                      Punkt: (9)
```

```
NETZWERK 20            0136     Gitter ist ausgefahren, H43
0136      :U(
0138      :O     M    10.3                01
013A      :O     M    13.0                01
013C      :)                              01
013E      :U     M    13.0
0140      :=     A     1.3                          Gitter ist ausgefahren, H43
0142      :BE                                       Punkt: (10)
```

Bild 11.3/4: AWL: Schutzgitter für gefährliche Anlageteile (Testdurchlauf, Zuweisung)

(Fortsetzung von vorhergehender Seite)

 Das Programm für den Testdurchlauf mit RS-Speicher befindet sich auf der Diskette. Verzeichnis: SGITTER, Datei: s11sg2 und 3

SGITTER
s11sg2 und 3

Mit der Fehlersicherheitstechnik (fail-safe-Technik) werden in elektrischen Anlagen mit SPS Schalter, Leitungen, Geräteteile, Kontakte, Eingänge und Ausgänge u.a. überwacht, Fehler gemeldet, Fehler gespeichert und Teil- oder Gesamtabschaltungen vorgenommen.

 Auf der Diskette finden Sie einige Beispiele mit Beschreibungen, Zeichnungen und Programmen zur Fehlersicherheit.
Verzeichnis: SGITTER, Datei: s11fs1 bis 3

SGITTER
s11fs1
s11fs2
s11fs3

Fragen zu Kapitel 11:

1. In Steuerungen mit SPS gibt es verschiedene Arten von NOT-AUS-Schaltungen. Nennen Sie zwei Arten von NOT-AUS-Schaltungen.

2. Welche Stellglieder müssen in einem Notfall unbedingt abgeschaltet werden?

3. Warum empfiehlt es sich, in Anlagen mit SPS die Hilfsspannungsquellen (z.B. Transformatoren, Netzgeräte u.a.) mit dem Schutzleiter PE zu verbinden?

4. Welche Aufgabe haben Schutzgitter in Produktionsanlagen?

5. Wie werden die Endschalter der Schutzgitter
   a) hardwaremäßig

   b) softwaremäßig
   in die Steuerung einbezogen?

6. Wie muss sich nach den Vorschriften der Sicherheitstechnik eine Anlage beim Auftreten einer Störung verhalten?

7. Was versteht man in Anlagen mit SPS unter übergeordneten Sicherheitsschaltungen?

8. Was versteht man unter redundanter Schaltungstechnik?

9. Was versteht man
   a) unter homogener Redundanz
   b) diversitärer Redundanz?

10. Was versteht man unter fail-safe-Technik?

Verzeichnis der verwendeten Normen:

DIN 57 831/VDE 0831	Elektrische Bahn-Signalanlagen, August 1990
TRA 200/101	Technische Regeln für Aufzüge, Mai 1992
DIN 57 116/VDE 0116	Elektrische Ausrüstung von Feuerungsanlagen
DIN 57 113/VDE 0113	Elektrische Ausrüstung von Maschinen, Teil 1: Allgemeine Anforderungen, Juni 1993
DIN V 19 250	Grundlegende Sicherheitsbetrachtungen für MSR-Schutzeinrichtungen, Mai 1994
DIN V VDE 0801/A1 (VDE 0801/A1)	Grundsätze für Rechner in Systemen mit Sicherheitsaufgaben, Oktober 1994
DIN VDE 31 000, Teil 2	Allgemeine Leitsätze für das sicherheitsgerechte Gestalten technischer Erzeugnisse, Begriffe der Sicherheit, Grundbegriffe

Wiedergegeben mit Erlaubnis des DIN Deutsches Institut für Normung e.V. und des VDE Verband Deutscher Elektrotechniker e.V.. Maßgebend für das Anwenden der Normen sind deren Fassungen mit dem neuesten Ausgabedatum, die bei der VDE-Verlag GmbH, Bismarkstr. 33, 10625 Berlin und der Beuth Verlag GmbH, Burggrafenstr. 6, 10787 Berlin erhältlich sind.

12 Wortverarbeitung[1] (SWORT)

12.1 Organisation der SPS S5 100 U

Für das folgende Kapitel wurde die SPS Siemens Simatic S5 100 U verwendet. Bei dieser Steuerung handelt es sich um eine modular aufgebaute Kleinsteuerung bestehend aus:
- einem Netzteil-Modul,
- einem CPU-Modul Typ 103,
- zwei Eingabe-Modulen mit jeweils 8 Eingängen,
- zwei Ausgabe-Modulen mit jeweils 8 Ausgängen,
- zwei Ausgabe-Modulen mit jeweils 4 Ausgängen (Relais-Ausgänge),
- einem Analog-Eingabe-Modul mit 4 Eingängen,
- einem Analog-Modul mit 2 Ausgängen.

Bedingt durch die Anordnung der Module auf den Steckplätzen 0 ... 7 ergeben sich für die digitalen Ein-Ausgabe-Module auf den Plätzen 0 ... 5 die folgenden Operandenadressen:

Steckplatz	0	1	2	3	4	5	6	7
							analog	analog
Netzteil / CPU	Input	Input	Output	Output	Output	Output	Input	Output
Operandenadresse	0.0...0.7	1.0...1.7	2.0...2.7	3.0...3.7	4.0...4.3	5.0...5.3	112...119	120...123

Bild 12.1/1: Aufbau der SPS

Der erste Eingang des ersten Eingabe-Moduls hat also die Adresse 0.0, der fünfte Eingang des zweiten Moduls die Adresse 1.4. Entsprechend ist es bei den Ausgängen: der dritte Ausgang des zweiten Ausgabe-Moduls hat die Adresse 3.2, usw.

Den 4 Analog-Eingängen sind, bedingt durch die Anordnung auf Steckplatz 6, die Adressen 112 ... 119 zugeordnet. Die 2 Analog-Ausgänge haben die Adressen 120 ... 123.

Merker, Zeitstufen und Zähler haben die folgenden Operandenadressen:

Merker, remanent	0.0 ...	63.7
Merker, nicht remanent	64.0 ...	255.7
Merker-Byte, remanent	0 ...	63
Merker-Byte, nicht remanent	64 ...	255
Merker-Wort, remanent	0 ...	62
Merker-Wort, nicht remanent	64 ...	254
Zeiten	0 ...	127
Zähler, remanent	0 ...	7
Zähler, nicht remanent	8 ...	127

[1] Die Beispielprogramme sind auch mit der SPS S5 101U möglich, wenn die entsprechenden Operandenadressen geändert werden.

Da in den folgenden Beispielen Bits, Bytes und Worte verwendet werden, soll am Beispiel der Merker die grundsätzliche Organisation geklärt werden. Diese Darstellung trifft – mit jeweils anderen Adressen – auch auf die Organisation der Ein- und Ausgänge zu.

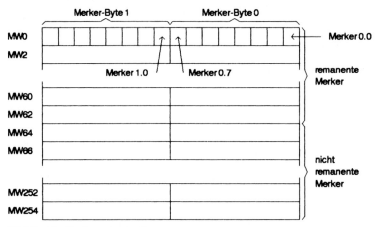

Bild 12.1/2: Merkerorganisation

12.2 Lade- und Transfer-Operationen

Bei der Programmierung von Zeitstufen und Zählern werden Konstante geladen, z.B. L KZ010 im Parkplatz-Programm auf Seite 213.

Der Zählwert wird nicht als Bit-Information geladen, sondern als 12 Bit breites Datenwort in ein 16 Bit breites Register, dem Akku 1 (Zwischenspeicher) der CPU. Die Konstante belegt dabei die Bits 0 ... 11. Die Bits 12 ... 15 sind ohne Bedeutung. Der Inhalt des Akkus 1 hat nach der Ladeanweisung folgendes Aussehen:

Bit	15			12	11			8	7			4	3			0
	0	0	0	0	0	0	0	0	0	0	0	0	1	0	1	0

Bild 12.2/1: Inhalt von Akku 1 der CPU nach dem Laden von + 10

Es können auch konstante Festpunktzahlen in den Akku geladen werden. Der Zahlenbereich erstreckt sich von – 32768 bis + 32767, wofür man im Dualsystem 15 Stellen, 15 Bit (Bit 0 ... Bit 14) benötigt. Negative Zahlen werden im Zweierkomplement abgelegt. Das Zweierkomplement erhält man, indem man jedes Bit „umdreht" und anschließend eine „1" addiert.

Beispiel:

0000 0000 0000 1010	=	10
1111 1111 1111 0101	=	Bits „umdrehen"
0000 0000 0000 0001	=	+ 1
1111 1111 1111 0110	=	– 10

Wenn die negative Zahl – 10 in den Akku geladen werden soll, lautet die Anweisung L KF-10. Im Akku befindet sich dann das folgende Bitmuster:

Bit	15			12	11			8	7			4	3			0
	1	1	1	1	1	1	1	1	1	1	1	1	0	1	1	0

Bild 12.2/2: Inhalt von Akku 1 der CPU nach dem Laden von – 10

Mit den Programmiergeräten lassen sich im Statusbetrieb die Inhalte von Registern und Wörtern überprüfen. Da die Anzeige hexadezimal erfolgt, erscheint auf dem Display für 10: 000A und für – 10: FFF6.

Mit der Transferanweisung „T" lassen sich Inhalte von Registern in Ausgangs- und Merkerbereiche kopieren. Soll z.B. die konstante Festpunktzahl „10" an die Ausgänge des 1. Ausgabe-Moduls ausgegeben werden, muss folgendes Programm geschrieben werden:

```
L       KF010
T       AB 2
```

Das erste Ausgabe-Modul befindet sich an Steckplatz 2, also muss es heißen: T AB 2.

AB 2 steht für **A**usgangs-**B**yte 2. Dies ist das untere Byte (Bit 0 … Bit 7) des Ausgangswortes AW 2, das aus den Bytes 2 und 3 besteht. Da sich die „10" durch die gesetzten Bits 1 und 3 darstellen lässt, leuchten die entsprechenden Leuchtdioden an den Ausgängen 1 und 3.

Da in SPS-Programmen oft Konstante, Zeit- und Zählwerte, Eingangs- oder Merkerzustände geladen werden, soll an drei Beispielen diese Programmiermethode erläutert werden.

Für alle Programme der SPS 100U muss ein Organisationsbaustein OB geschrieben und in die Steuerung eingeladen werden. Diese Bausteine befinden sich alle auf der Diskette.

Aufgabe: Wird der Taster S1 gedrückt, soll der aktuelle Wert einer Zeitstufe (SE) an die Ausgänge A2.0 bis A2.7 transferiert werden. Damit der darstellbare Bereich (8 Bit) nicht überschritten wird, darf die Zeitstufe nur mit maximal 256 geladen werden.

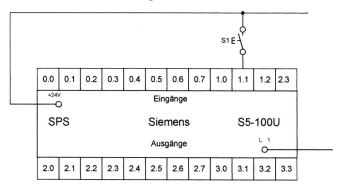

Bild 12.2/3: Beschaltung der SPS

Zuordnungsliste   Datei A:S12ZT1Z0.SEQ

```
                    OPERAND    SYMBOL    KOMMENTAR


                    E1.1       S11       Startschalter S11 (Schliesser)
                    T1         Zeit T1   Zeitstufe T1 (t=255 Sekunden)
                    AB 2       Byte AB2  Ausgangsbyte AB 2 (A2.0 bis A2.7)
```

```
FB 1                                 A:S12ZT1ST.S5D                    LAE=20
                                                                       BLATT   1
NETZWERK 1              0000      Zeitstufe, als Bitmuster an AB2

0005      :U     E    1.1                           Startschalter S11
0006      :L     KT   255.2                         Zeitkonstante t=255 Sek.
0008      :SE    T    1                             Zeitstufe 1 Einschaltverz.setzen
0009      :NOP   0
000A      :NOP   0
000B      :NOP   0
000C      :L     T    1                             Abfrage Zeitstufe 1
000D      :T     AB   2                             an Ausgangsbyte 2 transferieren
000E      :BE
```

Bild 12.2/4: AWL

Funktionsbeschreibung (zu S12ZT1, Bild 12.2/4)

Der Zeitwert 255 Sekunden wird in der bekannten Weise in die Zeitstufe geladen. Mit der Abfrage *L T1* wird der von 255 gegen 0 herunterlaufende aktuelle Wert über den Ausgang DU (siehe Bild 6.2.1/2) der Zeitstufe an das Ausgangsbyte AB2 (Ausgänge A2.0 bis A2.7) ausgegeben.

Aufgabe: Wird der Taster S1 gedrückt, soll die Dezimalzahl 170 in das Merkerbyte MB72 geladen werden. Wird der Taster S12 gedrückt, wird der geladene Wert an die Ausgänge A2.0 bis A2.7 transferiert. Damit der Vorgang des Ladens und Transferierens im Statusbetrieb nachvollziehbar ist, wird er über zwei Taster und Sprung-Anweisungen getrennt gesteuert.

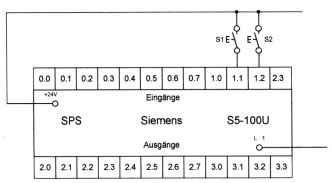

Bild 12.2/5: Beschaltung der SPS

Zuordnungsliste   Datei A:S12LD5ZO.SEQ

OPERAND	SYMBOL	KOMMENTAR
E1.1	S11	Taster S11 in Merkerbyte MB70 einladen
E1.2	S12	Taster S12 an A2.0 bis A2.7 ausgeben
MB72	ByteMB72	Merkerbyte MB72
AB 2	Byte AB2	Ausgangsbyte AB 2 (A2.0 bis A2.7)

```
FB 1                                A:S12LD5ST.S5D              LAE=23
                                                                BLATT   1
NETZWERK 1            0000    Laden der Konstante 170 ueber S1

0005       :U    E    1.1                  Taster S11 "Einlesen"
0006       :SPB =M1                        bedingter Sprung nach Marke 1
0007       :U    E    1.2                  Taster S12 "Ausgeben"
0008       :SPB =M2                        bedingter Sprung nach Marke 2
0009       :SPA =M3                        absoluter Sprung nach Marke 3
000A M1    :L    KF +170                   konstante Festpunktzahl 170
000C       :T    MB   72                   in Merkerbyte 72 transferieren
000D       :SPA =M3                        absoluter Sprung nach Marke 3
000E M2    :L    MB   72                   Inhalt von Merkerbyte 72
000F       :T    AB    2                   nach Ausgangsbyte 2 transf.
0010 M3    :NOP 0
0011       :BE
```

Bild 12.2/6: AWL

Funktionsbeschreibung (zu S12LD5, Bild 12.2/6)

In den ersten 4 Programmzeilen erfolgt die Abfrage der Taster S11 und S12. Wird kein Taster betätigt, erfolgt ein **absoluter Sprung** an das Programmende. Danach wird das Programm erneut abgearbeitet. Das Programm befindet sich also in einer Schleife, in der nur die Taster abgefragt werden.

Mit Betätigung von Taster S11 erfolgt ein **bedingter Sprung** zu Marke M1. Der dort abgelegte Programmteil veranlasst, dass die Zahl 170 in das Merkerbyte MB72 geladen wird. Danach erfolgt ein **absoluter Sprung** an das Programmende. Mit Taster S12 erfolgt ebenfalls ein **bedingter Sprung,** jetzt zu Marke M2, wo der Inhalt von MB72 – die Zahl 170 – an das Ausgangsbyte A82 übertragen wird.

Das Programmierverfahren mit Sprüngen erlaubt das getrennte Laden und Übertragen von Daten. Für den Beginner ist dieser Vorgang so leicht nachvollziehbar.

Aufgabe: Wird der Taster S11 gedrückt, soll ein mit Schaltern einstellbarer Dezimalwert an den Eingängen E0.0 bis E0.7 in das Merkerbyte MB72 geladen werden. Wird der Taster S12 gedrückt, wird der geladene Wert an die Ausgänge A2.0 bis A2.7 transferiert. Damit der Vorgang des Ladens und Transferierens im Statusbetrieb nachvollziehbar ist, wird er über zwei Taster und Sprung-Anweisungen getrennt gesteuert.

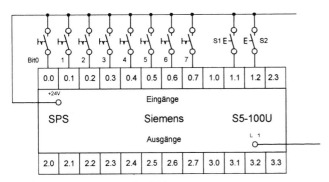

Bild 12.2/7: Beschaltung der SPS

Zuordnungsliste   Datei A:S12LD7Z0.SEQ

```
                         OPERAND      SYMBOL     KOMMENTAR

                         E0.0         S0         Schalter S0, Zahl 1
                         E0.1         S1         Schalter S1, Zahl 2
                         E0.2         S2         Schalter S2, Zahl 4
                         E0.3         S3         Schalter S3, Zahl 8
                         E0.4         S4         Schalter S4, Zahl 16
                         E0.5         S5         Schalter S5, Zahl 32
                         E0.6         S6         Schalter S6, Zahl 64
                         E0.7         S7         Schalter S7, Zahl 128
                         E1.1         S11 Ein    Schalter Laden i.Merkerbyte 72, Einlesen
                         E1.2         S12 Aus    Schalter Transferieren auf AB 2,Ausgeben
                         MB72         MB72       Merkerbyte MB 72
                         AB 2         Byte AB2   Ausgangsbyte AB 2 (A2.0 bis A2.7)
```

```
FB 1                              A:S12LD7ST.S5D                          LAE=22
                                                                         BLATT    1

NETZWERK 1              0000      Laden Bytes ueber S0 bis S7

0005        :U    E    1.1                        Taster S11 "Einlesen"
0006        :SPB =M1                              bedingter Sprung nach Marke 1
0007        :U    E    1.2                        Taster S12 "Ausgeben"
0008        :SPB =M2                              bedingter Sprung nach Marke 2
0009        :SPA =M3                              absoluter Sprung nach Marke 3
000A  M1    :L    EB    0                         Eingangsbyte EB 0, E0.0 bis E0.7
000B        :T    MB   72                         in Merkerbyte 72 transferieren
000C        :SPA =M3                              absoluter Sprung nach Marke 3
000D  M2    :L    MB   72                         Inhalt von Merkerbyte 72
000E        :T    AB    2                         nach Ausgangsbyte 2 transf.
000F  M3    :NOP  0
0010        :BE
```

Bild 12.2/8: AWL

Funktionsbeschreibung (zu S12LD7, Bild 12.2/8)

In den ersten 4 Programmzeilen erfolgt die Abfrage der Taster S11 und S12. Wird kein Taster betätigt, erfolgt ein **absoluter Sprung** an das Programmende. Danach wird das Programm erneut abgearbeitet. Das Programm befindet sich also in einer Schleife, in der nur die Taster abgefragt werden.

Mit Betätigung von Taster S11 erfolgt ein **bedingter Sprung** zu Marke M1. Der dort abgelegte Programmteil veranlasst, dass die Zustände an den Eingängen E0.0 bis E0.7 in das Merkerbyte MB72 geladen werden. Danach erfolgt ein **absoluter Sprung** an das Programmende. Mit Taster S12 erfolgt ebenfalls ein **bedingter Sprung,** jetzt zu Marke M2, wo der Inhalt von MB72 an das Ausgangsbyte AB2 übertragen wird.

12.3 Vergleichoperationen

Wenn Größen (Zeiten, Zählerstände, Stückzahlen), die im Wortformat vorliegen, miteinander verglichen werden sollen, müssen die beiden zu vergleichenden Größen in die CPU-Register 1 und 2 geladen werden. Dies geschieht mit zwei aufeinanderfolgenden Lade-Anweisungen. Wenn z.B. der Zählerstand von Zähler 1 mit der Konstanten „0" verglichen werden soll, lauten die Anweisungen:

$$L \ Z 1$$
$$L \ KF0$$
$$> \ F$$
$$= \ A 2.1$$

Mit der ersten Anweisung wird der aktuelle Zählerstand in Akku 1 geladen. Die zweite Anweisung schiebt den Zählerstand in Akku 2 und lädt die Konstante „0" in den Akku 1.

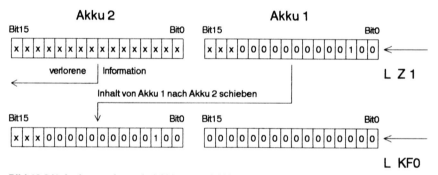

Bild 12.3/1: Ladeanweisung bei Akku 1 und Akku 2

Danach muss die eigentliche Vergleichsoperation erfolgen. Dafür gibt es die folgenden Möglichkeiten:

! =	F Ist Inhalt Akku 2 gleich Inhalt Akku 1?
> <	F Ist Inhalt Akku 2 ungleich Inhalt Akku 1?
>	F Ist Inhalt Akku 2 größer Inhalt Akku 1?
> =	F Ist Inhalt Akku 2 größer/gleich Inhalt Akku 1?
<	F Ist Inhalt Akku 2 kleiner Inhalt Akku 1?
< =	F Ist Inhalt Akku 2 kleiner/gleich Inhalt Akku 1?

Wenn der Ausgang 2.1 so lange gesetzt sein soll, wie der Zählerstand größer als „0" ist, muss die Vergleichsanweisung > F lauten. Die Anweisung prüft, ob der Inhalt von Akku 2 (aktueller Zählerstand) größer als der Inhalt von Akku 1 (Null) ist. Wenn die Bedingung erfüllt ist, wird die nachfolgende Anweisung ausgeführt.

Der folgende Ausdruck zeigt dieses kleine Programm im Statusbetrieb. Die Anweisung L Z1 lädt den aktuellen Zählerstand „4" in den Akku 1. Mit der zweiten Anweisung L KF0 wird die „4" in Akku 2 und die „0" in Akku 1 geladen. Da die Vergleichsbedingung zutrifft, wird für den Ausgang 2.1 1-Signal gegeben.

```
NETZWERK   2            Ampel gruen  0  0010  0000
000D|   :L   Z   1                    0  0004  0010
000E|   :L   KF  +0                   0  0000  0004
0010|   :>F                           1  0000  0004
0011|   :=   A   2.1                  1  0000  0004
0012|   :***                          1  0000  0004
```
Bild 12.3/2: Programmauszug eines Vergleichs im Statusbetrieb

Aufgabe:

Wird der Taster S11 gedrückt, soll ein mit Schaltern einstellbarer Dezimalwert an den Eingängen E0.0 bis E0.7 in das Merkerbyte MB72 und die Dezimalzahl 170 in das Merkerbyte MB74 geladen werden. Wird der Taster S12 gedrückt, erfolgen Vergleiche, ob der eingestellte Wert größer, gleich oder kleiner als die Dezimalzahl ist. Das Ergebnis wird an den Ausgängen A2.0 bis A2.2 angezeigt. Damit der Vorgang des Ladens/Transferierens und des Vergleichs im Statusbetrieb nachvollziehbar ist, wird er über zwei Taster und Sprung-Anweisungen getrennt gesteuert.

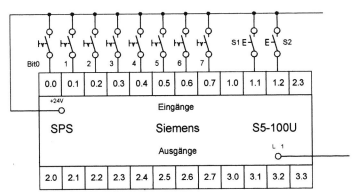

Bild 12.3/3: Beschaltung der SPS

Zuordnungsliste

```
Datei A:S12CP7Z0.SEQ                              BLATT      1

OPERAND   SYMBOL    KOMMENTAR

E0.0      S0        Schalter S0, Zahl 1
E0.1      S1        Schalter S1, Zahl 2
E0.2      S2        Schalter S2, Zahl 4
E0.3      S3        Schalter S3, Zahl 8
E0.4      S4        Schalter S4, Zahl 16
E0.5      S5        Schalter S5, Zahl 32
E0.6      S6        Schalter S6, Zahl 64
E0.7      S7        Schalter S7, Zahl 128
E1.1      S11       Schalter Laden in Merkerbyte 72 und 74
E1.2      S12       Schalter Vergleich und Transf.A2.0-A2.2
MB72      MB72      eingeladene Zahlen ueber S0 bis S7
MB74      MB74      Konstante 170
AB 2      Byte AB2  Ausgangsbyte AB 2 (A2.0 bis A2.7)
A2.0      H0        Anzeige H0, Zahl < 170
A2.1      H1        Anzeige H1, Zahl = 170
A2.2      H2        Anzeige H2, Zahl > 170
```

NETZWERK 1   0000   Vergleich zweier Dezimalwerte

NAME :S12CP7   Wert Merkerbyt Vergl.mit Zahlenf

```
0005        :U    E    1.1        Taster S11 "Einlesen"
0006        :SPB  =M1             bedingter Sprung nach Marke 1
0007        :U    E    1.2        Taster S12 "Ausgeben"
0008        :SPB  =M2             bedingter Sprung nach Marke 2
0009        :SPA  =M3             absoluter Sprung nach Marke 3
000A  M1    :L    EB   0          Eingangsinformation (E0.0-E0.7)
000B        :T    MB   72         in Merkerbyte 72 transferieren
000C        :L    KF   +170       Konstante Festpunktzahl 170
000E        :T    MB   74         in Merkerbite 74 transferieren
000F        :SPA  =M3             absoluter Sprung nach Marke 3
0010  M2    :L    MB   72         Inhalt Merkerbyte 72 laden
0011        :L    MB   74         Inhalt Merkerbyte 74 laden (170)
0012        :>F                   wenn MB72 > MB74, dann H2 ein
0013        :=    A    2.2        H2 an A 2.2 ein, bei MB72 > 170
0014        :L    MB   72         Inhalt MB72 laden
0015        :L    MB   74         Inhalt MB74 laden (170)
0016        :!=F                  wenn MB72 = MB74, dann H1 ein
0017        :=    A    2.1        H1 an A 2.1 ein, wenn MB72 =17
0018        :L    MB   72         Inhalt MB72 laden
0019        :L    MB   74         Inhalt MB74 laden (170)
001A        :<F                   wenn MB72 < MB74, dann H0 ein
001B        :=    A    2.0        H0 an A 2.0 ein, bei MB72 < 170
001C  M3    :NOP  0
001D        :BE
```

Bild 12.3/4: AWL

Funktionsbeschreibung (zu S12CP7, Bild 12.3/4)

In den ersten 4 Programmzeilen erfolgt die Abfrage der Taster S11 und S12. Wird kein Taster betätigt, erfolgt ein **absoluter Sprung** an das Programmende. Danach wird das Programm erneut abgearbeitet. Das Programm befindet sich also in einer Schleife, in der nur die Taster abgefragt werden.

Mit Betätigung von Taster S11 erfolgt ein **bedingter Sprung** zu Marke M1. Der dort abgelegte Programmteil veranlasst, dass die Zustände an den Eingängen E0.0 bis E0.7 in das Merkerbyte MB72 und die Zahl 170 in das Merkerbyte MB74 geladen werden. Danach erfolgt ein **absoluter Sprung** an das Programmende. Mit Taster S12 erfolgt ebenfalls ein **bedingter Sprung,** jetzt zu Marke M2, wo der Inhalt von MB72 mit dem Inhalt von MB74 verglichen wird. Dieser Vergleich erfolgt 3-mal (Zeile 0012, 0016, 001A). Ist der Inhalt von MB72 (eingestellter Wert an den Eingängen E0.0 bis E0.7) größer als der Inhalt von MB74 (die Zahl 170), so wird der Ausgang A2.2 gesetzt. Sind beide Werte gleich ist A2.1 gesetzt und ist der einge-stellte Wert kleiner, so ist A2.0 gesetzt.

Die oben ausgeführten Erläuterungen sollen an einem Beispiel veranschaulicht werden: Ein Parkplatz mit insgesamt 10 Stellplätzen (Technologieschema siehe Kapitel 7.3) hat eine Ein- und eine Ausfahrt, die jeweils mit einer Lichtschranke überwacht werden. Impulse der Lichtschranken steuern über einen Vorwärts-Rückwärts-Zähler die Ampel an der Parkplatzeinfahrt. Die Entscheidung, ob die Ampel auf „rot" springen muss, soll durch einen Vergleich erfolgen.

– Befinden sich weniger als 10 Autos auf dem Parkplatz, zeigt die Ampel grün.

– Ist der Parkplatz besetzt, zeigt die Ampel rot.

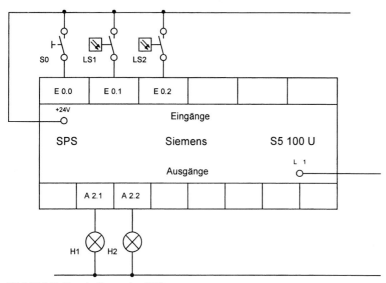

Bild 12.3/5: Beschaltung der SPS

Zuordnungsliste   Datei A:S12PH1ZO.SEQ   BLATT   1

         OPERAND   SYMBOL   KOMMENTAR

         E0.0   S0   Reset-Taster S0
         E0.1   LS1   Lichtschranke Einfahrt LS1
         E0.2   LS2   Lichtschranke Ausfahrt LS2
         A2.1   H1   Ampel gruen H1
         A2.2   H2   Ampel rot H2

```
PB 1                                    A:S12PH1ST.S5D                      LAE=30
                                                                           BLATT    1
NETZWERK 1                 0000      Parkplatzueberw.fuer 10 Plaetze
0000        :U     E    0.1                        Lichtschranke Einfahrt
0001        :ZR    Z    1                          Rueckwaertszaehlen
0002        :U     E    0.2                        Lichtschranke Ausfahrt
0003        :ZV    Z    1                          Vorwaertszaehlen
0004        :U     E    0.0                        Zaehler mit
0005        :L     KZ 010                          Konstante 10 laden
0007        :S     Z    1
0008        :NOP 0
0009        :NOP 0
000A        :NOP 0
000B        :NOP 0
000C        :***


NETZWERK 2                 000D      Ampel gruen
000D        :L     Z    1                          Akt.Zaehlerstand in Akku 2
000E        :L     KF +0                           Konstante 0 in Akku 1
0010        :>F                                    Zaehlerstand > 0 ?
0011        :=     A    2.1                         dann Ampel gruen
0012        :***


NETZWERK 3                 0013      Ampel rot
0013        :L     Z    1
0014        :L     KF +0
0016        :!=F                                   Zaehlerstand = 0 ?
0017        :=     A    2.2                         dann Ampel rot
0018        :BE
```

Bild 12.3/6: AWL

213

```
NETZWERK 1              0000      Parkplatzueberw.fuer 10 Plaetze
!             Z 1
!E 0.1          +-----+
+---] [---+-!ZR   !
!         !   !   !
!E 0.2    !   !   !
+---] [---+-!ZV   !
!         !   !   !
!E 0.0    !   !   !
+---] [---+-!S    !
!KZ 010   --!ZW DU!-
!         !   DE!-
!         !   !   !
!         !   !   !
!         +-!R   Q!-
!           +-----+
!
NETZWERK 2              000D      Ampel gruen
!
!             +-----+
!Z 1       --!Z1  F!
!           !>   !                                                    A 2.1
!KF +0     --!Z2  Q!-+----------+----------+----------+----------+----------+--(   )-!
!            +-----+
!
NETZWERK 3              0013      Ampel rot
!
!             +-----+
!Z 1       --!Z1  F!
!           !!=   !                                                   A 2.2
!KF +0     --!Z2  Q!-+----------+----------+----------+----------+----------+--(   )-!
!            +-----+
!
!                                                                    :BE
!
```

Bild 12.3/7: KOP

Beschreibung der Funktion des Programms:

Nach dem Einschalten der Anlage ist die Ampel rot, da der Zähler noch nicht gesetzt ist. Wird die Reset-Taste betätigt, wird die Zählerkonstante „10" geladen und der Zähler gesetzt; die Ampel ist grün. Einfahrende Autos bewirken ein Herabsetzen des Zählerstandes jeweils um eins. Springt beim 10. Auto der Zählerstand von „1" auf „0", ist die Vergleichsbedingung > F nicht mehr erfüllt; der Ausgang 2.1 wird nicht gesetzt. Es ist aber die Bedingung ! = F erfüllt, denn der aktuelle Zählerstand ist „0", und dieser wird mit der Konstanten „0" verglichen; der Ausgang 2.2 wird also gesetzt.

Fehlzählungen durch Fußgänger, die die Lichtschranken auslösen, werden nicht erfasst. Ist der Parkplatz leer (Zählerstand „10"), verursachen Fußgänger, die die Lichtschranke 2 auslösen, eine Erhöhung des Zählerstandes, und damit eine Verfälschung, die unbedingt zu einer Störungsanzeige führen muss.

Zur Vermeidung dieses Fehlers soll das vorhergehende Programm um eine Störungsanzeige ergänzt werden, die Fehlzählungen anzeigt.

214

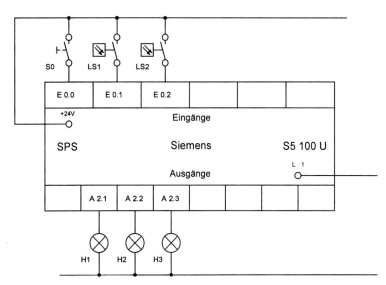

Bild 12.3/8: Beschaltung der SPS

Zuordnungsliste

Datei A:S12PH2Z0.SEQ   BLATT   1

OPERAND	SYMBOL	KOMMENTAR
E0.0	S0	Reset-Taster S0
E0.1	LS1	Lichtschranke Einfahrt LS1
E0.2	LS2	Lichtschranke Ausfahrt LS2
A2.1	H1	Ampel gruen H1
A2.2	H2	Ampel rot H2
A2.3	H3	Stoerung, Fehlfunktion H3
M71.0		Merker < 10 Autos
M72.0		Merker > 20 Autos

```
PB 1                          A:S12PH2ST.S5D                 LAE=46
                                                             BLATT   1
NETZWERK 1          0000    Parkplatzueberw.fuer 10 Plaetze
0000      :U    E    0.1                      Lichtschranke Einfahrt
0001      :ZR   Z    1                        Rueckwaertszaehlen
0002      :U    E    0.2                      Lichtschranke Ausfahrt
0003      :ZV   Z    1                        Vorwaertszaehlen
0004      :U    E    0.0                      Zaehler mit
0005      :L    KZ 020                        Konstante 20 laden
0007      :S    Z    1
0008      :NOP 0
0009      :NOP 0
000A      :NOP 0
000B      :NOP 0
000C      :***


NETZWERK 2          000D    Ampel gruen
000D      :L    Z    1                        Akt.Zaehlerstand in Akku 2
000E      :L    KF +10                        Konstante 10 in Akku 1
0010      :>F                                 Zaehlerstand > 10 ?
0011      :=    A    2.1                      dann Ampel gruen !
0012      :***
```

Bild 12.3/9: AWL *(Fortsetzung auf nächster Seite)*

```
NETZWERK 3              0013
0013        :L    Z    1
0014        :L    KF +10
0016        :<=F                          Zaehlerstand < = 10 ?
0017        :=    A    2.2                 dann Ampel rot ?
0018        :***


NETZWERK 4              0019
0019        :L    Z    1
001A        :L    KF +10                   Zaehlerstand < 10 ?
001C        :<F                            weniger als 0 Autos ?
001D        :=    M    71.0                Merker < 10 Autos
001E        :***


NETZWERK 5              001F
001F        :L    Z    1
0020        :L    KF +20
0022        :>F                            Zaehlerstand > 20
0023        :=    M    72.0                Merker > 20 Autos
0024        :***


NETZWERK 6              0025     Warnlampe unwahrer Zaehlerstand
0025        :U    M    71.0                Zaehlerstand <10 Autos
0026        :O    M    72.0                Zaehlerstand >20 Autos
0027        :=    A    2.3                 Warnlampe unwahrer Zaehlerstand
0028        :BE
```

Bild 12.3/9: AWL *(Fortsetzung von vorhergehender Seite)*

```
NETZWERK 1         0000      Parkplatzueberw.fuer 10 Plaetze
!              Z 1
!E 0.1            +-----+
+---] [---+-!ZR  !
!         !      !
!E 0.2    !      !
+---] [---+-!ZV  !
!         !      !
!E 0.0    !      !
+---] [---+-!S   !
!KZ 020   --!ZW DU!-
!         !   DE!-
!         !      !
!         !      !
!         +-!R   Q!-
!         +-----+
!
NETZWERK 2         000D      Ampel gruen
!
!              +-----+
!Z 1        --!Z1  F!                                                      A 2.1
!           !>    !
!KF +10     --!Z2  Q!-+----------+----------+----------+----------+----------+--(   )-!
!              +-----+
!
NETZWERK 3         0013
!
!              +-----+
!Z 1        --!Z1  F!                                                      A 2.2
!           !<=   !
!KF +10     --!Z2  Q!-+----------+----------+----------+----------+----------+--(   )-!
!              +-----+
!
```

Bild 12.3/10: KOP *(Fortsetzung auf nächster Seite)*

```
NETZWERK  4              0019
!
!                 +-----+
!Z 1          --!Z1   F!
!               !<    !                                                        M 71.0
!KF +10       --!Z2   Q!-+----------+----------+----------+----------+----------+--(   )-!
!                 +-----+
!
NETZWERK  5              001F
!
!                 +-----+
!Z 1          --!Z1   F!
!               !>    !                                                        M 72.0
!KF +20       --!Z2   Q!-+----------+----------+----------+----------+----------+--(   )-!
!                 +-----+
!
NETZWERK  6              0025        Warnlampe  unwahrer  Zaehlerstand
!
!M 71.0                                                                        A 2.3
+---] [---+----------+----------+----------+----------+----------+----------+--(   )-!
!         !
!M 72.0   !
+---] [---+
!                                                                              :BE
```

Bild 12.3/10: KOP *(Fortsetzung von vorhergehender Seite)*

In diesem erweiterten Programm wird der Zählerstand auf „20" gesetzt und ein Vergleich mit „10"
ausgeführt. Sollte der aktuelle Zählerstand unter „10" sinken, wird über Merker 71.0 eine Anzeige
geschaltet. Fehlzählungen, die mehr als 10 eingefahrene Autos anzeigen, werden über Merker 7.20 auf
den Ausgang 2.3 geschaltet.

12.4 Arithmetische Operationen: Addition und Subtraktion

Ebenso wie bei den Vergleichsoperationen müssen bei den arithmetischen Operationen Addieren und
Subtrahieren die Größen im Wortformat vorliegen und über zwei Ladeanweisungen in die CPU-Register
1 und 2 geladen werden. Auch hier können die zu verarbeitenden Größen von Eingängen, Zählern, Zeitstufen oder den Merkern in die Register übertragen werden. Wenn z.B. zwei Werte in den Merkerworten
2 und 4 voneinander subtrahiert und das Ergebnis in Merkerwort 6 abgelegt werden soll, müsste das
Programm folgendermaßen aussehen:

```
                    L   MW 2
                    L   MW 4
                    –   F
                    T   MW 6
```

Die Arbeitsweise dieser Subtraktion zeigt das folgende Bild:

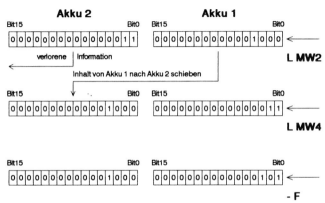

Bild 12.4/1: Subtraktion mit Akku 1 und Akku 2

Der Inhalt „8" von Merkerwort 2 wird in Akku 1 geladen. In Akku 2 befindet sich „3". Mit dem Laden von Merkerwort 4 wird der Inhalt von Akku 1 in Akku 2 geschoben. Die vorhergehende Information „3" ist damit verloren. Im Akku 1 befindet sich jetzt die neue Information „3". Mit der Subtraktionsanweisung – F wird der Inhalt von Akku 1 vom Inhalt von Akku 2 abgezogen und das Ergebnis wieder in Akku 1 abgelegt. Die nachfolgende Transferanweisung lädt das Ergebnis „5" in das Merkerwort 6.

Aufgabe: Wird der Taster S11 gedrückt, soll ein mit Schaltern einstellbarer Dezimalwert an den Eingängen E0.0 bis E0.7 in das Merkerbyte MB72 und die Dezimalzahl 170 in das Merkerbyte MB74 geladen werden. Wird der Taster S12 gedrückt, erfolgt die Addition der beiden Werte und der Transfer des Ergebnisses an die Ausgänge A2.0 bis A2.2. Damit der darstellbare Bereich nicht überschritten wird, müssen die Summanden so gewählt werden, dass die Summe nicht größer als 255 wird.

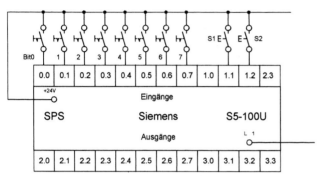

Bild 12.4/2: Beschaltung der SPS

Zuordnungsliste

Datei A:S12AD4ZO.SEQ   BLATT   1

          OPERAND   SYMBOL   KOMMENTAR

          EB0   E0.0-0.7 Eingangsbyte EB0
          LKF170   KONST   Konstante 170
          E1.1   S11 EIN   Taster S11 "Einlesen"
          E1.2   S12 AUS   Taster S12 "Ausgeben"
          MB72   M-Byte72 Speicher fuer Eingangs-Byte EB0
          MB74   M-Byte74 Speicher fuer Festpunktzahl (Konstante)
          AB2   AUSG:BYT Ausgangs-Byte AB2 (A2.0 - A2.7)

FB 1   A:S12AD4ST.S5D   LAE=30
                                                                           BLATT   1

NETZWERK 1   0000   Addition E-Byte EB0 + Konstante

0008   :U   E   1.1   Taster S11 "Einlesen"
0009   :SPB =M1   bedingter Sprung auf M1
000A   :U   E   1.2   Taster S12 "Ausgeben"
000B   :SPB =M2   bedingter Sprung auf M2
000C   :SPA =M3   absoluter Sprung auf M3
000D M1   :L   EB   0   Laden d.Eingangsbytes E0.0
000E   :T   MB   72   Speicher fuer Eingangsbyte
000F   :L   KF   +170   Festpunktzahl
0011   :T   MB   74   Speicher fuer Festpunktzahl
0012   :SPA =M3   absoluter Sprung auf M3
0013 M2   :L   MB   72   Speicher fuer Eingangs-Byte EB0
0014   :L   MB   74   Speicher fuer Festpunktzahl
0015   :+F   Addition
0016   :T   AB   2   Ergebnis an AB 2.0 - AB 2.7
0017 M3   :NOP 0
0018   :BE   Programmende

Bild 12.4/3: AWL

218

Funktionsbeschreibung (zu S12AD4, Bild 12.4/3)

In den ersten 4 Programmzeilen erfolgt die Abfrage der Taster S11 und S12. Wird kein Taster betätigt, erfolgt ein **absoluter Sprung** an das Programmende. Danach wird das Programm erneut abgearbeitet. Das Programm befindet sich also in einer Schleife, in der nur die Taster abgefragt werden.

Mit Betätigung von Taster S11 erfolgt ein **bedingter Sprung** zu Marke M1. Der dort abgelegte Programmteil veranlasst, dass die Zustände an den Eingängen E0.0 bis E0.7 in das Merkerbyte MB72 und die Zahl 170 in das Merkerbyte MB74 geladen werden. Danach erfolgt ein **absoluter Sprung** an das Programmende. Mit Taster S12 erfolgt ebenfalls ein **bedingter Sprung**, jetzt zu Marke M2, wo der Inhalt von MB72 zu dem Inhalt von MB74 addiert wird. Das Ergebnis wird an das Ausgangsbyte AB2 (Ausgänge A2.0 bis A2.7) übertragen. Der darstellbare Zahlenbereich liegt bei 8-Bit bei 0–255. Sollte die Summe größer werden (weil z.B. an EB0 ein Wert größer als 255–170 = 85 eingestellt wurde), sollte in Programmzeile 0013 *T AW2* (Ausgangswort 2) gewählt werden. Das Ausgangswort AW2 besteht aus den AB2 und AB3. Bei Zahlen größer als 255 wird AB2 als unteres Byte (low byte) und AB3 als oberes Byte (high byte) benutzt. Auf der Hardware-Seite muss dann ein weiteres Ausgangsmodul (Ausgänge A3.0 bis A3.7) vorhanden sein.

Aufgabe:

Wird der Taster S11 gedrückt, soll ein mit Schaltern einstellbarer Dezimalwert an den Eingängen E0.0 bis E0.7 in das Merkerbyte MB72 und die Dezimalzahl 170 in das Merkerbyte MB74 geladen werden. Wird der Taster S12 gedrückt, erfolgt die Subtraktion der beiden Werte und der Transfer des Ergebnisses an die Ausgänge A2.0 bis A2.2.

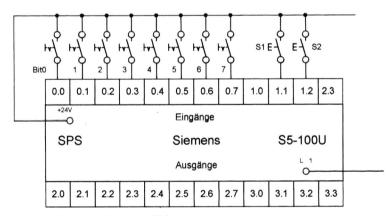

Bild 12.4/4: Beschaltung der SPS

Zuordnungsliste

```
Datei A:S12SU5Z0.SEQ                                          BLATT        1

         OPERAND      SYMBOL    KOMMENTAR

         EB0          Eingang   Eingangsbyte EB0 (E0.0-E0.7)
         E1.1         S11 Ein   Taster S11 "Einlesen"
         E1.2         S12 Aus   Taster S12 "Ausgeben"
         MB72         Byte 72   Speicher fuer Eingangs-Byte EB0
         MB74         Byte 74   Speicher fuer Festpunktzahl
         AB2          A-Byte2   Ausgangs-Byte AB2 (A2.0-A2.7)
         -F           SUBTRAKT  Subtraktion Zahlenfaktor von EB0
```

NETZWERK 1   0000   Subtraktion einer Konst.von EB0

```
0008        :U    E    1.1              Taster S11 "Einlesen"
0009        :SPB =M1                    bedingter Sprung auf M1
000A        :U    E    1.2              Taster S12 "Ausgeben"
000B        :SPB =M2                    bedingter Sprung auf M2
000C        :SPA =M3                    absoluter Sprung auf M3
000D M1     :L    EB   0                Eingangs-Byte EB0 (E0.0-E0.7)
000E        :T    MB   72               Speicher fuer Eingangs-Byte EB0
000F        :L    KF  +170              Festpunktzahl +170
0011        :T    MB   74               Speicher fuer Festpunktzahl +170
0012        :SPA =M3                    absoluter Sprung auf M3
0013 M2     :L    MB   72               Speicher fuer Eingangs-Byte EB0
0014        :L    MB   74               Speicher fuer Festpunktzahl +170
0015        :-F                         Suktraktion
0016        :T    AB   2                Ausgangs-Byte AB2 (A2.0-A2.7)
0017 M3     :NOP  0
0018        :BE                         Programmende
```

Bild 12.4/5: AWL

Funktionsbeschreibung (zu S12SU5, Bild 12.4/5)

In den ersten 4 Programmzeilen erfolgt die Abfrage der Taster S11 und S12. Wird kein Taster betätigt, erfolgt ein **absoluter Sprung** an das Programmende. Danach wird das Programm erneut abgearbeitet. Das Programm befindet sich also in einer Schleife, in der nur die Taster abgefragt werden.

Mit Betätigung von Taster S11 erfolgt ein **bedingter Sprung** zu Marke M1. Der dort abgelegte Programmteil veranlasst, dass die Zustände an den Eingängen E0.0 bis E0.7 in das Merkerbyte MB72 und die Zahl 170 in das Merkerbyte MB74 geladen werden. Danach erfolgt ein **absoluter Sprung** an das Programmende. Mit Taster S12 erfolgt ebenfalls ein **bedingter Sprung,** jetzt zu Marke M2, wo der Inhalt von MB74 von dem Inhalt von MB72 subtrahiert wird. Ergebnisse kleiner als 0 werden nicht besonders verarbeitet.

Am Beispiel einer Steuerung für einen Parkplatz mit zwei Einfahrten und einer Ausfahrt soll dieser Ablauf dargestellt werden. Die Impulse der beiden Lichtschranken an den Einfahrten sollen von zwei Zählern erfasst werden. Die Summe der eingefahrenen Autos soll zwischengespeichert werden. Um den aktuellen Zählerstand zu ermitteln, müssen die ausgefahrenen Autos von der Summe der eingefahrenen Autos subtrahiert werden. Die Steuerung der Ampel soll dann über Vergleiche erfolgen.

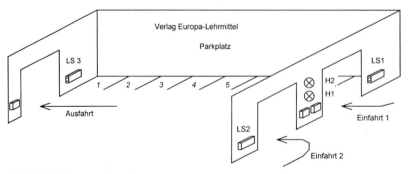

Bild 12.4/6: Technologieschema

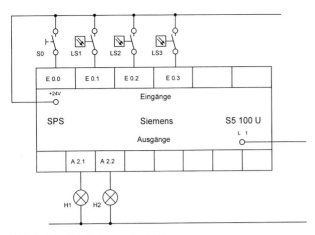

Bild 12.4/7: Beschaltung der SPS

Zuordnungsliste

Datei A:S12PH3ZO.SEQ   BLATT   1

OPERAND	SYMBOL	KOMMENTAR
E0.0	S0	Reset-Taster S0
E0.1	LS1	Lichtschranke Einfahrt 1, LS1
E0.2	LS2	Lichtschranke Einfahrt 2, LS2
E0.3	LS3	Lichtschranke Ausfahrt LS3
A2.1	H1	Ampel gruen H1
A2.2	H2	Ampel rot H2
MW72		Summe einfahrende Autos
MW74		Ausfahrende Autos
MW76		Aktuelle Parkplatzbelegung

```
PB 1                          A:S12PH3ST.S5D                    LAE=63
                                                               BLATT    1
NETZWERK 1            0000    Parkplatzueberw.mit Add.+Subtr.
0000      :U    E    0.1              Lichtschranke 1, Einfahrt 1
0001      :ZV   Z    1                Vorwaertszaehlen
0002      :NOP  0
0003      :NOP  0
0004      :NOP  0
0005      :U    E    0.0              Zaehler 1 auf Null
0006      :R    Z    1                Zaehler 1 ruecksetzen
0007      :NOP  0
0008      :NOP  0
0009      :NOP  0
000A      :***


NETZWERK 2           000B    Vorwaertszaehler Einfahrt 2
000B      :U    E    0.2              Lichtschranke 2, Einfahrt 2
000C      :ZV   Z    2                Vorwaertszaehlen
000D      :NOP  0
000E      :NOP  0
000F      :NOP  0
0010      :U    E    0.0              Zaehler 2 auf Null
0011      :R    Z    2                Zaehler 2 ruecksetzen
0012      :NOP  0
0013      :NOP  0
0014      :NOP  0
0015      :***
```

Bild 12.4/8: AWL *(Fortsetzung auf nächster Seite)*

221

```
NETZWERK 3            0016     Addition Z1 und Z2
0016      :L    Z   1                          Akt. Zaehlerstand Z1 in Akku 2
0017      :L    Z   2                          Akt. Zaehlerstand Z2 in Akku 1
0018      :+F                                  Zaehlerstaende addieren
0019      :T    MW  72                         Summe der eingefahrenen Autos
001A      :***


NETZWERK 4            001B     Vorwaertszaehler Ausfahrt
001B      :U    E   0.3                        Lichtschranke 3, Ausfahrt
001C      :ZV   Z   3                          Vorwaertszaehlen
001D      :NOP  0
001E      :NOP  0
001F      :NOP  0
0020      :U    E   0.0                        Zaehler 3 auf Null
0021      :R    Z   3                          Zaehler 3 ruecksetzen
0022      :NOP  0
0023      :NOP  0
0024      :NOP  0
0025      :***


NETZWERK 5            0026     ausgefahrene Autos, Merkerwort
0026      :L    Z   3
0027      :T    MW  74                         ausgefahrene Autos
0028      :***


NETZWERK 6            0029     Zaehlerstaende subtrahieren
0029      :L    MW  72                         Summe der eingefahrenen Autos
002A      :L    MW  74                         Ausgefahrene Autos
002B      :-F                                  Zaehlerstaende subtrahieren
002C      :T    MW  76                         Aktuelle Parkplatzbelegung
002D      :***


NETZWERK 7            002E     Ampel H1 gruen, wenn Zaehler <10
002E      :L    MW  76                         Akt. Zaehlerstand in Akku 2
002F      :L    KF  +10                        Konstante 10 in Akku 1
0031      :<F                                  Zaehlerstand < 10 ?
0032      :=    A   2.1                        dann Ampel H1 gruen !
0033      :***


NETZWERK 8            0034     Ampel H2 rot, wenn Zaehler > 10
0034      :L    MW  76
0035      :L    KF  +10
0037      :>F                                  Akt. Zaehlerstand > = 10 ?
0038      :=    A   2.2                        dann Ampel H2 rot !
0039      :BE
```

Bild 12.4/8: AWL *(Fortsetzung von vorhergehender Seite)*

Der Ausdruck mit dem PG 675 zeigt die Addition der beiden Zählerstände im Statusbetrieb (Netzwerk 3). Durch die Einfahrt 1 sind 6 Autos; durch die Einfahrt 2 zwei Autos eingefahren. Die erste Ladeanweisung lädt den Zählerstand 6 in Akku 1. Die zweite Ladeanweisung schiebt den Zählerstand 6 in Akku 2 und lädt den Zählerstand 2 in Akku 1. Das Ergebnis der anschließenden Addition wird ebenfalls wieder in Akku 1 abgelegt und danach in Merkerwort 72 zwischengespeichert.

```
| Baustein: PB 1     | Name: S12PH3ST | Anweisungen im PB: 0064   Gesamt: 0064
| Zyklus  :0.60 ms   |                | VKE Akku1 Akku2    Status 76543210 765432
NETZWERK   3                  Addition Z1  0  000A  0008
0016|     :L    Z   1                      0  0006  000A
0017|     :L    Z   2                      0  0002  0006
0018|     :+F                              0  0008  0006
0019|     :T    MW  72                     0  0008  0006
001A|     :***                             0  0008  0006
```

Bild 12.4/9: Programmauszug einer Addition im Statusbetrieb

13 Analogverarbeitung[1] (SANALOG)

AD/DA-Wandler ermöglichen das Einlesen analoger Signale und die Umwandlung in digitale Bitmuster, die dann in der SPS weiterverarbeitet werden und auch wieder als analoge Signale ausgegeben werden können. Über entsprechende Aufnehmer lassen sich nahezu alle physikalischen Größen in ein elektrisches Signal (z.B. 0 … 10 V, 4 … 20 mA) umsetzen, das dann über den Analog-Digital-Wandler in die SPS eingelesen werden kann. Bei der verwendeten SPS muss das Signal als Spannung zwischen 0 und 10 V vorliegen. Der AD-Wandler setzt dies dann in eine 12-Bit-Information um. Hinzu kommt ein Vorzeichenbit (VZ), sowie drei Informationsbits (X: irrelevantes Bit, F: Fehlerbit, Ü: Überlaufbit). Mit einem Ladebefehl wird letztlich eine 16-Bit-Information (ein Wort) in den Akku 1 geladen.

	High - Byte								Low - Byte							
Bit - Nummer	7	6	5	4	3	2	1	0	7	6	5	4	3	2	1	0
Analog - Eingabe	VZ	2^{11}	2^{10}	2^9	2^8	2^7	2^6	2^5	2^4	2^3	2^2	2^1	2^0	X	F	Ü

Bild 13/1: Aufbau des eingelesenen Analogwortes

Bedingt durch den Steckplatz 6 haben die Analogeingänge die Operandenadressen 112, 114, 116 und 118 und werden als Eingangswort geladen. Die Ausgänge haben die Adressen 120 und 122 und werden als Ausgangswort angesprochen.

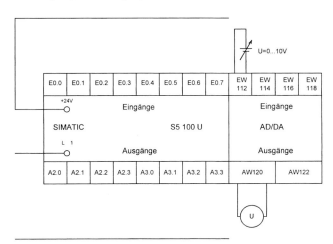

Bild 13/2: Beschaltung der SPS

Das folgende Beispielprogramm zeigt das Einlesen und Wiederausgeben einer Spannung.

```
L     EW 112
SRW   3
T     MW 112
SLW   3
T     AW 120
```

Mit der ersten Anweisung wird der analoge Wert (Eingangswort 112) am ersten Analogeingang eingelesen, in ein entsprechendes Bitmuster gewandelt und in den Akku 1 der CPU abgelegt. Die zweite Anweisung schiebt das Bitmuster im Akku um 3 Bit nach rechts (schiebe rechts Wort um 3 Bit). Dies ist notwendig, um die 3 Informationsbit zu beseitigen, da sie hier nicht notwendig sind. Das neue Bitmuster wird wieder in Akku 1 abgelegt; die ursprünglich eingelesene Information ist jetzt in Akku 2. Danach

---

[1] Die Beispielprogramme sind nur mit einer SPS mit AD/DA-Wandler – wie z.B. der Simatic S5 100U – möglich.

erfolgt ein Kopieren des Akkuinhaltes in Merkerwort MW 112. In einem praktischen Programm könnte von hier aus eine Weiterverarbeitung des eingelesenen Wertes erfolgen. Für die Ausgabe werden die 3 Informationsbit durch Linksschieben wieder angefügt. Der Transferbefehl kopiert den Inhalt des Akkus an den Ausgang 120.

Das folgende Bild zeigt die Inhalte von Akku 1, wenn über den Analogeingang eine Spannung von 6 V eingelesen wird.

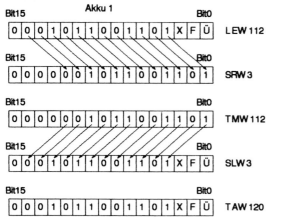

Bild 13/3: Inhalte von Akku 1 während des Programmablaufs

Dieses Programm kann mit einem Gleichspannungsnetzgerät und einem Spannungsmesser leicht überprüft werden. Im Statusbetrieb lässt sich das Bitmuster im Merkerwort 112 hexadezimal ablesen. Die Anzeige hat – bei exakt 10 V Eingangsspannung – den Wert 0800. Dies entspricht dezimal dem Wert 2048. Daraus kann man die Empfindlichkeit (Auflösung 3) des Wandlers bestimmen:

$$\frac{10\,V}{2\,048\,\text{Digit}} = 4{,}88\ \text{mV/Digit}$$

d.h.: eine Veränderung um 1 Bit entspricht einer Spannungsänderung um 4,88 mV.

Ein Beispiel soll diesen Ablauf verdeutlichen: An einem Messplatz soll eine größere Menge 6-V-Z-Dioden aussortiert werden. Die Z-Spannung wird dazu über den Analogeingang 112 eingelesen. Zur Kontrolle soll der Wert mit einem analogen Messgerät am 1. Analogausgang der SPS abgelesen werden können. Abweichungen von mehr als ± 10,2 V sollen zu einer Anzeige führen. Ist die Z-Spannung größer als 6,2 V leuchtet Lampe H2; ist sie kleiner als 5,8 V leuchtet H0. Innerhalb der Toleranzgrenzen leuchtet H1.

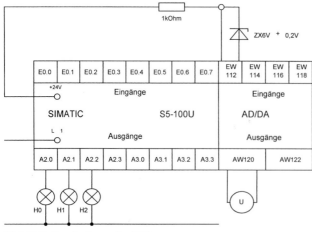

Bild 13/4: Beschaltung der SPS

Zuordnungsliste

```
              Datei A:S13AN2ZO.SEQ                              BLATT      1

              OPERAND   SYMBOL   KOMMENTAR

              EW112     EW112    Spannung am Analogeingang
              MW112     MW112    Zwischenspeicher aktuelle Spannung
              AW120     AW120    Spannung am Analogausgang
              A 2.0     H0       Anzeige: Spannung zu klein, H0 ein
              A 2.1     H1       Spannung zwischen 5,8V...6,2V , H1 ein
              A 2.2     H2       Spannung zu gross, H2 ein
```

```
FB 1                              A:S13AN2ST.S5D                    LAE=34
                                                                   BLATT    1
NETZWERK  1            0000    Aussortierung von 6V - ZDioden


0005     :L   EW 112                        Spannung am Analogeingang
0006     :SRW     3                         Info-Bits beseitigen
0007     :L   KF +1188                      Untergrenze 5,8 V
0009     :<F                                Vergleich
000A     :=   A    2.0                      H0 ein, Spannung zu klein
000B     :***


NETZWERK  2            000C    H2 ein, Spannung zu gross
000C     :L   EW 112                        Spannung am Analogeingang
000D     :SRW     3                         Info-Bits beseitigen
000E     :L   KF +1270                      Obergrenze 6,2 V
0010     :>F                                Vergleich
0011     :=   A    2.2                      H2 ein, Spannung zu gross
0012     :***


NETZWERK  3            0013    Spannung am Analogausgang
0013     :L   EW 112                        Spannung am Annalogeingang
0014     :SRW     3                         Info-Bits beseitigen
0015     :T   MW 112                        in Merkerwort 112 kopieren
0016     :SLW     3                         Info-Bits hinzufuegen
0017     :T   AW 120                        Spannung am Analogausgang
0018     :***


NETZWERK  4            0019    H1 ein,Spannung zwisch.5,8..6,2V
0019     :UN  A    2.0                      Spannung nicht zu klein
001A     :UN  A    2.2                      Spannung nicht zu gross
001B     :=   A    2.1                      H1 ein,Spannung zwisch.5,8..6,2V
001C     :BE


OB 1                              A:S13AN2ST.S5D                    LAE=8
                                                                   BLATT
NETZWERK  1            0000    Aussortierung von 6V - ZDioden
0000     :SPA FB   1                        absoluter Sprung nach FB1
0001 NAME :S13AN2
0002     :BE                                Programmende OB1
```

Bild 13/5: AWL

Die momentan anliegende Spannung wird über den ersten Analogeingang (EW112) eingelesen, gewandelt und im Akku 1 abgelegt. Die nächste Anweisung (SRW3) beseitigt wieder durch Rechtsschieben die drei Informationsbit.

Bei einer Auflösung von 4,88 mV/Digit entsprechen 6 V 1229 Digit. 0,2 V entsprechen 41 Digit. Für die Untergrenze der Spannung von 5,8 V ergeben sich dann 1 188, für die Obergrenze 6,2 V 1270 Digit.

Im Programm erfolgt jetzt die Kontrolle, ob der eingelesene Wert innerhalb dieser Grenzen liegt. Die Untergrenze wird als konstante Festpunktzahl (1 188) in Akku 1 geladen, der Wert der eingelesenen Spannung wird dadurch in Akku 2 geschoben. Ist der Wert in Akku 2 kleiner als der Wert in Akku 1, wird der Ausgang 2.0 gesetzt. In der gleichen Weise wird ermittelt, ob der momentane Spannungswert größer als die Obergrenze 6,2 V (1 270 Digit) ist. Trifft dies zu, wird der Ausgang 2.2 gesetzt. Zur Kontrolle wird der Spannungswert über Ausgangswort 120 auch an das Ausgabe-Modul übergeben. Liegt der Wert innerhalb der vorgegebenen Grenzen, ist der Ausgang 2.1 gesetzt.

14 Regelungstechnik (SREGEL)

14.1 Schema und Beschreibung des erforderlichen Regelkreises

Ein Lötanlage hat eine fallende Belastungskennlinie, das heißt, bei Zugabe von Lötzinn oder Durchlauf mehrerer Platinen fällt die Temperatur des Lötbades. Dieses Verhalten ist für diese Anwendung nicht tragbar, da Untertemperatur „kalte" Lötstellen verursacht und Übertemperatur Bauteile stark altern lässt oder sofort zerstört. Wenn die Temperaturänderungen des Lötbades unter wechselnden Betriebsbedingungen in engen Grenzen stabil gehalten werden soll, muss ein Regler eingesetzt werden. Es entsteht dann, gemäß dem Bild 14.1/1 ein Regelkreis.

Die gewünschte Temperatur des Lötbades wird mit der Einstellung eines Sollwertes (0 V ⇐ Sollwert w ⇐ 10 V) vorgegeben. Während bei einer Steuerung der Sollwert die Temperatur allein bestimmt, wird bei einer Regelung die tatsächlich erreichte Temperatur mit Hilfe eines Temperaturfühlers erfasst (–10 V ⇐ Istwert x ⇐ 10 V) und mit dem eingestellten Sollwert verglichen. Wenn sich die Temperatur des Lötbades z.B. nach dem Durchlaufen mehrerer Platinen ändert, entsteht eine Differenz zwischen Sollwert und Istwert: Die Regeldifferenz e = w – x (nach DIN 19 221).

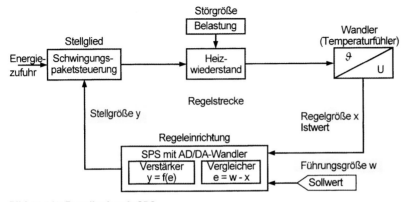

Bild 14.1/1: Regelkreis mit SPS

14.2 Beispiel eines digitalen P-Reglers

Aus der Regeldifferenz e wird die Stellgröße y gebildet, mit der die Energiezufuhr für die Heizung verstellt wird. Der Zusammenhang zwischen Regeldifferenz e und Stellgröße y wird durch den Proportionalbeiwert (Verstärkung) Kp hergestellt. Durch die Größe des Proportionalbeiwertes Kp wird aus einer gegebenen Regeldifferenz eine mehr oder minder große Stellgröße berechnet.

Im Folgenden wird ein Regelkreis mit P-Regler (Proportional-Regler) besprochen. Mit diesem Regler ist die Temperatur des Lötbades (Istwert) immer etwas kleiner als der vorgegebene Sollwert. Es bleibt also immer eine Regeldifferenz e bestehen.

14.2.1 Mathematische Nachbildung eines P-Reglers

Regler können mit analoger Signalverarbeitung (z.B. Operationsverstärker) oder mit digitaler Signalverarbeitung (z.B. SPS, Bild 14.1/1) aufgebaut werden. Beide Reglerarten ergeben annähernd dieselbe Wirkung im Regelkreis. Sie werden zwar mit derselben mathematischen Funktion beschrieben, trotzdem kann das Ergebnis einer stetigen Regelung (Analogregler) Unterschiede gegenüber einer unstetigen Regelung (Digitalregler) aufweisen. Eine mögliche Ursache kann z.B. in der Rechengenauigkeit liegen.

Es sind zwei Funktionen notwendig:

Subtraktion

zur Regeldifferenzbildung:

	Regeldifferenz	=	Führungsgröße	–	Regelgröße
	e	=	w	–	x

Multiplikation

zur Stellgrößenbildung:

	Stellgröße	=	Regeldifferenz	*	Proportionalbeiwert
	y	=	e	*	Kp

Die mathematische Betrachtungsweise des Reglers, umgesetzt in einen Programmablaufplan, ergibt folgendes Bild (Bild 14.2.2/1):

14.2.2 Programm einer Regelung mit digitalem P-Regler

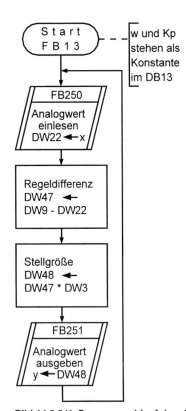

Unter Verwendung von Funktionsbausteinen und arithmetischen Funktionen einer SPS wird – entsprechend dem nebenstehenden Programmablaufplan eines Regelkreises – ein digitaler P-Regler programmiert. Dabei übernehmen die integrierten, parametrierbaren Funktionsbausteine (FB250 und FB251) die Normierung und Begrenzung der Ein- und Ausgangsgrößen.

Unter Normierung der Eingangsgröße ist zu verstehen: den Eingangstemperaturbereich des Messverstärkers (z.B. 0 °C ... + 400 °C) auf den Eingangsspannungsbereich des AD-Wandlers (z.B. – 10 V ... + 10 V) abzubilden (Kapitel 14.4.3). Durch die Normierung kann innerhalb des SPS-Programms mit der Temperatur in °C gerechnet werden (siehe Kapitel 14.2.4).

Im Einzelnen müssen folgende Funktionen per Programm realisiert werden:

– Führungsgröße
  (digital im Datenbaustein)   w
– Proportionalbeiwert
  (digital im Datenbaustein)   Kp
– Regelgröße (analog) einlesen   x
– Regeldifferenz   e = w – x
– Stellgröße berechnen   y = e * Kp
– Stellgröße (analog) ausgeben   y

Der Propotionalbeiwert kann nach den gängigen Verfahren der Regelungstechnik bestimmt werden.

Bild 14.2.2/1: Programmablaufplan digitaler P-Regler

14.2.3 Anweisungsliste des digitalen P-Reglers

Im Folgenden werden Beschaltung der SPS (Bild 14.2.3/1) und die AWL (Bild 14.2.3/2) des Programms dargestellt. Das Programm ist auf einer S5-100U mit CPU 102/103 lauffähig.

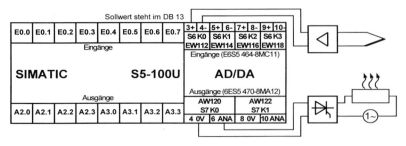

Bild 14.2.3/1:
Beschaltung der SPS

Dieses Programm befindet sich sowohl im Buch als auch auf der Diskette.

Verzeichnis: SREGEL, Datei: s14pr1st.s5d

SREGEL   Zusätzlich befinden sich auf der Diskette ein erweitertes Programm, mit dem fortlaufend
s14pr1st   Werte gespeichert werden können, sowie die Netzwerkkommentare.
s14pr2st   Verzeichnis: SREGEL, Datei: s14pr2st.s5d

```
OB 1                              A:S14PR1ST.S5D                LAE=10
                                                               BLATT   1
NETZWERK 1           0000    Temperatur-Regler
0000        :R    M   130.0                0-Merker fuer nicht verwendete
0001        :                              Funktion im FB250
0002        :SPA FB  13                    P-Regler aufrufen
0003 NAME :PREG
0004        :BE


FB 13                             A:S14PR1ST.S5D                LAE=46
                                                               BLATT   1
NETZWERK 1           0000    AD-Wandler X einlesen
NAME :PREG                                 REGLER

0005        :A   DB   13                   Regler-DB aufschlagen
0006        :
0007        :SPA FB  250                   Analogwert einlesen, normieren
0008 NAME :RLG:AE
0009 BG     :    KF +6                     Steckplatz 6
000A KNKT  :    KY 0,6                     Kanal 0, Festpunktzahl bipolar
000B OGR   :    KF +400                    Max. Temperatur Messverstaerker
000C UGR   :    KF -400                    Min. Temperatur Messverstaerker
000D EINZ  :    M  130.0                   nicht relevant, 0-Merker verwend
000E XA    :    DW 22                       Regelgroesse X
000F FB    :    M  130.1                   Fehlerbit, nicht benutzt
0010 BU    :    M  130.2                   Drahtbruch, nicht benutzt
0011        :***




NETZWERK 2           0012    Reglerfunktion
0012        :L   DW   9                     Vergleicher e = W - X
0013        :L   DW   22
0014        :-F
0015        :T   DW   47                    Regeldifferenz e
0016        :
0017        :SPA FB  242                   Verstaerker Y = e * Kp
0018 NAME :MUL:16
0019 Z1    :    DW 47                       Regeldifferenz e
001A Z2    :    DW 1                        Proportionalbeiwert Kp
001B Z3=0  :    M  130.6                    Produkt = 0, nicht benutzt
001C Z32   :    DW 49                       Ueberlaufbereich, Prod. >16 Bit
001D Z31   :    DW 48                       Stellgroesse Y
001E        :***




NETZWERK 3           001F    D/A-Wandler Y ausgeben
001F        :SPA FB  251                   Analogwert ausgeben
0020 NAME :RLG:AA
0021 XE    :    DW 48                       Stellgroesse Y
0022 BG    :    KF +7                       Steckplatz 7
0023 KNKT  :    KY 0,0                      Kanal 0, Festpunktzahl unipolar
0024 OGR   :    KF +400                     Max. Temperatur Stellglied
0025 UGR   :    KF +0                       Min. Temperatur Stellglied
0026 FEH   :    M  130.4                    Fehler, nicht benutzt
0027 BU    :    M  130.5                    Fehler, nicht benutzt
0028        :BE
```

Bild 14.2.3/2: AWL: P-Regler mit SPS *(Fortsetzung auf nächster Seite)*

```
0:        KH = 0000;
1:        KF = +00010;                    Proportionalbeiwert Kp
2:        KH = 0000;
3:        KH = 0000;
4:        KH = 0000;
          ...
8:        KH = 0000;
9:        KF = +00250;                    Fuehrungsgroesse W
10:       KH = 0000;
          ...
21:       KH = 0000;
22:       KF = +00000;                    Regelgroesse X
23:       KH = 0000;
          ...
47:       KF = +00000;                    Regeldifferenz e
48:       KF = +00000;                    Stellgroesse Y
49:       KH = 0000;
```

Bild 14.2.3/2: AWL: P-Regler mit SPS *(Fortsetzung von vorhergehender Seite)*

14.2.4 Test des digitalen P-Reglers

Wenn man mit einer Spannungsquelle den Istwert nachbildet, kann man das Programm des P-Reglers ohne angeschlossenes Lötbad testen. Der Wert für die Stellgröße kann an einem Spannungsmessgerät abgelesen werden.

Der Sollwert steht dabei als Konstante im Datenwort 9. Wurde z.B. ein Sollwert von 250 Digit eingegeben, so entspricht dies 250 °C oder 6,25 V (Tabelle 14.2.4/1).

Wird dazu an der Spannungsquelle 6 V eingestellt (dies entspricht einem Istwert von 240 °C) ergibt dies eine Regeldifferenz von 10 °C. Bei einem Proportionalbeiwert Kp = 1 wird als Stellgröße y = 0,25 V gemessen.

Sollwert	Istwert		Regeldiffe-	Proportional-	Stellgröße		Kommentar
w	x		renz e	beiwert	y		
Digit oder $t_{[°C]}$	$u_{[V]}$	Digit oder $t_{[°C]}$	Digit oder $t_{[°C]}$	Kp	$u_{[V]}$	Digit oder $t_{[°C]}$	
250	6,50	260	-10	1	0,00	-10	x > w
250	6,25	250	0	1	0,00	0	x = w
250	6,00	240	10	1	0,25	10	x < w
250	6,50	260	-10	10	0,00	-100	x > w
250	6,25	250	0	10	0,00	0	x = w
250	6,00	240	10	10	2,50	100	x < w

Tabelle 14.2.4/1: Ergebnisse des Reglertests

Die in der Tabelle dargestellten Zusammenhänge können auch aus der Kennlinie des P-Reglers herausgelesen werden (Bild 14.2.4/1).

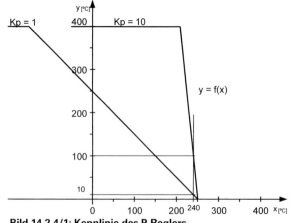

Bild 14.2.4/1: Kennlinie des P-Reglers

14.2.5 Erprobung einer digitalen Temperaturregelung

Die Erprobung der digitalen Temperaturregelung erfolgt nicht am Lötbad, sondern an einem Modell. Als Modell bietet sich der Lötkolben an, da er:

- im gleichen Temperaturbereich arbeitet,
- einen ähnlichen Kurvenverlauf hat,
- schneller ist,
- leichter zu beschaffen ist.

14.2.5.1 Daten der Regelstrecke

Lötkolben: U = 220 V (Siehe auch Bild 14.3.2/1: Sprungantwort der Regelstrecke)
P = 60 W

14.2.5.2 Betrieb der Heizung <u>ohne</u> Regler

Dazu wird die zugeführte Energie soweit erhöht, bis sich die Nenntemperatur (z.B. 250 °C) einstellt. Wenn sich die Temperatur nicht mehr ändert, ist y = z. Die Störgröße z besteht aus an die Umgebung abgegebene Wärmeenergie, durch Konvektion und Strahlung. Zum Zeitpunkt t = 0s wird z vergrößert, indem auf geeignete Weise mehr Wärmeenergie an die Umgebung abgeführt wird (Bild 14.2.5.3/1).

14.2.5.3 Betrieb der Heizung <u>mit</u> Regler

Um die beiden Betriebsarten miteinander vergleichen zu können genügt es nicht, den Sollwert auf 250 °C zu stellen. Aufgrund der bleibenden Regelabweichung wird sich ein niedrigerer Istwert einstellen. Dies kann dadurch ausgeglichen werden, indem der Regler mit Grundlast betrieben wird. Das heißt der Sollwert wird so weit erhöht, bis sich der richtige Istwert einstellt. Der Sollwert wird dazu nicht von außen als Spannung zugeführt sondern direkt, als digitaler Temperaturwert, in das Datenwort 9 eingetragen.

Aus dem Vergleich der im Versuch erhaltenen Kurven für die Temperatur lässt sich die Einwirkung des Reglers erkennen:

Nach Erhöhung der Störgröße z bei t = 0s, sinkt die Temperatur des Lötkolbens ohne Regler stärker ab als mit Regler.

Eine Erklärung für die über einen Zeitraum deckungsgleich verlaufenden Kurven liefert die Sprungantwort der Regelstrecke (Bild 14.3.2/1). Eine Erhöhung der Energiezufuhr wirkt sich verzögert auf die Temperatur aus.

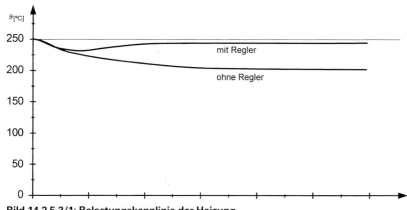

Bild 14.2.5.3/1: Belastungskennlinie der Heizung

14.3 Beispiel mit dem integrierten PID-Regler

Der Nachteil des P-Reglers, die bleibende Regeldifferenz, lässt sich vermeiden, wenn stattdessen ein PI-Regler eingesetzt wird. Der PID-Regler bringt gegenüber dem PI-Regler noch einen Geschwindig-keitsvorteil. Die S5-100U CPU 103 verfügt mit dem OB251 über einen fertigen PID-Regler (Kapitel 14.4.7).

Im Folgenden wird anhand des Lötkolbenmodells der PID-Regler besprochen. Die Reglerparameter werden nach dem CHR[1] Näherungsverfahren ermittelt (Führung, aperiodisch). Auf eine nachträgliche Optimierung soll hier verzichtet werden.

Die erforderlichen Schritte zum fertigen Regler sind:

- – Bestimmen der Streckenparameter,
- – Bestimmen der Abtastzeit,
- – Berechnen der Reglerparameter,
- – Erstellen des Programmablaufplans,
- – Schreiben der AWL,
- – Erproben des Reglers.

14.3.1 Bestimmen der Streckenparameter

Um die Reglerparameter nach CHR berechnen zu können, muss die Sprungantwort der Regelstrecke aufgenommen werden.

Neben den bekannten Verfahren der Analogtechnik, besteht auch die Möglichkeit, die Sprungantwort mit der SPS aufzunehmen. Dazu werden die am Analogeingang anliegenden Spannungswerte zu bestimmten Zeitpunkten in einem Datenbaustein in aufeinander folgenden Datenwörtern gespeichert. Nachdem alle Messwerte in einem Datenbaustein gespeichert sind, wird der Datenbaustein mit dem Programmiergerät als ASCII-Datei (Textdatei) exportiert. Diese ASCII-Datei kann in ein Tabellenkalkula-tionsprogramm (z.B. EXCEL) importiert und dort als Grafik ausgegeben werden.

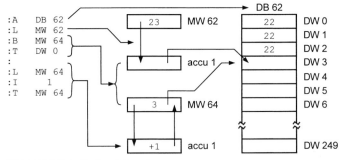

Bild 14.3.1/1: Indirekte Adressierung

Mit Hilfe der indirekten Adressie-rung und eines Merkerwortes, das bei jedem Programmdurchlauf um eins erhöht wird, kann nach-einander in jedem Datenwort eines Datenbausteins ein Mess-wert gespeichert werden. Das MW62 enthält dabei den aktuellen (Mess-)Wert und MW64 die Num-mer des Datenwortes, in dem der Inhalt von MW62 gespeichert werden soll (Bild 14.3.1/1).

Ein vollständiges Beispielprogramm, mit dem die Sprungantwort (Bild 14.3.2/1) aufgenom-men wurde, befindet sich auf der Diskette.
Verzeichnis: SREGEL, Datei: s14sasst.s5d

SREGEL
s14sasst
s14fmwst

Ein Funktionsbaustein mit dem fortlaufend Werte gespeichert werden können, befindet sich, für eigene Erweiterungen, ebenfalls auf der Diskette.
Verzeichnis: SREGEL, Datei: s14fmwst.s5d

14.3.2 Bestimmen der Abtastzeit

Mit Abtastzeit TA wird die Zeit bezeichnet, die zwischen zwei Abfragen desselben Analogeingangs ver-geht. Um die für analoge Regler gültige Betrachtungsweise auch auf digitale Regler anwenden zu kön-nen, darf die Abtastzeit nicht zu groß gewählt werden.

[1] Chien, Hrones und Reswick

Man könnte nun meinen, die Abtastzeit so klein wie möglich zu wählen, in der Annahme damit die Genauigkeit zu erhöhen. Dies ist aber nicht möglich, da die Abtastzeit in die Funktion (Formeln) zur Berechnung der Reglerparameter eingeht. Damit kann das Ergebnis der Funktion aber in einem Wertebereich liegen, der außerhalb des vom PID-Regelalgorithmus zu verarbeitenden Bereiches liegt.

Um die Abtastzeit zu bestimmen, wird an die Kurve der Sprungantwort eine Tangente gelegt. Mit Hilfe der Tangente wird die dominierende Zeitkonstante $T_{RK.\ dom}$ ermittelt (Bild 14.3.2/1). Die Erfahrung hat gezeigt, dass für die Tangente das obere Drittel der Kurve gut geeignet ist und die Abtastzeit etwa $^1/_{10}$ der Zeitkonstante betragen sollte. TA berechnet sich dann:

$$TA = T_{RK.\ dom} / 10$$

Im Kapitel 14.3.3 wird noch ein anderes Verfahren zur Bestimmung der Abtastzeit vorgestellt.

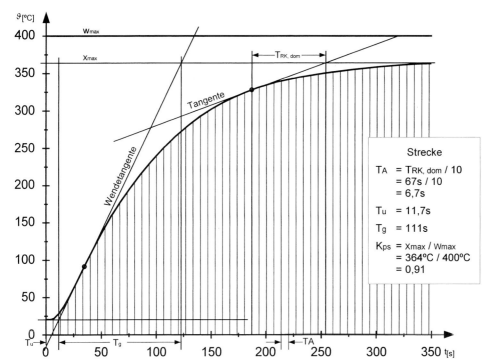

Bild 14.3.2/1: Sprungantwort der Regelstrecke

14.3.3 Berechnen der Reglerparameter

In der folgenden Tabelle (Tabelle: 14.3.3/1) sind die Schritte zur Berechnung der einzelnen Parameter aufgeführt. Dabei ist für den P- und den I-Anteil zu beachten, dass die Darstellung in $^1/_{1000}$ Schritten erfolgt. Damit ist es möglich eine REAL-Zahl mit ausreichender Genauigkeit in einer INTEGER-Zahl abzubilden.

$$4,79 = 4790 * (^1/_{1000})$$

Beim Berechnen des D-Anteils lag das Ergebnis außerhalb des darstellbaren Wertebereichs – Bemerkung (1) –. Durch Änderung der Abtastzeit konnte das Ergebnis in den darstellbaren Wertebereich verschoben werden. Daraus ist zu erkennen, dass die Abtastzeit auch durch Ausprobieren und schrittweise Annäherung gefunden werden kann. Aufgrund der einfachen Rechnungen ist dieses Verfahren schneller und sicherer als die zeichnerische Lösung zur Bestimmung der Abtastzeit (Bild 14.3.2/1).

233

	P-Anteil	I-Anteil	D-Anteil
Formel nach CHR, Führung, aperiodisch	KPR= (0,6 * Tg) / (KPS * Tu)	TN = Tg	TV = 0,5 * Tu
Berechnung	KPR= (0,6 * 111s) / (0,91 * 11,7s) = 6,26	TN = 111s	TV = 0,5 * 11,7s = 5,85s
Parameter mit TA = 6,7s	R = KPR * 1000 = 6,26 * 1000 = 6260	TI = (TA / TN) * 1000 = (6,7s / 111s) * 1000 = 60	TD = TV / TA = 5,85s / 6,7s = 0,9
Erlaubter Wertebereich	-32768 <= R <= +32768	1 <= TI <= 9999	1 <= TD <= 999
Bemerkung (1)	R liegt im Wertebereich	TI liegt im Wertebereich	TD liegt nicht im Wertebereich
		Durch verringern der Abtastzeit TA kann TD vergrößert werden, dabei verringert sich jedoch TI. Es wird festgelegt, TD = 2; dann ergibt sich für TA: TA = TV / TD = 5,85s / 2 = 2,93s	
Parameter neu mit TA = 2,93s	R = 6260	TI = (TA / TN) * 1000 = (2,93s / 111s) * 1000 = 26	TD = TV / TA = 5,85s / 2,93s = 2
Bemerkung (2)	R liegt im Wertebereich	TI liegt im Wertebereich	TD liegt im Wertebereich
	Die Werte können nun in die Datenwörter des entsprechenden Datenbausteins eingetragen werden		

Tabelle 14.3.3/1: Parametrierung

14.3.4 Programmablaufplan des digitalen PID-Reglers

Wie aus dem Programmablaufplan (Bild 14.3.4/1) ersichtlich, besteht das Programm aus zwei unabhängigen Teilen, der Initialisierung mit dem OB21 und dem Regler mit dem OB13. Der FB13 ist lediglich ein Unterprogramm des OB13, er wurde eingefügt, weil bestimmte Anweisungen innerhalb von OBs nicht möglich sind. Das Gleiche gilt auch für den OB21, der nur den FB21 aufruft.

Der OB21 (Kapitel 14.4.6) wird bei jedem Programmstart einmal ausgeführt, in ihm stehen z.B. Anweisungen um Standardeinstellungen der SPS zu überschreiben. In diesem Fall wird das Systemdatenwort 97 mit einer neuen Zeit geladen. (Siehe auch die AWL in Kapitel 14.3.5.)

Der OB13 (Kapitel 14.4.5) wird regelmäßig von einem genauen Zeitgeber aufgerufen, der aber im Gegensatz zu den ungenaueren Zeitgliedern nur einmal vorhanden ist. Außerdem werden bei jedem OB13-Zyklus die Alarmprozessabbilder der Ein- und Ausgänge aktualisiert, damit ist sichergestellt, dass der PID-Regelalgorithmus immer mit den aktuellsten Werten rechnet.

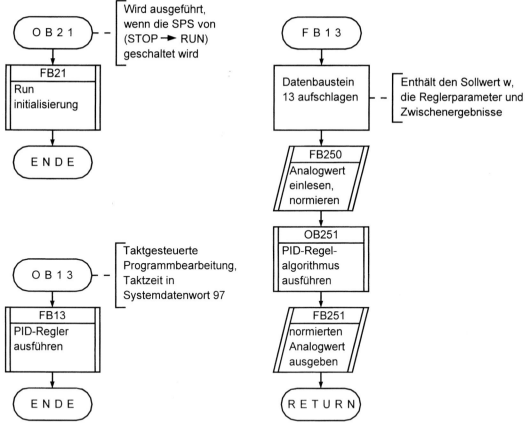

Bild 14.3.4/1: Programmablaufplan digitaler P-Regler

14.3.5 Anweisungsliste des digitalen PID-Reglers

Dieses Programm befindet sich sowohl im Buch als auch auf der Diskette.
Verzeichnis: SREGEL, Datei: s14pd1st.s5d

SREGEL
s14pd1st
s14pd2st

Zusätzlich befindet sich auf der Diskette ein erweitertes Programm, mit dem fortlaufend Werte gespeichert werden.
Verzeichnis: SREGEL, Datei: s14pd2st.s5d

```
DB13      A:S14PD1ST.S5D                               LAE=55   /54
                        Regler-DB                                   BLATT   1
     0:      KH = 0000;
     1:      KF = +06250;                  R-Parameter Kp
     2:      KH = 0000;
     3:      KF = +01000;                  K-Parameter
     4:      KH = 0000;
     5:      KF = +00026;                  Ti = Abtastzeit/Nachstellzeit
     6:      KH = 0000;
     7:      KF = +00002;                  Td = Vorhaltezeit/Abtastzeit
     8:      KH = 0000;
     9:      KF = +00250;                  Fuehrungsgroesse W
    10:      KH = 0000;
    11:      KM = 01001000 00100001;       Steuerwort
```

Bild 14.3.5/1: AWL: PID-Regler mit SPS *(Fortsetzung auf nächster Seite)*

DB13   A:S14PD1ST.S5D

```
12:      KF = +00000;              Parameter nicht benutzt
13:      KH = 0000;
14:      KF = +00400;              Obere Begrenzung BGOG
15:      KH = 0000;
16:      KF = +00000;              Untere Begrenzung BGUG
17:      KH = 0000;
18:      KH = 0000;
19:      KH = 0000;
20:      KH = 0000;
21:      KH = 0000;
22:      KF = +00000;              Regelgroesse X
23:      KH = 0000;
24:      KF = +00000;              Parameter nicht benutzt
25:      KH = 0000;
26:      KH = 0000;
27:      KH = 0000;
28:      KH = 0000;
29:      KF = +00000;              Parameter nicht benutzt
30:      KH = 0000;
31:      KH = 0000;
32:      KH = 0000;
33:      KH = 0000;
34:      KH = 0000;
35:      KH = 0000;
36:      KH = 0000;
37:      KH = 0000;
38:      KH = 0000;
39:      KH = 0000;
40:      KH = 0000;
41:      KH = 0000;
42:      KH = 0000;
43:      KH = 0000;
44:      KH = 0000;
45:      KH = 0000;
46:      KH = 0000;
47:      KH = 0000;
48:      KF = +00400;              Stellgreosse Y
49:      KH = 0000;
```

```
FB 13                      A:S14PD1ST.S5D                    LAE=37
                                                             BLATT   1
NETZWERK 1            0000      A/D-Wandler X einlesen
NAME :PIDREG

0005      :A   DB   13                  Regler-BD aufschlagen
0006      :
0007      :SPA FB 250                   Analogwert einlesen, normieren
0008 NAME :RLG:AE
0009 BG   :    KF +6                    Steckplatz 6
000A KNKT :    KY 0,6                   Kanal 0, Festpunktzahl bipolar
000B OGR  :    KF +400                  Max. Temperatur Messverstaerker
000C UGR  :    KF -400                  Min. Temperatur Messverstaerker
000D EINZ :    M  130.0                 Nicht benutzt, O-Merker verwend.
000E XA   :    DW 22                    Regelgroesse x
000F FB   :    M  130.1                 Fehlerbit, nicht benutzt
0010 BU   :    M  130.2                 Drahtbruch, nicht benutzt
0011      :***


NETZWERK 2           0012      Reglerfunktion aufrufen
0012      :
0013      :SPA OB 251                   PID-Regelalgoritmus ausfuehren
0014      :***
```

Bild 14.3.5/1: AWL: PID-Regler mit SPS *(Fortsetzung auf nächster Seite)*

236

```
NETZWERK 3              0015        D/A-Wandler Y ausgeben
0015        :
0016        :SPA FB 251                         normierten Analogwert ausgeben
0017 NAME  :RLG:AA
0018 XE    :     DW  48                         Stellgroesse Y
0019 BG    :     KF  +7                         Steckplatz 7
001A KNKT  :     KY  0,0                        Kanal 0, Festpunktzahl unipolar
001B OGR   :     KF  +400                       Max. Temperatur Stellglied
001C UGR   :     KF  +0                         Min. Temperatur Stellglied
001D FEH   :     M   130.4                      Fehler, nicht benutzt
001E BU    :     M   130.5                      Fehler, nicht benutzt
001F       :BE
```

```
FB 21

NETZWERK 1              0000        Run Initialisierung
NAME :RUNINIT

0005        :R   M   130.0                      0-Merker fuer nicht verwendete
0006        :                                   Funktion im FB250
0007        :
0008        :L   KF  +293                        Antastzeit 293 * 10 ms = 2,93 s
000A        :T   BS  97                          in das Systemdatenwort 97
000B        :
000C        :BE
```

```
OB 13

NETZWERK 1              0000        taktgesteuerte Programmbearbeit.
0000        :SPA FB  13                         Regler ausfuehren
0001 NAME  :PIDREG
0002        :BE
```

```
OB 21

NETZWERK 1              0000        manuell Einschalten STOP -> RUN
0000        :SPA FB  21                         Run Initialisierung
0001 NAME  :RUNINIT
0002        :BE
```

Bild 14.3.5/1: AWL: PID-Regler mit SPS *(Fortsetzung von vorhergehender Seite)*

14.3.6 Erprobung des digitalen PID-Reglers

Die Erprobung des PID-Reglers erfolgt, wie schon beim P-Regler, wieder am Lötkolbenmodell. Die SPS wird auf die gleiche Art beschaltet (Bild 14.2.3/1). Alle erforderlichen Parameter sind in einem Datenbaustein abgelegt, einschließlich des Sollwertes.

Wie schließlich aus der Kurve (Bild 14.3.6/1) ersichtlich ist, sind die Reglerparameter noch nicht optimal. Um das Regelverhalten zu verbessern, wird das aus der Analogtechnik bekannte Versuch- und Irrtum-Verfahren angewandt und die Reglerparameter entsprechend in dem Datenbaustein geändert.

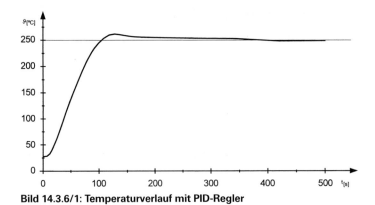

Bild 14.3.6/1: Temperaturverlauf mit PID-Regler

14.4 Integrierte Bausteine der S5-100U

(Nach SIEMENS-Gerätehandbuch, Bestell-Nr.: 6ES5 998-0UB13, Ausgabe 02)

14.4.1 FB242, 16-Bit-Dual-Multiplizierer (ab CPU 102)

Multipliziert zwei 16 Bit Festpunkt-Dualzahlen, das Ergebnis ist eine 32 Bit Festpunkt-Dualzahl.

Bedeutung	Belegung	Format
Funktionsaufruf		
festgelegter Funktions- name		
Multiplikator	- 32768 ... +32767	Wort
Multiplikand	- 32768 ... +32767	Wort
Abfrage: Produkt auf Null	ist "1" wenn Produkt = 0	Merker
Produkt High-Wort (Überlauf)	16 Bit (Bit 16 ... 31)	Wort
Produkt Low-Wort	16 Bit (Bit 0 ... 15)	Wort

```
0001          :SPA FB 242
0002 NAME  :MUL:16
0003 Z1    :
0004 Z2    :
0005 Z3=0  :
0006 Z32   :
0007 Z31   :
```

Tabelle 14.4.1/1: 16-Bit-Dual-Multiplizierer

14.4.2 FB243, 16-Bit-Dual-Dividierer (ab CPU 102)

Dividiert zwei 16 Bit Festpunkt-Dualzahlen, das Ergebnis sind zwei 16 Bit Festpunkt-Dualzahlen. (Quotient und Rest).

Bedeutung	Belegung	Format
Funktionsaufruf		
festgelegter Funktions- name		
Dividend	- 32768 ... +32767	Wort
Divisor	- 32768 ... +32767	Wort
Überlaufanzeige	ist "1" wenn Überlauf	Merker
Fehler: Division durch Null	ist "1" wenn Divisor = 0	Merker
Abfrage: Quotient auf Null	ist "1" wenn Quotient = 0	Merker
Abfrage: Rest auf Null	ist "1" wenn Rest = 0	Merker
Quotient	16 Bit	Wort
Rest	16 Bit	Wort

```
0001          :SPA FB 243
0002 NAME  :DIV:16
0003 Z1    :
0004 Z2    :
0005 OV    :
0006 FEH   :
0007 Z3=0  :
0008 Z4=0  :
0009 Z3    :
000A Z4    :
```

Tabelle 14.4.2/1: 16-Bit-Dual-Dividierer

238

14.4.3 FB250, Analogwert einlesen und normieren (ab CPU 102)

Liest den Wert der angegebenen Analog-Eingabebaugruppe, rechnet ihn in den Bereich OGR ... UGR um und stellt ihn als Ausgangswert bereit. Abhängig vom Verlauf der A/D-Wandlung werden die Fehler-Merker gesetzt.

Die Angabe der OGR und UGR bezieht sich auf den möglichen Eingangsbereich der Analog-Eingabe-baugruppe und nicht den tatsächlich vorkommenden Eingangsbereich. Dazu ein Beispiel:

Ein Temperaturaufnehmer liefert im Bereich 0 °C ... 400 °C eine Spannung von 0 V ... + 10 V. Die verwendete Analog-Eingabebaugruppe erlaubt einen Eingangsbereich – 10 V ... + 10 V und wird in „Festpunkt bipolar" betrieben. Gefordert ist, bei 0 °C soll der Ausgangswert „0"- und bei 400 °C „400" betragen. Dann muss die Untergrenze auf „–400" und die Obergrenze auf „+ 400" gesetzt werden. Würde die Untergrenze auf „0" gesetzt werden, ergebe sich bei einer Eingangs-spannung von 0 V eine Ausgangswert von „200".

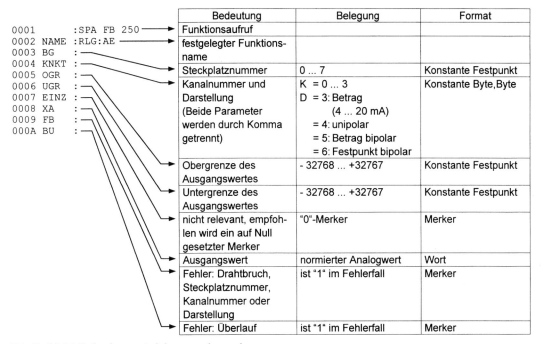

	Bedeutung	Belegung	Format
0001 :SPA FB 250	Funktionsaufruf		
0002 NAME :RLG:AE	festgelegter Funktions-name		
0003 BG :			
0004 KNKT :	Steckplatznummer	0 ... 7	Konstante Festpunkt

0005 OGR :	Kanalnummer und Darstellung (Beide Parameter werden durch Komma getrennt)	K = 0 ... 3
		D = 3: Betrag
		    (4 ... 20 mA)
		  = 4: unipolar
		  = 5: Betrag bipolar
		  = 6: Festpunkt bipolar
			Konstante Byte, Byte

0006 UGR :			
0007 EINZ :			
0008 XA :			
0009 FB :			
000A BU :			
	Obergrenze des Ausgangswertes	- 32768 ... +32767	Konstante Festpunkt
	Untergrenze des Ausgangswertes	- 32768 ... +32767	Konstante Festpunkt
	nicht relevant, empfohlen wird ein auf Null gesetzter Merker	"0"-Merker	Merker
	Ausgangswert	normierter Analogwert	Wort
	Fehler: Drahtbruch, Steckplatznummer, Kanalnummer oder Darstellung	ist "1" im Fehlerfall	Merker
	Fehler: Überlauf	ist "1" im Fehlerfall	Merker

Tabelle 14.4.3/1: Analogwert einlesen und normieren

14.4.4 FB251, normierten Analogwert ausgeben (ab CPU 102)

Rechnet den auszugebenden Analogwert in den Ausgabebereich der angegebenen Analog-Ausgabe-baugruppe um, unter Berücksichtigung der UGR und OGR. Abhängig vom Verlauf der Berechnung werden die Fehler-Merker gesetzt.

Die Angabe der OGR und UGR bezieht sich auf den für die jeweilige Anwendung festgelegten Bereich des auszugebenden Analogwertes. Dazu ein Beispiel:

Es wird eine Analog-Ausgabebaugruppe mit einem Ausgangsspannungsbereich von – 10 V ... + 10 V verwendet. Sie soll bei einem auszugebenden Analogwert von „0" ... „+ 400" eine Spannung von 0 V ... + 10 V liefern. Dazu wird die Analog-Ausgabebaugruppe in der Darstellung „unipolar" betrieben, die Obergrenze auf „+ 400" gesetzt und die Untergrenze auf „0" gesetzt.

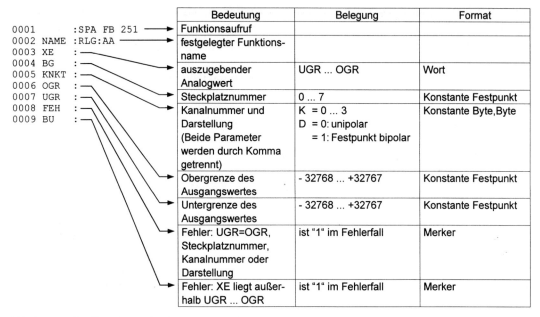

	Bedeutung	Belegung	Format
0001 :SPA FB 251	Funktionsaufruf		
0002 NAME :RLG:AA	festgelegter Funktions-name		
0003 XE :			
0004 BG :	auszugebender Analogwert	UGR … OGR	Wort
0005 KNKT :	Steckplatznummer	0 … 7	Konstante Festpunkt
0006 OGR :	Kanalnummer und	K = 0 … 3	Konstante Byte,Byte
0007 UGR :	Darstellung	D = 0: unipolar	
0008 FEH :	(Beide Parameter	= 1: Festpunkt bipolar	
0009 BU :	werden durch Komma getrennt)		
	Obergrenze des Ausgangswertes	- 32768 … +32767	Konstante Festpunkt
	Untergrenze des Ausgangswertes	- 32768 … +32767	Konstante Festpunkt
	Fehler: UGR=OGR, Steckplatznummer, Kanalnummer oder Darstellung	ist "1" im Fehlerfall	Merker
	Fehler: XE liegt außerhalb UGR … OGR	ist "1" im Fehlerfall	Merker

Tabelle 14.4.4/1: Normierten Analogwert ausgeben

14.4.5 OB13, zyklische Programmbearbeitung, zeitgesteuert (ab CPU 103)

Der OB13 wird vom Betriebssystem des SPS in festgelegten Zeitabständen ausgeführt. Er unterbricht dabei den OB1-Zyklus und setzt, nachdem er selber abgearbeitet ist, den OB1-Zyklus fort. Die Zeit steht im Systemdatenwort 97 und wird in 10 ms Schritten angegeben.

Der Baustein sollte immer verwendet werden, wenn es auf hohe Wiederholgenauigkeit ankommt, wie beim PID-Regelalgorithmus. Außerdem aktualisiert jeder OB13-Aufruf die Alarmprozessabbilder der Ein- und Ausgänge, damit ist sichergestellt, dass immer mit den aktuellsten Werten gearbeitet wird (Analogsteckplatz 0 … 7 und Digitalsteckplatz 0 … 31).

Voreingestellt ist eine Zeit von 100 ms, sie kann durch die Befehle (Bild 14.4.5/1) auf einen anderen Wert gesetzt werden. „Wert" ist die Zeit als positive Festpunktzahl in 10 ms Schritten. Die Befehle können nur in einem Funktionsbaustein stehen.

```
0001        : L    KF  „Wert"
0002        : T    BS  97
```

Bild 14.4.5/1: AWL Systemdatenwort

14.4.6 OB21, Übergang vom STOP ⇒ RUN Betrieb

Der OB21 wird einmalig, bei jedem Programmstarten der SPS, ausgeführt. In diesem Baustein können einmalige Initialisierungen durchgeführt werden.

14.4.7 OB251, PID-Regelalgorithmus (ab CPU 103)

Mit dem OB251 stellt das Betriebssystem einen PID-Regelalgorithmus für Anwendungen der Verfahrenstechnik zur Verfügung (Druck-, Durchfluss- und Temperaturregelung). Bei diesem PID-Regler können einzelne Anteile abgeschaltet werden, indem der entsprechende Parameter auf Null gesetzt wird.

Um den Regler zu nutzen muss vorher ein Datenbaustein mit mindestens 49 Datenwörtern aufgeschlagen (angemeldet) werden. In dem Datenbaustein müssen die entsprechenden Werte- und die Reglerparameter eingetragen sein, und hier wird auch die Stellgröße wieder ausgelesen.

Der Datenaustausch zwischen Regler und anderen Programmteilen kann nur über Datenbausteine erfolgen. Es ist möglich mehrere Regler zu nutzen, indem der PID-Regelalgorithmus nacheinander auf verschiedene Datenbausteine angewendet wird.

Zur Bestimmung der Reglerparameter können im wesentlichen die aus der Analogtechnik bekannten Verfahren angewandt werden. Eine Besonderheit ergibt sich beim 3- und D-Anteil, da hier die Abtastzeit in die Berechnung eingeht.

Datenwort	Name		Beschreibung
1	K	- P-Anteil	(-32768 ... +32767) bei Reglern ohne D-Anteil. (-1500 ... +1500) bei Reglern mit D-Anteil. K kann größer sein, wenn sprungförmige Änderungen der Regeldifferenz genügend klein sind. Ist K positiv, ergibt sich ein positiver Regelsinn; ist K negativ, ergibt sich ein negativer Regelsinn. K wird mit 0,001 multipliziert.
3	R	- R-Parameter	Bei Reglern mit P-Anteil gleich 1, ohne P-Anteil = 0. Der Wert wird mit 0,001 multipliziert, also muß 1000 im Datenwort stehen.
5	TI	- I-Anteil	(0 ... 9999) TI = Abtastzeit TA / Nachstellzeit Tn Der Wert wird mit 0,001 multipliziert.
7	TD	- D-Anteil	(0 ... 999) TD = Vorhaltezeit Tv / Abtastzeit TA
9	W	- Führungsgröße	(-2047 ... +2047) Sollwert
11	STEU	- Steuerwort	00000000 00100001 (Diesen Wert im KM-Format übernehmen) Bit 2: 0 = Normalbetrieb 1 = Regler AUS und Reset
14	BGOG	- Obergrenze	(-2047 ... +2047) Begrenzung der Stellgröße
16	BGUG	- Untergrenze	(-2047 ... +2047) Begrenzung der Stellgröße
22	X	- Regelgröße	(-2047 ... +2047) Eingangsbereich des Istwertes
48	Y	- Stellgröße	(-2047 ... +2047) Ausgangsbereich

Tabelle 14.4.7/1: PID-Regelalgorithmus

Fragen zu Kapitel 12–14:

1. Was versteht man bei einer S5 unter einem Funktionsbaustein?

2. Was versteht man unter einem Datenwort?

3. Was versteht man unter „Istwert x"?

4. In welcher Form kann der Istwert „Temperatur" hinter dem Wandler (Temperaturfühler) vorliegen?

5. Was versteht man unter „Sollwert w?"

6. Was versteht man unter „Stellgröße y"?

7. Was versteht man unter „Regelabweichung xw"?

8. Was versteht man unter „Regeldifferenz e"?

9. Was versteht man unter „Proportionalbeiwert (Übertragungsfaktor, Verstärkung) Kp"?

10. Warum kann der Istwert x beim P-Regler nicht gleich dem Sollwert w werden?

11. Welche Funktion führt der Analog-/Digital-Wandler aus?

12. Wodurch unterscheidet sich ein analog aufgebauter Regelkreis von einem Digitalen?

13. Wann ist in einem Regelkreis die Stellgröße y gleich Null?

14. Wann darf der Regler – nach der Kennlinie auf Seite 230 – eine Ausgangsspannung liefern?

15. Wie wird ein Funktionsbaustein aufgerufen?

16. Wie werden dem SPS-Regler-Programm die Eingangsgrößen mitgeteilt?

15 Programmierung nach IEC 1131-3 (SNEUPROG)

15.1 Entwicklung der Norm

Die zunehmende Automatisierung von Anlagen stieß Ende der 80-er Jahre auf Probleme. Die Hersteller waren in der Vergangenheit darauf bedacht, ihre Steuerungen von denen der Konkurrenz abzugrenzen. Dies führte zu unterschiedlichen, nichtkompatiblen Gerätesystemen mit jeweils spezifischen technischen Ausprägungen (unterschiedlichen Prozessoren, Schnittstellen, usw.), unterschiedlichen Programmier-sprachen (deutsche und englische Schreibweise) und geräte- bzw. firmenspezifischer Software. Darüber hinaus wurde die Norm von den Herstellern teilweise erheblich abgewandelt.

Der Kunde bzw. Anlagenbetreiber war meist in der Situation, dass er bei einer Anlagenerweiterung weiterhin bei dem einmal gewählten Steuerungshersteller kaufen musste. Die Alternative waren unter-schiedliche Systeme in einer Anlage mit all ihren Nachteilen: Die Facharbeiter mussten in verschiede-nen Systemen eingearbeitet werden und es musste die jeweilige Software vorhanden sein. Eine Verbindung (Vernetzung) alter und neuer Anlagenteile war kaum möglich, da die Systeme auch in Bezug auf ihre Kommunikation nicht kompatibel waren. Für den Anlagenbetreiber bedeutet dies alles erhöhte Kosten.

Ab 1987 gab es bei den großen SPS-Herstellern Bestrebungen, diese Systeminkompatibilitäten bei neuen Steuerungen zu beseitigen. Man vereinbarte in der *International Electrotecnical Commission (IEC)* die Erarbeitung eines verbindlichen Standards für Steuerungen. Ein Entwurf wurde schon sehr bald unter der Bezeichnung IEC 65A zur Diskussion vorgelegt. Anfang 1992 wurde diese Norm unter der Bezeich-nung IEC 1131 Teil 1–5 von der Kommission verabschiedet. Vereinbart wurden technische Anforderun-gen an das SPS-System und eine möglichst einheitliche Programmierung. Abweichungen von der Norm sollte der Hersteller dokumentieren, damit der Anwender verschiedene Systeme objektiv vergleichen kann.

15.2 Bestandteile der Norm

- Teil 1   beschreibt die verwendeten Begriffe der Hard- und Software.
- Teil 2   legt die Struktur der SPS-Hardware und die physikalischen Anforderungen, wie Temperatur-bereiche, elektrische Störeinflüsse usw. fest.
- Teil 3   beschreibt die Syntax und Semantik der Programmiersprachen. Neben Anweisungsliste (Instruction List), Kontaktplan (Ladder) und Funktionsplan (Function Block Diagramm) werden zwei neue Sprachen Strukturierter Text (ST) und Ablaufsprache (Sequential Function Chart) beschrieben. Außerdem werden die System- und Programmstruktur und die Variablendeklaration genormt.
- Teil 4   beschreibt Anforderungen an die Dokumentation der Soft- und Hardware.
- Teil 5   beschäftigt sich mit der Kommunikation zwischen Datenverarbeitungssystemen. Auch die Einbindung in Bussysteme wird angedacht.

Nach IEC 1131-3 besteht ein Programm aus den folgenden Elementen:
- Strukturen.
- Bausteinen.
- Globale Variablen.

In den **Strukturen** wird der Name des Projektes vergeben und die Variablendeklaration vorgenommen. Von der herkömmlichen Programmierung ist das Schreiben der Zuordnungsliste bekannt. In ihr wird eine SPS-Adresse einer symbolischen Adresse zugeordnet. Die symbolische Schreibweise ist dem Anwender meist einsichtiger (sofern ein sinnvoller Name gewählt wird), als eine Aufzählung von Hard-ware-Adressen.

Bei der Programmierung nach IEC wird eine Globale-Variablen-Liste angelegt. Hier werden die dem gesamten Projekt zugeordneten symbolischen Adressen als Variablen festgelegt. Dies hat gegenüber der herkömmlichen Programmierung den Vorteil, dass die Speicherbereiche der SPS optimaler genutzt werden können. Die sonst festgelegten Speicherbereiche für Eingänge, Ausgänge, Merker und Programm werden jetzt von der SPS je nach Bedarf selbstständig verwaltet.

Eine Variablendeklaration könnte z.B. so aussehen:

Karl_Heinz AT %IX0.3 : BOOL : = TRUE; (Kommentar)

d.h.: Der Eingangsadresse I0.3 wird die symbolische Bezeichnung *Karl_Heinz* zugeordnet und mit logisch 1 initialisiert.

AT gibt die Zuordnung der symb. Bezeichnung zu einem Eingang, Ausgang oder Merker an.

Die Angabe BOOL bezeichnet den Datentyp.

Beim Datentyp gibt es die folgenden Unterscheidungen:

- BOOL   Bit-Operand 0- oder 1-Signal
- INT   16-Bit-Zahl
- DINT   32-Bit-Zahl
- WORD   Bitmuster (16-Bit)
- DWORD   Bitmuster (32-Bit)
- ARRAY   Variablenfeld

Die Schreibweise der Adresse hat folgende Bedeutung:

- %   es folgt eine Adresse
- I, Q, M   Eingang, Ausgang, Merker
- X, W, D   Bit-Adresse, Word, Doppelword

Bei den **Bausteinen** unterscheidet man *Funktionen, Funktionsblöcke* oder *Funktionsbausteine* und *Programme.* Bausteine lassen sich mit den Bausteintypen (OB, FB oder PB) von Siemens STEP5 vergleichen. *Funktionen* sind z.B. SIN, SQRT (Quadratwurzelfunktion), usw. Auskunft über die vorhandenen Funktionen gibt die verwendete Software, da die Funktionen vom Programmhersteller zur Verfügung gestellt werden. *Funktionsblöcke* sind z.B. Zeitstufen, Zähler und RS-Speicher. Sie können mehrfach im Programm verwendet werden. Diesen Vorgang nennt man Instantiierung. *Programme* lassen sich mit PB's von Siemens STEP5 vergleichen. Neben den schon bekannten Sprachen AWL, FUP und KOP gibt es noch zwei neue Sprachen: **S**trukturierter **T**ext (ST) und die Ablaufsprache (**S**equential **F**unktion **C**hart, SFC). Die Darstellung *Strukturierter Text* ist eine Programmiersprache ähnlich Pascal bzw. C+. Die Ablaufsprache kommt in der Darstellung den neuen Funktionsplänen nach DIN 40 719 sehr nahe. Nach IEC besteht jeder Baustein aus einem Deklarationsteil und einem Rumpf. Im Deklarationsteil befindet sich die Variablenzuordnung für diesen Baustein, im Rumpf das Programm in einer der schon erwähnten Programmiersprachen.

Eine **Globale Variablenliste** ist erforderlich, wenn das Gesamtprogramm mehrere Bausteine enthält und damit eventuell Variablen, die für das gesamte Projekt gültig sind.

15.3 Programmiersoftware

Für die Programmerstellung der Beispiele wurde das Programm ACCON ProSys der Firma Delta-Logic in der Version 1.5 gewählt. Das Programm ermöglicht die Programmierung in allen 5 Programmiersprachen und enthält darüber hinaus eine Simulation. Das S7-System lässt sich einfach von der Software konfigurieren, ein Test-Modus ist ebenfalls enthalten. Das Programm läuft unter Windows (ab Version 3.11). Die Kommunikation zur SPS S7-300 wurde mit dem PC/MPI Cable hergestellt.

15.4 Eine Einführung mit Beispielen

Konfiguration der S7-300

Den Autoren stand eine SPS Siemens S7-300 (CPU 313) zur Verfügung. Auf den Modul-Steckplätzen befanden sich

- ein Eingangsmodul mit 16 digitalen Eingängen (Adressen 0.0 ... 0.7, 1.0 ... 1.7),
- zwei Ausgangsmodule mit je 8 digitalen Ausgängen (Adressen 4.0 ... 4.7, 8.0 ... 8.7),
- ein Analogmodul mit 4 Eingängen,
- ein Analogmodul mit 2 Ausgängen und
- ein Profibus-Modul.

Mit der Software ProSys muss zu Beginn eines Projektes die Konfiguration der SPS eingegeben werden. Dazu klickt man mit der Maus-Taste ein leeres Rack an und bestimmt das Modul, das sich dort befindet. Danach ergibt sich für die zur Verfügung stehende SPS das folgende Aussehen.

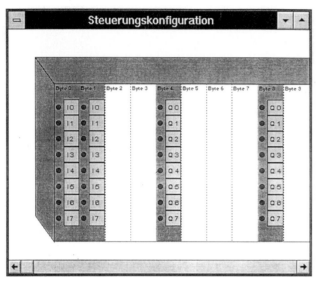

Bild 15.4/1: Konfiguration der SPS

15.4.1 UND-Verknüpfung in AWL, absolute Adressierung

Das erste Beispiel zeigt eine UND-Verknüpfung der Eingänge I0.0 und I0.1 mit der Zuweisung auf den Ausgang Q4.0. Nach der Öffnung des Organisationsbausteins 1 (OB1) erscheint im oberen Teil der Darstellung der Deklarationsteil. Hier befindet sich die Angabe PROGRAM OB1, d.h.: Ein Programm wird direkt in den OB1 geschrieben. Zwischen die Angaben VAR und END VAR werden die verwendeten Variablen eingetragen. Hier befinden sich keine Einträge, da das Programm mit absoluten Adressen geschrieben werden soll. Im Rumpf befindet sich das eigentliche Programm. Der Zustand des ersten Einganges wird über einen Ladebefehl eingelesen, der zweite Eingang realisiert die UND-Verknüpfung. Das Ergebnis wird in den Ausgang Q4.0 abgelegt (engl.: store ST). Das Prozent-Zeichen steht für den Hinweis: Es folgt eine absolute Adresse, das X für einen binären Eingang, Ausgang oder Merker.

```
 Pfad: A:\SNEUPROG\S15UN1.PRO


 Baustein: OB1 (PRG-AWL)


0001 PROGRAM OB1
0001     LD      %IX0.0
0002     AND     %IX0.1
0003     ST      %QX4.0
0004
0005
```

Bild 15.4.1/1: UND-Verknüpfung in AWL

244

15.4.2 UND-Verknüpfung in AWL, symbolische Adressierung

Das zweite Beispiel zeigt ebenfalls eine UND-Verknüpfung, diesmal mit symbolischen Adressen. Dazu müssen die Zuordnungen im Deklarationsteil festgeschrieben werden. Die symbolische Bezeichnung TASTER_1 wird der Adresse, dem Eingang I0.1 zugeordnet, TASTER_2 dem Eingang I0.2 und der SPS-Ausgang Q4.1 erhält die Bezeichnung AUSGANG_1. Im Rumpf befinden sich die 3 Anweisungen, die das Gleiche bewirken, wie im Beispiel 1. Diesmal jedoch ohne irgendwelche Sonderzeichen. Das Programm ist dadurch übersichtlicher und einfach zu lesen.

```
˙ Pfad: A:\SNEUPROG\S15UN2.PRO


   Baustein: OB1 (PRG-AWL)
```

```
0001 PROGRAM OB1
0002 VAR
0003        Taster_1 AT %IX0.1 : BOOL;
0004        Taster_2 AT %IX0.2 : BOOL;
0005        Ausgang_1 AT %QX4.1 : BOOL;
0006 END_VAR
0001        LD       Taster_1
0002        AND      Taster_2
0003        ST       Ausgang_1
0004
```

Bild 15.4.2/1: UND-Verknüpfung in AWL

15.4.3 UND-Verknüpfung in FUP

Im nächsten Beispiel ist wieder eine UND-Verknüpfung zu erkennen, diesmal in der Sprache Funktionsplan (FUP). Der Deklarationsteil enthält wieder die Zuordnung der Ein- und Ausgänge zu symbolischen Adressen. Die Angabe BOOL besagt, dass die Zustände an den Ein- oder Ausgängen 0- oder 1-Signal annehmen können. Die Ergänzung: =FALSE gibt den Vorgabewert des Ein- oder Ausganges an, den er beim Einschalten der SPS annimmt. Das UND-Symbol lässt sich aus einer Bibliothek, die in der Software enthalten ist, entnehmen. Die Anschlüsse werden dann mit Hilfe einer Liste, die aus der Zuordnung gebildet wird, parametriert. Das „Schreiben" eines Programms wird damit erheblich erleichtert.

```
˙ Pfad: A:\SNEUPROG\S15UN3.PRO


   Baustein: OB1 (PRG-FUP)
```

```
0001 PROGRAM OB1
0002 VAR
0003        TASTER_1 AT %IX0.1 : BOOL := FALSE; (* Taster S1 Schliesser *)
0004        TASTER_2 AT %IX0.2 : BOOL := FALSE; (* Taster S2 Schliesser *)
0005        AUSGANG_1 AT %QX4.1 : BOOL := FALSE; (* Ausgang 1 fuer Schuetz 1 *)
0006 END_VAR
0001
     Dies ist eine UND-Verknüpfung

                    ┌─────┐
                    │ AND │
     TASTER_1───────│     ├──────AUSGANG_1
     TASTER_2───────│     │
                    └─────┘
```

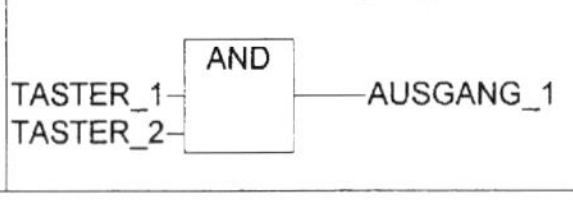

Bild 15.4.3/1: UND-Verknüpfung in FUP

Der Deklarationsteil lässt sich ebenfalls einfach erstellen: Über die Software kann man die Darstellung einer Tabelle wählen, was die Eingabe ebenfalls erleichtert.

Globale Variablen

	VAR_GLOBAL / CONSTANT / RETAIN / INFO				
	Name	Adresse	Typ	Initial	Kommentar
0001	TASTER_1	%IX0.1	BOOL	FALSE	Taster S1 Schliesser
0002	TASTER_2	%IX0.2	BOOL	FALSE	Taster S2 Schliesser
0003	AUSGANG_1	%QX4.1	BOOL	FALSE	Ausgang 1 fuer Schuetz 1

OB1 (PRG-FUP)

	VAR / VAR_INPUT / VAR_OUTPUT / VAR_IN_OUT / CONSTANT				
	Name	Adresse	Typ	Initial	Kommentar
0001	TASTER_1	%IX0.1	BOOL	FALSE	Taster S1 Schliesser
0002	TASTER_2	%IX0.2	BOOL	FALSE	Taster S2 Schliesser
0003	AUSGANG_1	%QX4.1	BOOL	FALSE	Ausgang 1 fuer Schuetz 1

```
0001
      Dies ist eine UND-Verknüpfung

               ┌─────┐
      TASTER_1─┤ AND ├──AUSGANG_1■
      TASTER_2─┤     │
               └─────┘
```

Bild 15.4.3/2: UND-Verknüpfung in FUP, Deklarationsteil als Tabelle

15.4.4 Selbsthaltung in KOP

Beispiel 4 zeigt ein Programm in der Sprache Kontaktplan (KOP). Es handelt sich dabei um ein kleines Programm, das z.B. für das Ein- und Ausschalten eines Schützes – welches einen Motor schaltet – verwendet werden könnte. Mit der Abfrage des Schützes parallel zum TASTER_S1 wird eine Selbsthaltung erreicht. Auch diese Kontaktplan-Symbole stehen in einer Bibliothek zur Verfügung. Über Anklicken und Ziehen mit der Maus lässt sich die Schaltung einfach zusammenstellen. Ebenso wie im Beispiel 3 erkennt man im Deklarationsteil die Zuordnung und in Klammern kommentierenden Text.

```
˙ Pfad: A:\SNEUPROG\S15DB1.PRO


  Baustein: OB1 (PRG-KOP)
```

```
0001 PROGRAM OB1
0002 VAR
0003      TASTER_S0 AT %IX0.0 : BOOL := TRUE; (* Aus-Taster S0 (Oeffner) *)
0004      TASTER_S1 AT %IX0.1 : BOOL := FALSE; (* Ein-Taster S1 (Schliesser) *)
0005      SCHUETZ_K1 AT %QX4.1 : BOOL := FALSE; (* Ausgang 1 fuer Schuetz K1 *)
0006      Abfrage_K1 AT %IX0.3 : BOOL := FALSE; (* Schuetzabfrage K1 fuer Selbsthaltung (Schliesser) *)
0007 END_VAR
0001
         TASTER_S0 TASTER_S1                                    SCHUETZ_K1
      ─────┤ ├───────┤ ├──────────────────────────────────────────( )───
                 │                                          │
            ┌────┴─────┐                                    │
            │Abfrage_K1│                                    │
            └────┤ ├────┘                                   │
```

Bild 15.4.4/1: Selbsthaltung in KOP

15.4.5 RS-Speicher in FUP

Die Selbsthaltung lässt sich eleganter mit einem RS-Speicher realisieren. Beispiel 5 zeigt die bekannte Vorgehensweise: Zuerst wird ein Baustein eröffnet. Im Deklarationsteil werden die Zuordnungen festgelegt, der Typ der Variablen und ihre Signalvorgabe beim Start der SPS, sowie ein Kommentar. Der RS-Speicher lässt sich aus einer Liste mit Standard-Funktionsblöcken auswählen. Danach erfolgt die Instantiierung, d.h.: Der einmal in der Bibliothek vorhandene Baustein kann durch die Vergabe eines Namens (hier: RS_SPEICHER_1) fast beliebig oft verwendet werden. Zum Schluss werden die Ein- und Ausgangsvariablen aus einer Liste festgelegt (Parametrierung).

Baustein: OB1 (PRG-FUP)

```
0001 PROGRAM OB1
0002 VAR
0003     Lampe_H1 AT %QX4.3 : BOOL := FALSE; (* Anzeigelampe H1 *)
0004     RS_Speicher_1: RS; (* RS-Speicher *)
0005     Taster_1 AT %IX0.1 : BOOL := FALSE; (* Taster S1 (Schliesser) *)
0006     Taster_2 AT %IX0.2 : BOOL := FALSE; (* Taster S2 (Schliesser) *)
0007 END_VAR
0001
     RS-Speicher mit vorrangigem Rücksetzen
                RS_Speicher_1
                  ┌─────┐
                  │ RS  │
     Taster_1─SET   Q1├────Lampe_H1
     Taster_2─RESET1│
                  └─────┘
```

Bild 15.4.5/1: RS-Speicher in FUP

15.4.6 Zeitstufe in FUP

Der Timer TON ist ebenfalls ein Funktionsbaustein, den die Software als Instanz bereitstellt. Er wird in den OB1, der ein Programm in der Darstellung Funktionsplan enthält, mit dem Namen TIMER_1 eingebaut. Die 4 Anschlüsse haben folgende Bedeutung:

- Am Eingang IN wird die Variable angeschlossen, die den Timer anzugverzögert schalten soll.
- An PT wird der numerische Wert (#) eingeben, um die die Zeitstufe verzögert schalten soll.
- Q ist der binäre Ausgang; er erhält 1-Signal, wenn die Zeit abgelaufen ist.
- ET zeigt die abgelaufene Zeit (elapsed time) an. Dieser Wert kann auf eine Anzeige gegeben werden. Diese muss dann auch als Variable – mit dem Typ TIME – deklariert werden.

Baustein: OB1 (PRG-FUP)

```
0001 PROGRAM OB1
0002 VAR
0003     Lampe_1 AT %QX4.2 : BOOL; (* Anzeige für abgelaufene Zeit *)
0004     Taster_1 AT %IX0.1 : BOOL := FALSE; (* Taster S1 Schliesser *)
0005     Timer_1: TON; (* Zeitstufe 1 Einschaltverzögert *)
0006     Anzeige: TIME; (* Anzeige für abgelaufene Zeit *)
0007 END_VAR
0001
     Anzuverzögerte Zeitstufe für 10 Sekunden
                Timer_1
                ┌─────┐
                │ TON │
     Taster_1─IN   Q├────Lampe_1
        T#10s─PT  ET├─Anzeige
                └─────┘
```

Bild 15.4.6/1: Zeitstufe in FUP

15.4.7 Strukturiertes Programm

Das nächste Beispiel zeigt ein strukturiertes Programm. Vom OB1 werden die Programme UND und ODER aufgerufen (CALPROG1, CALPROG2). In UND ist eine UND-Verknüpfung, in ODER eine ODER-Verknüpfung realisiert. Wird ein Eingang aktiviert, leuchtet die LED am Ausgang 4.2; werden beide Eingänge aktiviert, leuchtet auch die Diode von A4.1.

```
Baustein: OB1 (PRG-AWL)
```

```
0001 PROGRAM OB1
0001     CAL     PROG1
0002     CAL     PROG2
0003
0004
```

```
0001 PROGRAM PROG1
0002 VAR
0003     und1: UND;
0004     Eingang_1 AT %IX0.1 : BOOL;
0005     Eingang_2 AT %IX0.2 : BOOL;
0006     Ausgang_1 AT %QX4.1 : BOOL;
0007 END_VAR
0001
```

```
                  und1
                 ┌──────┐
                 │ UND  │
      Eingang_1─│IN1 OUT├────Ausgang_1
      Eingang_2─│IN2   │
                 └──────┘
```

```
0001 PROGRAM PROG2
0002
0003 VAR
0004     oder1: ODER;
0005     Eingang_1 AT %IX0.1 : BOOL;
0006     Eingang_2 AT %IX0.2 : BOOL;
0007     Ausgang_2 AT %QX4.2 : BOOL;
0008 END_VAR
0001
```

```
                  oder1
                 ┌──────┐
                 │ ODER │
      Eingang_1─│IN1 OUT├────Ausgang_2
      Eingang_2─│IN2   │
                 └──────┘
```

Bild 15.4.7/1: Strukturiertes Programm

15.4.8 Schrittkette in Ablaufsprache (AS)

Das folgende Beispiel zeigt eine einfache Schrittkette. Nachdem der OB1 eröffnet und *Programm* in der Sprache *Ablaufsprache* gewählt wurde, erscheint im Rumpf der Beginn der Schrittkette. Dargestellt ist der *Initialisierungsschritt* und eine *Transition,* die über einen Sprung wieder zum Initialisierungsschritt führt. Durch Mausklick lassen sich weitere Schritte und Transitionen – bis zur dargestellten Struktur – einfügen.

- Der Initialisierungsschritt ist der Ausgangsschritt für die Schrittkette. Er entspricht der Grundstellung einer Anlage. Diesen Zustand nimmt das Programm ein, wenn die SPS in den RUN-Betrieb geschaltet wird.

- Die Transition kann als Einschalt- oder Weiterschaltbedingung, so wie in der S5-Welt, aufgefasst werden. Eine Transition kann ein Eingang, Merker oder eine Zeitstufe sein. Sie kann aber auch aus mehreren Bedingungen bestehen, die in AWL, KOP oder FUP geschrieben sind.

- Ein Schritt entspricht einem bestimmten Anlagenzustand. In ihm können Ausgänge, Zeitstufen usw. geschaltet werden, d.h.: Ein Schritt veranlasst bestimmte *Aktionen.*

- Wenn die Schrittkette abgearbeitet wurde, muss die letzte Transition wieder in den Initialisierungsschritt führen.

Baustein: OB1 (PRG-AS)

```
0001 PROGRAM OB1
0002 VAR
0003        Schritt_1 AT %QX4.1 : BOOL := FALSE; (* Schritt 1 *)
0004        Schritt_2 AT %QX4.2 : BOOL := FALSE; (* Schritt 2 *)
0005        Schritt_3 AT %QX4.3 : BOOL := FALSE; (* Schritt 3 *)
0006        Schritt_4 AT %QX4.4 : BOOL := FALSE; (* Schritt 4 *)
0007        Taster_S1 AT %IX0.1 : BOOL := FALSE; (* Taster S1 für den ersten Schritt *)
0008        Taster_S2 AT %IX0.2 : BOOL := FALSE; (* Taster S2 für den zweiten Schritt *)
0009        Taster_S3 AT %IX0.3 : BOOL := FALSE; (* Taster S3für den dritten Schritt *)
0010        Taster_S4 AT %IX0.4 : BOOL := FALSE; (* Taster S4 für den vierten Schritt *)
0011        Taster_S5 AT %IX0.5 : BOOL := FALSE; (* Taster S5 für Beenden der Kette *)
0012 END_VAR
```

OB1 (PRG-AS).Aktion Init (KOP)

Bild 15.4.8/1: Schrittkette in Ablaufsprache (AS) *(Fortsetzung auf nächster Seite)*

Baustein: OB1 (PRG-AS).Aktion Init (KOP)

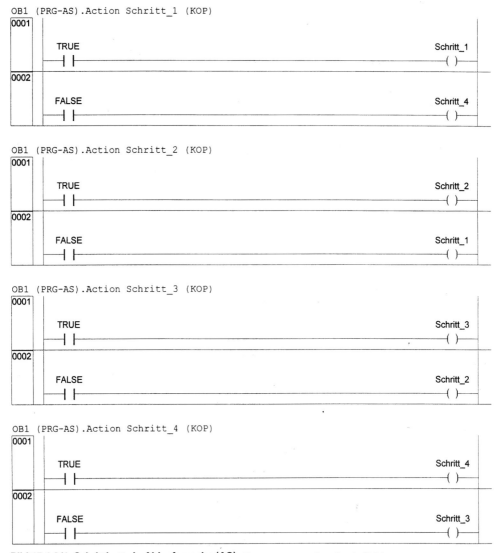

Bild 15.4.8/1: Schrittkette in Ablaufsprache (AS) *(Fortsetzung von vorhergehender Seite)*

Grundsätzlich gilt (auch) in der IEC-Schrittkette:

- In einer Schrittkette ist immer nur ein Schritt aktiv.
- Die Schritte werden der Reihe nach abgearbeitet.
- Gegenseitige Verriegelungen sind schon vorhanden.
- Ein Startmerker, bzw. Eingangsverriegelungen gegen erneutes Einschalten, ist integriert.

Nachdem die Schrittkette konstruiert ist und die Deklaration der Variablen vorgenommen wurde, kann
das Programm übersetzt und in die S7 geladen werden. Betätigung der entsprechenden Taster zeigt,
dass das Programm korrekt arbeitet.

15.4.9 Schreiben von Funktionsbausteinen

Beispiel S15ST1PRO (strukturiertes Programm) zeigt in den Programmen PROG1 und PROG2 eine UND- und eine ODER-Verknüpfung. Diese wurden nicht aus der Herstellerbibliothek abgerufen, sondern als Funktionsbausteine selbst konstruiert und in einer eigenen Bibliothek gespeichert. Bild 15.4.9/1 zeigt die Fenster mit den beiden Funktionsbausteinen nach der Konstruktion in FUP.

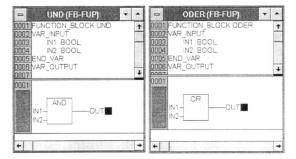

Bild 15.4.9/1: Funktionsbausteine UND und ODER

Eigene Funktionsbausteine lassen sich auch in den anderen Programmiersprachen entwickeln. Bild 15.4.9/2 zeigt einen Funktionsbaustein für eine Selbsthaltung in KOP. In Bild 15.4.9/3 erkennt man den Baustein in einem Programm für eine Pumpe.

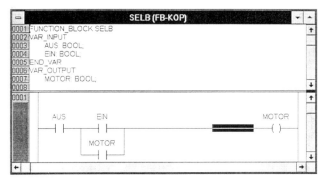

Bild 15.4.9/2: Funktionsbaustein für eine Selbsthaltung in KOP

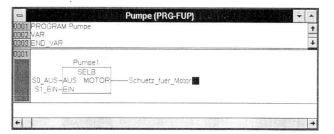

Bild 15.4.9/3: Anwendung des Funktionsbausteins Selbsthaltung

15.5 IEC-Programm für einen Mischautomaten

Das folgende Beispiel zeigt ein Programm für einen Mischautomaten. Es hat die gleiche Funktionsweise wie das Beispiel auf Seite 115 ff.

Das Programm ist strukturiert geschrieben. Der Baustein OB1 ruft den Baustein NOT_AUS und dann den Baustein KETTE auf. KETTE enthält den Funktionsbaustein TON (Bild 15.5/1). OB1 ist als Programm in AWL geschrieben. Der Aufruf der Unterprogramme erfolgt mit dem Befehl CAL (Bild 15.5/2).

```
Pfad: A:\SNEUPROG\S15MI1.PRO


Baustein: Aufrufbaum von OB1 (PRG-AWL)
```

Bild 15.5/1: Aufrufbaum von OB1

```
Pfad: A:\SNEUPROG\S15MI1.PRO


Baustein: OB1 (PRG-AWL)
```

0001	PROGRAM OB1	
0001	CAL	NOT_AUS
0002	CAL	KETTE
0003		
0004		

Bild 15.5/2: Baustein OB1

Der Programmteil NOT_AUS (Bild 15.5/3) ist in Funktionsbausteinsprache (PRG-FUP) „geschrieben"; d.h.: Der UND-Baustein wird aus der Bibliothek gezogen, in ODER umbenannt und mit einem dritten Eingang sowie Negationen versehen. Von der Deklarationsliste werden die Variablen durch Anklicken in der Liste den Eingängen zugeordnet. Der Ausgang AUSMERK ist auch in der globalen Variablenliste (Bild 15.5/4) zu finden, da dieser Merker auch im Programmteil KETTE verwendet wird.

```
Pfad: A:\SNEUPROG\S15MI1.PRO


Baustein: NOT_AUS (PRG-FUP)
```

```
0001 PROGRAM NOT_AUS
0002 VAR
0003     NOT_AUS_S6_S7 AT %IX0.6 : BOOL := FALSE; (* NOT-AUS-Taster S6 und S7 *)
0004     THERM_F1 AT %IX1.0 : BOOL := FALSE; (* Thermischer Überstromauslöser F1 *)
0005     THERM_F2 AT %IX1.1 : BOOL := FALSE; (* Thermischer Überstromauslöser F2 *)
0006     AUSMERK AT %MX12.0 : BOOL := FALSE; (* Ausmerker *)
0007 END_VAR
0001
```

```
                        ┌──────┐
                        │  OR  │
   NOT_AUS_S6_S7 ○──────┤      ├──────AUSMERK
         THERM_F1 ○──────┤      │
         THERM_F2 ○──────┤      │
                        └──────┘
```

Bild 15.5/3: Programmteil NOT_AUS

252

Baustein: Globale Variablen

```
0001 VAR_GLOBAL
0002      AUSMERK AT %MX12.0 : BOOL := FALSE; (* Ausmerker *)
0003 END_VAR
```

Bild 15.5/4: Globale Variablenliste

Der Programmteil KETTE ist als Programm in Ablaufsprache (PRG-AS) geschrieben. Der Deklarations-
teil enthält die Variablenzuordnung. Man findet neben den Ein- und Ausgängen die globalen Variablen
AUSMERK und die beiden Hilfsmerker MERKER_1 und BEENDEN. Die ZEITSTUFE_5 ist eine Instanz von
TON und wird als Variable verarbeitet.

Pfad: A:\SNEUPROG\S15MI1.PRO

Baustein: KETTE (PRG-AS)

```
0001 PROGRAM KETTE
0002 VAR
0003      START_S0 AT %IX0.0 : BOOL := FALSE; (* Start-Taster S0 *)
0004      SENS_B1 AT %IX0.1 : BOOL := FALSE; (* Sensor B1 *)
0005      SENS_B2 AT %IX0.2 : BOOL := FALSE; (* Sensor B2 *)
0006      SENS_B3 AT %IX0.3 : BOOL := FALSE; (* Sensor B3 *)
0007      SENS_B4 AT %IX0.4 : BOOL := FALSE; (* Sensor B4 *)
0008      STOP_S5 AT %IX0.5 : BOOL := FALSE; (* Stop-Taster S5 *)
0009      START_H0 AT %QX4.0 : BOOL := FALSE; (* Start-Lampe H0 *)
0010      VENTIL_Y1 AT %QX4.1 : BOOL := FALSE; (* Ventil Y1 *)
0011      VENTIL_Y2 AT %QX4.2 : BOOL := FALSE; (* Ventil Y2 *)
0012      VENTIL_Y3 AT %QX4.3 : BOOL := FALSE; (* Ventil Y3 *)
0013      VENTIL_Y4 AT %QX4.4 : BOOL := FALSE; (* Ventil Y4 *)
0014      RUEHRER_M1 AT %QX4.5 : BOOL := FALSE; (* Rührermotor M1 *)
0015      PUMPE_M2 AT %QX4.6 : BOOL := FALSE; (* Pumpenmotor M2 *)
0016      KLAR_H5 AT %QX4.7 : BOOL := FALSE; (* Klarlampe H5 *)
0017      AUSMERK AT %MX12.0 : BOOL := FALSE; (* Ausmerker *)
0018      MERKER_1: BOOL; (* Hilfsmerker für Zeitstufe *)
0019      BEENDEN: BOOL; (* Mischvorgang beenden *)
0020      ZEITSTUFE_T5: TON; (* Zeitstufe T5 (t = 4 Sekunden) *)
0021 END_VAR
```

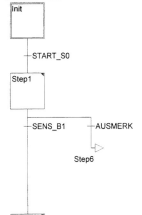

Bild 15.5/5: Programmteil KETTE *(Fortsetzung auf nächster Seite)*

Baustein: KETTE (PRG-AS)

```
┌─────────┐
│ Step2   │
│         │
└─────────┘
    │
    ├─SENS_B2    ─AUSMERK
    │              ▷
         Step6

┌─────────┐
│ Step3   │
│         │
└─────────┘
    │
    ├─SENS_B3    ─AUSMERK
    │              ▷
         Step6

┌─────────┐
│ Step4   │
│         │
└─────────┘
    │
    ├─SENS_B4    ─AUSMERK
    │              ▷
         Step6

┌─────────┐
│ Step5   │
│         │
└─────────┘
    │
    ├─BEENDEN    ─AUSMERK
    │              ▷
         Step6

┌─────────┐
│ Step6   │
│         │
└─────────┘
    │
    ├─TRUE
      ▷
Init
```

Bild 15.5/5: Programmteil KETTE *(Fortsetzung auf nächster Seite)*

Pfad: A:\SNEUPROG\S15MI1.PRO

Baustein: KETTE (PRG-AS).Action Step1 (FUP)

KETTE (PRG-AS).Action Step1 (FUP)
```
0001

    MERKER_1○──START_H0

0002

    TRUE──RUEHRER_M1

0003

    TRUE──PUMPE_M2

0004

    TRUE──VENTIL_Y1
```

KETTE (PRG-AS).Action Step2 (FUP)
```
0001

    TRUE──VENTIL_Y2

0002

    FALSE──VENTIL_Y1
```

KETTE (PRG-AS).Action Step3 (FUP)
```
0001

    TRUE──VENTIL_Y3

0002

    FALSE──VENTIL_Y2
```

KETTE (PRG-AS).Action Step4 (FUP)
```
0001
```

KETTE (PRG-AS).Action Step4 (FUP)
```
0001

    TRUE──VENTIL_Y4

0002

    FALSE──VENTIL_Y3
```

Bild 15.5/5: Programmteil KETTE *(Fortsetzung auf nächster Seite)*

Baustein: KETTE (PRG-AS).Action Step6 (FUP)

KETTE (PRG-AS).Action Step5 (FUP)

```
0001
        ZEITSTUFE_T5
            TON
    TRUE─IN    Q────MERKER_1
     T#4s─PT  ET─

0002

    MERKER_1────KLAR_H5

0003

    MERKER_1○────START_H0

0004

    FALSE────VENTIL_Y4

0005

    FALSE────PUMPE_M2
```

KETTE (PRG-AS).Transition BEENDEN (KOP)

```
0001
    MERKER_1  STOP_S5              BEENDEN
    ─┤ ├─────┤ ├─────────────────────( )─
```

KETTE (PRG-AS).Action Step6 (FUP)

```
0001
    FALSE────RUEHRER_M1

0002

    FALSE────PUMPE_M2

0003

    FALSE────VENTIL_Y1

0004

    FALSE────VENTIL_Y2

0005
```

Bild 15.5/5: Programmteil KETTE *(Fortsetzung auf nächster Seite)*

Baustein: KETTE (PRG-AS).Action Step6 (FUP)

```
    |  FALSE——VENTIL_Y3
    |
 ___|_____
0006|
    |
    |  FALSE——VENTIL_Y4
    |
 ___|_____
0007|
    |       ZEITSTUFE_T5
    |        ┌─TON─┐
    |  FALSE─┤IN  Q├──
    |  T#4s──┤PT  ET├──
 ___|_____
0008|
    |
    |  FALSE——START_H0
    |
 ___|_____
0009|
    |
    |  FALSE——KLAR_H5
    |
 ___|_____
```

Bild 15.5/5: Programmteil KETTE *(Fortsetzung von vorhergehender Seite)*

Die graphische Darstellung zeigt den Initialisierungsschritt und die 6 Schritte des Programms. Man erkennt, dass mit den Transitionen START_S0 und mit den Sensoren B1 bis B4 eingeschaltet und weitergeschaltet wird. Die Schritte 1 bis 5 können – wenn die Not-Aus-Bedingung AUSMERK erfüllt ist – mit einem Sprung zu Schritt 6 verlassen werden. Wenn ein Schritt gesetzt (TRUE) ist, kann er Aktionen veranlassen.

In Programmteil: *KETTE (PROG-AS).Action Schritt_1 (FUP)* werden in 4 Netzwerken Rührer M1, Pumpe M2 und Ventil Y1 eingeschaltet. Die Startlampe H0 wird über den nicht gesetzten MERKER_1 geschaltet. Soll ein Ausgang, Merker oder eine Zeitstufe nicht mehr geschaltet sein, wird er über FALSE zurückgesetzt. Dies geschieht z.B. in Netzwerk 2 von: *KETTE (PROG-AS).Action Schritt_2 (FUP)* mit Ventil Y1. In *Action.Schritt 5_(FUP)* befindet sich die ZEITSTUFE_T5. Auch sie wird über TRUE eingeschaltet. Der zugeordnete MERKER_1 schaltet nach 4 Sekunden die Klarlampe H5 ein und die Startlampe H0 aus.

In *KETTE (PRG-AS).Transition BEENDEN (KOP)* wird mit MERKER_1 und der Stopp-Taste S5 der Hilfsmerker BEENDEN zugewiesen. Diese Transition schaltet in den Schritt 6, wo eigentlich nur noch der Rührer M1 und die Zeitstufe ausgeschaltet, bzw. zurückgesetzt werden müssten. Da dieser Schritt aber auch bei einer Störung angesprungen wird, müssen hier alle eventuell eingeschalteten Aktoren ausgeschaltet werden.

Wenn der Schritt 6 aktiv (TRUE) ist, setzt er sich selbst zurück. Er ist also nur für einen Programmzyklus aktiv. Das Programm befindet sich danach wieder im Initialisierungsschritt und könnte erneut gestartet werden.

Fragen zu Kapitel 15:

1. Wie lautet die Norm, die einen verbindlichen Standard für Steuerungen festlegt?

2. Aus welchen Elementen besteht ein Programm, das nach dieser neuen Norm geschrieben ist?

3. Welche Bausteintypen unterscheidet man nach dieser neuen Norm?

4. Ein Baustein besteht aus zwei Teilen. Benennen Sie diese!

5. Welche Angaben werden im Deklarationsteil gemacht?

6. Was versteht man unter einem Funktionsblock?

7. In welchen Sprachen lassen sich Programme nach der neuen Norm schreiben?

8. Nennen Sie drei Datentypen von Variablen!

9. Wie werden die Ein- und Ausgangsadressen bei einer S7 bestimmt?

10. Was versteht man unter Instanz eines Bausteins?

16 Beispiele aus der Steuerungstechnik (SBEISPI)

Die in diesem Kapitel aufgeführten Beispiele sind nicht vollständig. Es können evtl. notwendige, von den Überwachungsinstitutionen vorgeschriebene Sicherheitsschaltungen fehlen, weil die Anzahl der vorhandenen Ein- bzw. Ausgänge der hier verwendeten SPS nicht ausreichte. Außerdem sollte der Schwierigkeitsgrad der Aufgaben nicht zu groß werden.

16.1 Fußgänger-Ampel mit Blinklicht, Anwahl für 2. Durchlauf, Sperre bei Dauerbetrieb S1, S2, Schnellschaltung für Fußgänger nach langer Grundstellung für Autofahrer „grün" (s16ap1 und 2)

ZL, FUP und Programme befinden sich nur auf der Diskette.
Verzeichnis: SBEISPI, Datei: s16ap1 bis ap8

SBEISPI
s16ap1
bis ap8

Bild 16.1/1: Fußgänger-Ampel

16.2 Automatische Schüttensteuerung mit Rückholschaltung (s16sh1 und 2)

ZL, FUP und Programme befinden sich nur auf der Diskette.
Verzeichnis: SBEISPI, Datei: s16sh1 und s16sh2

SBEISPI
s16sh1
s16sh2

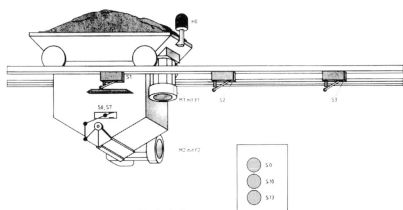

Bild 16.2/1: Automatische Schüttensteuerung mit Rückholschaltung

16.3 Aufzugsteuerung mit automatischem Umlauf, mit Halt und Rückholschaltung, für 3 Stockwerke (s16az1 und 2)

SBEISPI
s16az1
s16az2

ZL, FUP und Programme befinden sich nur auf der Diskette.
Verzeichnis: SBEISPI,
Datei: s16az1 und s16az2

16.4 Aufzugsteuerung, Anwahl der Stockwerke, mit Vorwahl der Stockwerke, wahlweise mit Dauerumlauf (s16az3 und 4)

Für die Steuerung wird das Modell wie **Bild 16.3/1**, verwendet.

SBEISPI
s16az3
s16az4

ZL, FUP und Programme befinden sich nur auf der Diskette.
Verzeichnis: SBEISPI,
Datei: s16az3 und s16az4

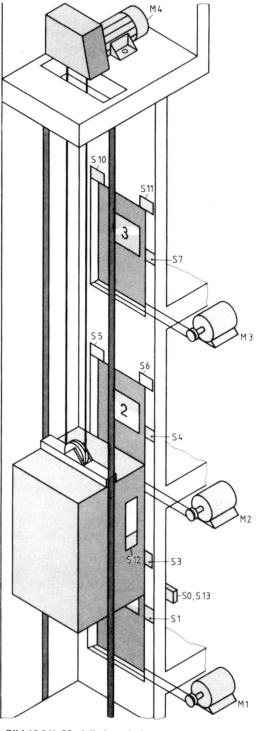

Bild 16.3/1: Modell eines Aufzugs

16.5 Doppelpumpenanlage für Schmutzwasser (s12dp1 und 2)

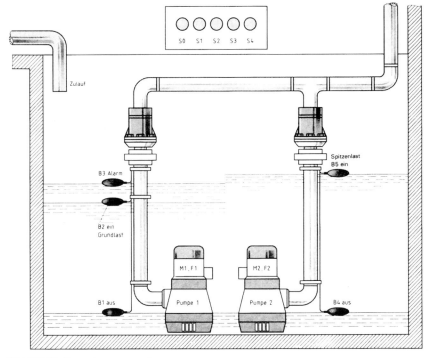

Bild 16.5/1: Doppelpumpenanlage

SBEISPI
s16dp1
s16dp2

ZL, FUP und Programme befinden sich nur auf der Diskette.
Verzeichnis: SBEISPI,
Datei: S16dp1 und S16dp2

Weitere Beispiele mit vereinfachten Technologieschemen befinden sich auf der Diskette.
Die Programme und Schaltpläne aller Beispiele sind nur auf der Diskette.
Die Beispiele entstammen folgenden Bereichen der Steuerungstechnik.

SBEISPI
s16ba1
bis ba4

16.6 Automatische Bahnschranke

SBEISPI
s16fb1
bis fb4

16.7 Förderbandanlage

SBEISPI
s16ro1
s16ro2

16.8 Rolltreppe

SBEISPI
s16wa1
bis wa4

16.9 Auto-Waschanlage

17 SPS-Programme mit Hilfe von Petrinetzen (SPETRI)

Petrinetze lassen sich zur Darstellung von betrieblichen Organisationsstrukturen, Organisationen von Behörden, Geschäftsvorgängen, Automatisierungstechnik u.a. verwenden.

Der Einsatz von Petrinetzen beginnt mit Veröffentlichungen von Carl Adam Petri in den 60-er Jahren am Massachusetts Institute of Technology und in Petri's Institut in Bonn.

In den vorhergehenden Kapiteln wurden Steuerungsprobleme mit Hilfe von Stromlaufplänen oder Funktionsplänen nach DIN 40719 gelöst. Ein weiteres Lösungsverfahren erfolgt in diesem Kapitel mit Hilfe von Petrinetzen.

Petrinetze sind Graphen, also zeichnerische Darstellungen. In der SPS-Technik bestehen diese Graphen aus Plätzen mit Marken (1-Signal) oder ohne Marken (0-Signal). Die Transitionen sind für den Übergang von einem vorherigen in den nächsten Zustand verantwortlich. Transitionen sind Schalthandlungen, die beim Schalten die Marken von den Eingangsmerkern zu den Ausgangsmerkern transportieren. Die gerichteten Kanten stellen den Zusammenhang zwischen Zuständen und Übergängen dar. Gerichtete Kanten, die zwischen Plätzen (Eingang) und Transitionen verlaufen, nennt man Prekanten. Gerichtete Kanten zwischen Transitionen und Plätzen (Ausgang) nennt man Postkanten (Bild 17/1).

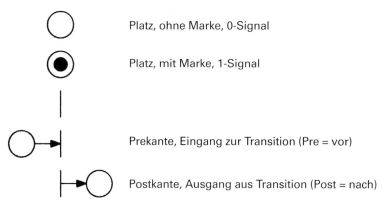

Platz, ohne Marke, 0-Signal

Platz, mit Marke, 1-Signal

Prekante, Eingang zur Transition (Pre = vor)

Postkante, Ausgang aus Transition (Post = nach)

Bild 17/1: Symbole aus Petrinetzen

Plätze werden in der SPS-Technik durch Programmierung von Merkern erzeugt, die eine Marke (1-Signal) oder keine Marke (0-Signal) haben können.

Transitionen:

Über Transitionen wird z.B. ein Signal eines Merkers an einen nachfolgenden Merker geschaltet. Hierbei arbeitet die Transition so, dass die Eingangsbedingung geprüft wird und eine Schalthandlung ausgeführt wird, wenn die Eingangsbedingung erfüllt ist. Hierzu folgendes Beispiel:

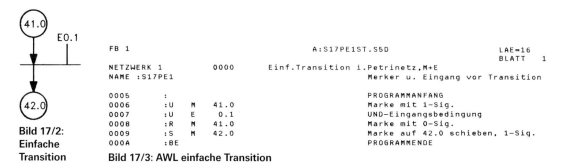

Bild 17/2:
Einfache
Transition

```
FB 1                              A:S17PE1ST.S5D                LAE=16
                                                               BLATT   1
NETZWERK 1            0000     Einf.Transition i.Petrinetz,M+E
NAME :S17PE1                             Merker u. Eingang vor Transition

0005    :                               PROGRAMMANFANG
0006    :U    M    41.0                  Marke mit 1-Sig.
0007    :U    E     0.1                  UND-Eingangsbedingung
0008    :R    M    41.0                  Marke mit 0-Sig.
0009    :S    M    42.0                  Marke auf 42.0 schieben, 1-Sig.
000A    :BE                              PROGRAMMENDE
```

Bild 17/3: AWL einfache Transition

Funktionsbeschreibung:

Hat der Merker 41.0 eine Marke (1-Signal) **UND** der Eingang E0.1 ein 1-Signal, so wird M41.0 rückgesetzt und M42.0 gesetzt. **Die Marke wird also von M41.0 auf M42.0 geschoben.**

Löschtransitionen:

Die in einer Löschtransition aufgeführten Merker, Merkerbyte und Merkerworte werden bei ihrer Aktivierung gelöscht, d.h. auf Null gesetzt. Hierzu folgendes Beispiel:

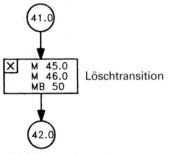

Funktionsbeschreibung:

Sind die Merker M45.0 und M46.0 geschaltet (1-Signal) und ist das MB50 z.B. mit der Konstante +63 geladen, so werden M45.0, M46.0 und MB50 gelöscht, wenn der Merker M41.0 über ein 1-Signal aktiviert wird und dadurch die Marke (1-Signal) nach Rücksetzen von M41.0 auf M42.0 verschoben wird (Bild 17/5).

Bild 17/.4: Löschtransition

```
FB 1                        A:S17PE7ST.S5D                LAE=20
                                                          BLATT   1
NETZWERK 1          0000    Loeschtransition fuer M,MB,
NAME :S17PE7                        Loeschen Merker u.Merkerbyte

0005     :                          PROGRAMMANFANG
0006     :U    M    41.0            Marke mit 1-Sig.
0007     :R    M    41.0            Loeschen der Marke auf M41.0
0008     :S    M    42.0            Marke auf M42.0 schieben, 1-Sig.
0009     :R    M    45.0            Programmteil, der geloescht wird
000A     :R    M    46.0
000B     :L    KF  +0
000D     :T    MB   50
000E     :BE                        PROGRAMMENDE
```

Bild 17/5: AWL der Löschtransition

Solche Löschtransitionen werden z.B. bei der Initialisierung eines Programms (Schalten in den RUN-Betrieb) verwendet. Das Programm ist dann in einem definierten Grundzustand (z.B. alle Merker auf Null). Diese Löschtransitionen werden auch in den sogenannten Betriebsköpfen von Programmen verwendet, die zum kontrollierten Ein- und Ausschalten einer Anlage dienen.

Weitere Beispiele befinden sich auf der Diskette.
Verzeichnis: SPETRI, Datei: s17pe2 bis 6

SPETRI
s17pe2
bis 6

Betriebskopf:

Ein Betriebskopf soll zum Ein- und Ausschalten eines Programms programmiert werden. Hierdurch kann verhindert werden, dass gefährliche Zustände entstehen, die z.B. automatisches Anlaufen von Antrieben nach einem Netzausfall bei Spannungswiederkehr verursachen. Der Wiederanlauf sollte bewusst vom Fachpersonal vorgenommen werden.

Im Folgenden soll das Programm eines Betriebskopfes (Standardbetriebskopf) erläutert werden: (Bild 17/6 und 17/7).

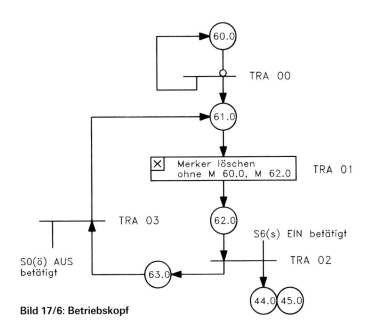

Bild 17/6: Betriebskopf

Im Diagramm enthaltene Beschriftungen:

- 60.0
- TRA 00
- 61.0
- ☒ Merker löschen ohne M 60.0, M 62.0   TRA 01
- TRA 03
- 62.0
- S6(s) EIN betätigt
- S0(ö) AUS betätigt
- TRA 02
- 63.0
- 44.0 45.0

Funktionsbeschreibung (Bild 17/7):

Wird die Steuerung in RUN-Betrieb geschaltet, so wird M60.0 über UNM60.0 (Adr. 0007) gesetzt, ebenso wird M61.0 und M62.0 gesetzt und M61.0 rückgesetzt (Adr. 000F). Die Löschtransition TRA01 ab Adresse 000C bis 0012 sorgt dafür, dass alle Merker bis auf Merker M60.0 und M62.0 rückgesetzt sind.

Die Steuerung hat den Anfangszustand mit den beiden eingeschalteten Merkern M60.0 und M62.0. Wird jetzt der Einschalter S6(s) betätigt an TRA02, so wird der Merker M63.0 gesetzt (Adr. 0018), ebenso die Merker M44.0 und M45.0 (Adr. 0019, 001A). Die letzten beiden Merker sind Eingangsmerker in andere Anlagenteile. Der Merker M62.0 wird rückgesetzt (Adr. 001B). In der Steuerung sind jetzt die Merker M60.0, M63.0, M44.0 und M45.0 gesetzt.

Zum Ausschalten des Betriebskopfes muss der Taster S0(ö) an TRA03 betätigt werden (Adr. 001F). Der Merker M63.0 wird rückgesetzt (Adr. 0021), M61.0 wird nur kurzzeitig gesetzt (Adr. 0020), M61.0 setzt M62.0 (Adr. 000D) und setzt M61.0 wieder zurück (Adr. 000F). Die Steuerung befindet sich wieder im Anfangszustand. Die Ausgänge von Adresse 002C an dienen zur Anzeige der Merkerzustände.

Zuordnungsliste

```
Datei B:S17K01Z0.SEQ                                    BLATT        1

      OPERAND      SYMBOL    KOMMENTAR

      E0.0         S0        Taster S0 (o), Aus alles ue.Betriebskopf
      E0.6         S6        Taster S6 (s), Einschaltung Betriebskopf
      M60.0        ZYKO      Marke Verriegelung fuer M61.0, Betriebsk
      M61.0        MARKEZYK  Marke 1.Zyklus 1-Signal, Betriebskopf
      M62.0        MARKTR03  Marke, Eingangsbeding.f.TRA03, Betriebsk
      M63.0        ZWIMERK   Zwischenmerker von EIN/AUS u.TRA02/TRA03
      M44.0        MARKE1    Eingangsmerker fuer Anlage 1
      M45.0        MARKE2    Eingangsmerker fuer Anlage 2
      A1.0         H10       Lampe H10 fuer M60.0, Betriebskopf
      A1.1         H11       Lampe H11 fuer M61.0, Betriebskopf
      A1.2         H12       Lampe H12 fuer M62.0, Betriebskopf
      A1.3         H13       Lampe H13 fuer M63.0, Betriebskopf
      A0.4         H4        Lampe H4, Eingangsmerker M44.0, Anlage 1
      A0.5         H5        Lampe H5, Eingangsmerker M45.0, Anlage 2
```

```
NETZWERK 1              0000      Standard-Betriebskopf
NAME :S17K01                              Verhinderung gefaehrl.Zustaende

0005        :                    PROGRAMMANFANG BETRIEBSKOPF
0006        :                    Transition TRA00
0007        :UN    M    60.0     Abfrage 1.Zyklus auf 0-Signal
0008        :S     M    60.0     Marke Verriegelung fuer M61.0
0009        :S     M    61.0     Marke erzeugt im ersten Zyklus
000A        :
000B        :                    Loeschtransition TRA01
000C        :U     M    61.0
000D        :S     M    62.0     Marke auf M62.0, Eing.Bed.TRA03
000E        :
000F        :R     M    61.0     M60.0 und M62.0 nicht ruecksetz.
0010        :R     M    63.0
0011        :R     M    44.0
0012        :R     M    45.0
0013        :
0014        :                    Transition TRA02
0015        :
0016        :U     M    62.0     Einschaltungsteil des Betriebs=
0017        :U     E     0.6     kopfes mit S6(s), ohne Verriege=
0018        :S     M    63.0     lung ueber S0(o)
0019        :S     M    44.0     Marke fuer Eingang Anlage 1
001A        :S     M    45.0     Marke fuer Eingang Anlage 2
001B        :R     M    62.0
001C        :
001D        :                    Transition TRA03
001E        :U     M    63.0
001F        :UN    E     0.0     Ausschaltungsteil des Betriebs=
0020        :S     M    61.0     kopfes ueber S0(o), ohne Verrie=
0021        :R     M    63.0     gelung ueber S6(s)
0022        :
0023        :                    Anzeige fuer Merker Betriebskopf
0024        :
0025        :U     M    44.0     Merker fuer Anlage 1
0026        :U     E     0.1
0027        :=     A     0.1     Anlage 1
0028        :U     M    45.0     Merker fuer Anlage 2
0029        :U     E     0.2
002A        :=     A     0.2     Anlage 2
002B        :U     M    60.0
002C        :=     A     1.0     Lampe H10 fuer M60.0
002D        :U     M    61.0
002E        :=     A     1.1     Lampe H11 fuer M61.0
002F        :U     M    62.0
0030        :=     A     1.2     Lampe H12 fuer M62.0
0031        :U     M    63.0
0032        :=     A     1.3     Lampe H13 fuer M63.0
0033        :U     M    44.0
0034        :=     A     0.4     Lampe   H4 fuer M44.0
0035        :U     M    45.0
0036        :=     A     0.5     Lampe   H5 fuer M45.0
0037        :
0038        :                    PROGRAMMENDE BETRIEBSKOPF
0039        :BE
```

Bild 17/7: AWL

Weitere Programme befinden sich auf der Diskette.
Verzeichnis: SPETRI, Dateien: s17zt1 bis 4, s17ke1 bis 6
                               s17mi1, s17sm1 bis 4
                               und s17tk1 bis 4

SPETRI
s17mi1
s17sm1 bis 4
s17zt1 bis 4
s17ke1 bis 6
s17tk1 bis 4

Fragen zu Kapitel 17:

1. Was sind Petrinetze?

2. Was ist in einem Petrinetz ein Platz mit Marke?

3. Was ist in einem Petrinetz ein Platz ohne Marke?

4. Was versteht man unter einer Transition?

5. Was sind Prekanten?

6. Was sind Postkanten?

7. Was versteht man unter einer Löschtransition?

8. Welche Aufgabe hat ein Betriebskopf eines Programms?

18 Lösungsteil

Antworten zu Kapitel 1:

1. Bei einer Regelung wird das Ausgangssignal auf den Eingang zurückgeführt. Der Regelkreis ist geschlossen.

   Bei einer Steuerung wirken die Ausgangs-Signale nicht auf den Eingang zurück. Der Signalfluss geht nur in eine Richtung, vom Eingang zum Ausgang.

2. Die Steuerkette besteht aus Steuereinrichtung und Steuerstrecke. Die Steuerstrecke ist der Teil der Anlage, der über ein Stellglied von der Steuereinrichtung beeinflusst wird.

3. Die Steuereinrichtung kann in Eingabe, Verknüpfung und Ausgabe unterteilt werden. Zur Eingabe zählen alle Geber an vorderster Stelle der Steuerkette, wie z.B.: Taster, Endschalter, Drehzahlwächter, Temperaturgeber, Füllstandsgeber u.a.

   Die Ausgabe umfasst alle Stellglieder, die direkt auf die Steuerstrecke wirken, wie z.B.: Relais, Schütz, Transistor, Thyristor, Ventile u.a.

4. Durch die Verknüpfungsglieder einer Steuerung werden die Eingangssignale immer in der gleichen Weise miteinander verknüpft und zum Ausgangssignal verarbeitet. Durch die Verknüpfungsglieder ist das „Programm" der Steuerung festgelegt.

Antworten zu Kapitel 2:

1. Bei den analogen Signalen ist jedem Wert eine ganz bestimmte Information zugeordnet,

   z.B.:   10 V entsprechen 1000 Umdrehungen,

          20 V entsprechen 2000 Umdrehungen,

          30 V entsprechen 3000 Umdrehungen.

   Die binären Signale kennen nur zwei Zustände, entweder es ist Spannung vorhanden $\hat{=}$ 1-Signal oder es ist keine Spannung vorhanden $\hat{=}$ 0-Signal. Dazwischen gibt es einen Spannungsbereich, der zur eindeutigen Erkennung der beiden Signalzustände notwendig ist. Binäre Signale bewirken in den Verknüpfungsgliedern die Erzeugung der Ausgangssignale.

2. Jede Anweisung wird mit einer Adresse (fortlaufende Nummer) versehen. Die Anweisungen werden in der Reihenfolge der Adressen abgearbeitet und stellen insgesamt das Programm der Steuerung dar.

3. Jede Anweisung besteht aus der Adresse, der Operation und dem Operanden. Der Operand wird in ein Kennzeichen und eine Operandenadresse unterteilt, z.B.: 0002 U E 0.2.

4. Der Operand wird in ein Kennzeichen und in eine Operandenadresse unterteilt.

   Kennzeichen sind: Eingänge, Ausgänge, Merker, Zeitglieder und Zähler.

   Operandenadressen sind fortlaufende Nummern. Bei einigen SPS-Fabrikaten werden Operanden auch nur durch die Operandenadresse festgelegt.

5. Im Programm werden Ein- und Ausgänge durch die Operandenkennzeichen unterscheidbar gemacht,

   z.B.: E für Eingänge,

         A für Ausgänge.

6. Eine SPS bearbeitet die eingegebenen Anweisungen nacheinander. Diese Abarbeitung wird als serielle Arbeitsweise bezeichnet. In einer SPS können niemals mehrere Anweisungen zugleich bearbeitet werden.

7. Zustandsänderungen der Signale können immer erst nach der Zykluszeit bei der Verknüpfung berücksichtigt werden.

8. Durch den Abschluss des Programms mit einer BE-Anweisung werden nur die für das Programm benötigten Adressen abgearbeitet und so die Zykluszeit verkürzt.

9. Im ROM (Nur-Lese-Speicher) ist das Programm unveränderbar eingegeben und nicht abänderbar. Der RAM-Speicher (Schreib- und Lese-Speicher) kann mit Hilfe eines Programmiergerätes durch den Anwender programmiert und auch geändert werden.

10. Um das im RAM (flüchtiger Speicher) eingegebene Programm auch beim Ausfall der Netzversorgung im Speicher zu erhalten, werden diese Speicher aus Pufferbatterien versorgt.

11. Freiprogrammierbare SPS enthalten einen RAM-Speicher, der fest eingebaut ist und beliebig programmiert werden kann. Die austauschprogrammierte SPS wird mit einem ROM-Speicher betrieben. Bei Programmänderungen muss der ROM-Speicher getauscht werden.

12. Um die Eingabe-Schaltung elektrisch von der Innenschaltung der SPS zu trennen, werden die Eingangssignale über Optokoppler mit hoher elektrischer Isolation eingespeist.

13. Durch hochohmige Geberstromkreise können die 1-Signale und durch Isolationsfehler auf der Eingangsseite die 0-Signale am Eingang der SPS verfälscht werden.

14. Durch Relais, Schütze, Transistoren, Thyristoren und Triacs an den Ausgängen der SPS kann die Schaltleistung am Ausgang der SPS erhöht werden.

15. Relaisausgänge können Gleich- und Wechselspannungsgeräte betätigen.

   Transistorausgänge können nur Gleichspannungsgeräte betätigen.

   Triacausgänge eignen sich nur für Wechselspannungsgeräte.

16. Durch die LED-Anzeigen an den Ein- bzw. Ausgängen kann überprüft werden, ob die Geber die gewünschten Signale abgeben und ob die an den Ausgängen angeschlossenen Geräte die gewünschten Signale erhalten.

Antworten zu Kapitel 3:

1. --] [-- Symbol für einen Eingang, bei dem keine Signalumkehr stattfindet.

   --]/[-- Symbol für einen Eingang, dessen Signal umgekehrt (negiert) wird.

   --( )-- Symbol für einen Signalausgang; es wird ein Signalweg abgeschlossen.

   Alle drei Symbole werden in Kontaktplänen verwendet.

2. In einer Anweisungsliste ist das durch die SPS zu bearbeitende Programm niedergeschrieben. Die Anweisungsliste besteht aus einzelnen aufeinander folgenden Anweisungen, d.h. aus Adresse, Operation, Kennzeichen und Operandenadresse.

3. In der Zuordnungsliste sind die an den jeweiligen Eingängen der SPS angeschlossenen Geber bzw. an den Ausgängen der SPS angeschlossenen Geräten zugeordnet und deren Funktion erläutert. Ebenso sind verwendete Merker, Zähler und Zeitstufen aufgeführt und der Verwendungszweck erläutert.

4. Aus der Querverweisliste ist ersichtlich, unter welcher Adresse der jeweilige Operand im Programm bzw. in der Anweisungsliste vorkommt. Dadurch wird die Fehlersuche in einem Programm bzw. in einer Anlage erleichtert.

Antworten zu Kapitel 4:

1. Da nach Betätigung des Schließers das Signal des Einganges in gleicher, unveränderter Form auf den Ausgang übertragen werden soll, lautet die Operation U... und nicht UN...

2. Bei einem Drahtbruch im Eingangskreis könnte der Ausgang nicht abgeschaltet werden, bzw. er würde sich selbsttätig einschalten (Unfallgefahr).

3. Der normale Ausgang der SPS führt nur solange 1-Signal, wie für ihn die Eingangsbedingung erfüllt ist. Der speichernde Ausgang wird mit einem 1-Signal am „Setzeingang" gesetzt und mit einem 1-Signal am „Rücksetzeingang" rückgesetzt.

4. An den normalen Ausgang der SPS können zu steuernde Geräte angeschlossen werden. Merker sind nur interne Speicher und haben keinen von außen zugänglichen Ausgang.

5. Merker werden für Verknüpfungen innerhalb der SPS verwendet, wobei das Verknüpfungsergebnis intern verwendet werden kann. Merker können abgefragt und zum Schalten von Ausgängen verwendet werden.

6. Der „Not-Aus-Eingang" muss sein Signal über einen angeschlossenen Öffnerkontakt erhalten, damit auch bei einem Drahtbruch die Abschaltung der entsprechenden Ausgänge erfolgt.

Antworten zu Kapitel 5:

1. Wenn die Arbeitstabellen von zwei verschiedenen Schaltungen gleich sind, so ist auch ihre Funktion gleich.

2. Für die Herstellung einer gewünschten logischen Verknüpfung mit einer SPS ist es gleichgültig, ob Eingänge mit Öffnerkontakten oder mit Schließerkontakten beschaltet sind. Zu beachten sind aber immer die Sicherheits-Gesichtspunkte.

Antworten zu Kapitel 6:

1. In analogen Zeitstufen wird die Verzögerungszeit über ein R-C-Glied gebildet. Die Laufzeit der Zeitstufe wird durch den verstellbaren Ladewiderstand des Kondensators bestimmt. Digitale Zeitstufen arbeiten mit einem voreingestellten Rückwärtszähler, der mit einem Zeittakt beschickt wird. Wenn der Zählerstand „Null" erreicht ist, wird ein Signal ausgelöst.

2. Bei den digitalen Zeitstufen wird der Zähltakt über Quarzgeneratoren mit hoher Geschwindigkeit abgeleitet. Dieses Verfahren ist der Alterung von Bauteilen weniger unterworfen und von daher ist die Wiederkehrgenauigkeit der eingestellten Zeit größer.

3. Da die Zeitstufen der SPS keine eigene Selbsthaltung besitzen, muss bei Einschaltverzögerungen das Eingangssignal länger als die Verzögerungszeit anstehen, um am Ausgang der Zeitstufe ein 1-Signal zu erhalten.

4. zu a) Da am Ausgang der Zeitstufe das Signal erst nach der eingestellten Zeit ein 1-Signal ist, ergibt sich eine Einschaltverzögerung.

   zu b) Da der Ausgang der Zeitstufe ausschalten soll, muss ein negierter Ausgang der Zeitstufe benutzt werden. Dadurch ergibt sich eine Ausschaltverzögerung.

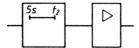

Bild 1: FUP einer Einschaltverzögerung

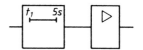

Bild 2: FUP einer Abschaltverzögerung

5. Bei der Abfallverzögerung muss der verzögerte Ausgang eine Selbsthaltung im Programm enthalten, weil die Verzögerungszeit erst nach der Wegnahme des Eingangs-Signals wirksam wird. Ohne Selbsthaltung würde der Ausgang unverzögert in die Ruhelage fallen.

6. Wiederkehrende Impulse können durch eine programmmäßige Hintereinanderschaltung von zwei Zeitstufen mit Rückkopplung erzeugt werden (astabiler Multivibrator, Rechteckgenerator).

7. Lange Verzögerungszeiten können durch hintereinandergeschaltete Zeitstufen erzeugt werden (Zählstufenkette).

   Sehr lange Verzögerungszeiten werden durch das Auswerten von Impulsen mit Hilfe von mehrstufigen Zählern erreicht.

8. Die kürzeste Verzögerungszeit einer digitalen Zeitstufe ist so lang wie die Periodendauer des verwendeten Zähltaktes (kleinste eingebbare Konstante).

   Bei den analogen Zeitstufen ist die kürzeste Verzögerungszeit abhängig von dem kleinsten einstellbaren Widerstand, über den der zeitbestimmende Kondensator geladen wird.

Antworten zu Kapitel 7:

1. Der erreichte Zählerstand wird bei Netzspannungsausfall durch eine Pufferbatterie weiterhin abgespeichert.

2. Wenn am S-Eingang des SPS-Zählers ein Dauer-1-Signal anliegt, wird der Zählvorgang blockiert.

3. Die von Sondermerkern erzeugten Richtimpulse beim Übergang in den RUN-Betrieb der SPS können zum automatischen Rücksetzen der Zähler benutzt werden.

Antworten zu Kapitel 8:

1. Die Merker einer SPS sind mit den Hilfsrelais in üblichen Steuerungen vergleichbar.

2. Bei der Verwendung einer SPS in einer größeren Anlage werden nur die Geber an den Eingängen und die Schützspulen oder Ventilspulen an die Ausgänge angeschlossen. Verdrahtungsarbeiten im Steuerteil sind nicht notwendig. Hilfsschütze und Zeitrelais können entfallen. Der Steuerschrank wird kleiner. Änderungen im Funktionsablauf können durch das Programm geändert werden.

3. Durch die in der Schaltalgebra bekannte Klammerschreibweise kann auch bei der SPS eine vorrangige Zusammenfassung von Anweisungen zu einem Verknüpfungsergebnis erzwungen werden.

4. Um sicher zu sein, dass der Signalzustand am Ausgang der SPS mit der Schaltstellung des angeschlossenen Stellgliedes übereinstimmt, werden Abfragen durchgeführt und per Programm verarbeitet.

5. Um die Abfrage eines Stellgliedes durchführen zu können, wird ein Schließer oder Öffner des Stellgliedes auf einen Eingang der SPS gelegt und per Programm wird der Signalzustand am Eingang mit dem zugehörigen Ausgang verglichen.

6. Wenn hardwaremäßige Schützverriegelungen fehlen, kann es zu Kurzschlüssen im Leistungsteil kommen.

7. Wenn für die Erzeugung von „Aus-Befehlen" Öffner in einer Anlage verwendet werden, ist bei Drahtbruch eine Abschaltung sichergestellt.

8. Feld A: Art des Befehles
   Feld B: Wirkung des Befehles
   Feld C: Steht die Kennzeichnung für eine Rückmeldung des Befehles

9. $R \triangleq$ Response-Control.
   Der mit R bezeichnete Ausgang an einem Makrobefehl hat ein 1-Signal, wenn der im Feld B stehende Befehl tatsächlich ausgeführt wurde (echte Rückmeldung über Wächter).
   Der mit A bezeichnete Ausgang fragt nur den Ausgang der SPS ab.

10. $C \triangleq$ conditional, zur Kennzeichnung von bedingten Befehlen (Aktionen).

11. $N \triangleq$ nicht gespeichert
    $S \triangleq$ gespeichert (stored)
    $D \triangleq$ verzögert (delayed)
    $L \triangleq$ zeitlich begrenzt (time limited)

12. a) Die Tasterverriegelung: Sie ist eine Einschaltverriegelung und verhindert, dass beim gleichzeitigen Betätigen beider Eintaster an beiden Eingängen gleichzeitig 1-Signal ansteht.
    b) Die Verriegelung der Eingänge durch das Programm: Sie verhindert, dass beim Anstehen eines 1-Signals an beiden Eingängen beide Signale weiterverarbeitet werden.

c) Die Schützverriegelung: Sie ist eine Betriebsverriegelung, die vor allem im Störungsfall (z.B. Kleben eines Schützes) verhindert, dass 2 Schütze gleichzeitig anziehen und damit ein Kurzschluss entsteht.

d) Die Verriegelung der Ausgänge durch das Programm: Sie verhindert, dass zwei Ausgänge der SPS gleichzeitig geschaltet sein können.

e) Die Abfrage der Stellglieder (R-Rückmeldung): Sie bietet die Möglichkeit, dass per Programm eine Verriegelung über die Eingänge und über die Ausgänge vorgenommen wird, um zu verhindern, dass 2 Schütze gleichzeitig anziehen.

13. Bei der Programmierung von RS-Speichern ist die sogenannte Dominanz zu beachten, d.h. durch die serielle Abarbeitung der einzelnen Anweisungen in einer SPS hat die zuletzt programmierte Anweisung (S bzw. R) ein besonderes Gewicht. Sind für den entsprechenden RS-Speicher die Setz- und Rücksetzbedingungen durch die Eingangssignale gleichzeitig erfüllt, so wird die in der AWL zuletzt programmierte Anweisung vorrangig (dominant) ausgeführt (siehe auch Kapitel 4.4).

Antworten zu Kapitel 9:

1. Es muss der vorhergehende Schritt gesetzt sein und alle weiteren Eingangsbedingungen müssen erfüllt sein, d.h. ein 1-Signal führen.

2. Durch den Startmerker wird innerhalb einer Schrittkette das Setzen eines vorhergehenden Schrittes verhindert, bevor die Kette ganz durchlaufen wurde.

3. Über Weiterschaltbedingungen läuft eine Ablaufsteuerung zwangsweise in Schritten ab. Die Ablaufsteuerung kann zeit- oder prozessgeführt sein, bzw. aus einer Mischform bestehen.

4. Bei der prozessgeführten Ablaufsteuerung werden die Weiterschaltbedingungen durch Geber ausgelöst die sich in der Anlage befinden, wie z.B. Endschalter, Temperaturfühler, Drehzahlwächter u.a. mehr. Bei zeitgeführten Ablaufsteuerungen werden über Zeitglieder und Zähler die Weiterschaltbedingungen erzeugt.

5. Als Befehlsausgabe verwendet man den:
   N-Befehl,   wenn der betreffende Ausgang „nicht speichernd" gesetzt werden soll,
   S-Befehl,   wenn der betreffende Ausgang „gespeichert" gesetzt werden soll,
   D-Befehl,   wenn der betreffende Ausgang „verzögert" gesetzt werden soll,
   SD-Befehl,   wenn der betreffende Ausgang „gespeichert und verzögert" geschaltet werden soll.

6. Ein Schritt wird durch das Setzen des Folgeschrittes oder zwangsweise über den R-Eingang (Löscheingang) zurückgesetzt.

7. Bei einer linearen Schrittkette werden die einzelnen Schritte alle nacheinander gesetzt.

8. Es werden UND- und ODER-verzweigte Schrittketten für Steuerungen angewendet.

9. Der Schritt 5 wird erst rückgesetzt, wenn die Schritte 6.1 UND 6.2 gesetzt worden sind.

10. Die Eingangsbedingungen für den Schritt 7 werden durch die Schritte 6.1 UND 6.2 gebildet, d.h. es müssen beide vorhergehenden Schritte der Kette durchlaufen werden. Es werden in der Anlage Vorgänge gleichzeitig bearbeitet.

11. Wenn einer der beiden Schritte 3.1 ODER 3.2 gesetzt wurde, wird der vorhergehende Schritt 2 zurückgesetzt, d.h. einer der beiden Schritte 3.1 oder 3.2 wird nicht gesetzt.

12. Um den Schritt 4 zu setzen genügt es, wenn einer der beiden Schritte durchlaufen wird, d.h. entweder der Schritt 3.1 ODER 3.2.

13. Bei Spannungsausfall oder einer Not-Aus-Schaltung werden alle Schritte abgeschaltet. Um die Anlage erneut in Betrieb nehmen zu können, müssen die Eingangsbedingungen für den Schritt 1 erfüllt sein, d.h. die Anlage muss wieder in eine gewisse „Grundstellung" gebracht werden.

14. Rückholbedingungen können im Funktionsplan über ODER-Verknüpfungen zu den jeweiligen Ausgangsbefehlen erreicht werden.

    Für die Befehle, die an die Ausgänge der Anlage gelangen, gibt es zwei Möglichkeiten: Die Anlage arbeitet ordnungsgemäß und wird über die Schrittkette gesteuert, ODER es liegt der gestörte Betrieb vor, bei dem besondere Bedingungen die Anlage in die Grundstellung bringen (siehe Kap. 9.6).

15. Für die Erledigung von bestimmten Arbeitsabläufen wird eine bestimmte Zeit benötigt (Erfahrungswert).

    Wenn innerhalb dieser Zeit der Vorgang nicht abgeschlossen wurde, muss eine Störung (Fehler) in der Anlage vorliegen. Die Überschreitung der vorgegebenen Zeit kann für eine Fehlermeldung genutzt werden.

16. Bei der Verwendung von Ablaufsteuerungen können sich bei der Planung Fachleute „unterschiedlicher" Fachrichtungen leichter einigen (FUP) und im Betrieb sind Ablaufsteuerungen schneller „durchschaubar" im Fehlerfall.

17. Bei Ablaufsteuerungen wird zwischen der
    – Betriebsartenebene,
    – Ebene der Ablaufkette,
    – Ebene der Befehlsausgabe und der
    – Meldeebene
    unterschieden.

18. Zur Betriebsartenebene zählen
    z.B.: der Einrichtebetrieb (1. Inbetriebnahme),
          der Einzelschritt (Prüfung der Anlage) und
          der Einrichtebetrieb (Prüfung der Stellglieder).

19. Sprünge in einem SPS-Programm werden angewendet, wenn in einem Schrittkettenprogramm bestimmte Funktionen dieses Programms nicht ausgeführt werden sollen.

20. Innerhalb eines Programms sind bedingte oder unbedingte Sprünge möglich. Ein unbedingter Sprung erfolgt immer, wenn eine bestimmte Programmstelle erreicht wird. Ein bedingter Sprung erfolgt an einer bestimmten Programmstelle nur, wenn außerdem eine Sprungbedingung vorhanden ist.

21. Ein Sprung wird in einem Programm durch eine Sprungbedingung ausgelöst; ist diese vorhanden, so wird ein Teil des Programms übersprungen, das heißt ausgelassen. Ist die Sprungbedingung nicht vorhanden, so wird das Programm ohne Sprung bearbeitet.

22. Mit Schleifen in einem SPS-Programm können Wiederholungen innerhalb des Programms bewirkt werden.

23. Eine Schleife in einem Programm wird durch eine Schleifenbedingung ausgelöst; ist diese vorhanden, so wird ein Teil des Programms wiederholt durchlaufen, solange die Schleifenbedingung wirksam ist.

24. Schleifen und Sprünge werden durch Programmsprünge erzeugt. Ein „Sprung" erfolgt dabei immer vorwärts. Es werden also Programmteile ausgelassen, die dann nicht bearbeitet werden. Eine „Schleife" entsteht durch einen Rückwärtssprung, wodurch bereits bearbeitete Programmteile erneut bearbeitet werden.

Antworten zu Kapitel 10:

1. Die strukturierten Programme sind kürzer und dadurch schneller als lineare Programme. Das Steuerungsprogramm wird aus einzelnen Bausteinen zusammengesetzt, die dann getrennt aufgerufen und auch getestet werden können.

2. Das Programm kann komprimierter geschrieben werden. Außerdem besteht der Vorteil auch in der Anwendung von Formal- und Aktualoperanden.

3. Die Sprunganweisungen sind:
   SPA unbedingter Sprung zum genannten Baustein,
   SPB bedingter Sprung bei 1-Signal,
   BE Baustein-Ende,
   BEA unbedingter Rücksprung in vorher bearbeiteten Baustein,
   BEB bedingter Rücksprung in vorher bearbeiteten Baustein bei 1-Signal.

Antworten zu Kapitel 11:

1. Gründe für Not-Aus-Schaltungen von Anlagen können die Gefährdung
   – von Menschen oder
   – von Anlagen und Produktionsgütern
   sein.

2. Sicherheitskritische Stellglieder müssen in einem Notfall unbedingt abgeschaltet werden.

3. Im Erdschlussfall auf der Geberseite wird die Sicherung ausgelöst und es kommt nicht zu einer gefährlichen Selbsteinschaltung der Anlage.

4. Schutzgitter schützen den Menschen vor gefährlichen Anlageteilen.

5. Um die Betriebssicherheit einer Anlage zu erhöhen, werden die Schaltglieder (Kontakte) der Endschalter
   a) hardwaremäßig über Schützsteuerungen vervielfacht und
   b) softwaremäßig auf „Stimmigkeit" überwacht, d.h., wenn der Öffner „offen" ist, muss der Schließer „geschlossen" sein und umgekehrt.

6. Für alle Bereiche gilt, dass sich die Anlage beim Auftreten einer Störung zur sicheren Seite verhält.

7. Z.B. werden den SPS-Anlagen elektromechanische Schalter (Motorschutzschalter) nachgeschaltet, abgefragt und per Programm in der SPS verarbeitet.

8. Redundante Schaltungstechnik bedeutet das Vorhandensein von mehr als einer für die Realisierung der Funktion notwendigen Schaltung, z.B. 2-Kanal-System mit nachgeschaltetem Vergleicher.

9. zu a) bei homogener Redundanz hat man 2 SPS mit gleicher Hardware und gleichen Programmen,
   zu b) beide SPS sind in der Hardware und in den Programmen verschieden.

10. Es ist eine besondere Schaltungstechnik, welche die Eigenschaft hat, dass sich Bauteilfehler ungefährlich auswirken. Beim Auftreten eines Fehlers verhält sich die Steuerung zur sicheren Seite hin.

Antworten zu Kapitel 12–14:

1. Funktionsbausteine sind Unterprogramme für häufig wiederkehrende oder komplexe Steuerungs-funktionen. Beim Aufruf können ihnen Aktualparameter übergeben werden und sie verfügen über einen erweiterten Operandenvorrat.

2. Ein Datenwort ist eine 16 Bit breite Speicherstelle in einem Datenbaustein. In ihm können Daten ein-gelesen und ausgelesen werden.

3. Der Istwert x ist die im Regelkreis (hier: Heizung) tatsächlich vorhandene physikalische Größe (hier: Temperatur).

4. Die Temperatur wird mittels eines Temperaturfühlers (z.B. Thermoelement mit Verstärker) in eine Spannung umgewandelt. Diese liegt meist zwischen – 10 V und + 10 V.

5. Der Sollwert w ist in einem Regelkreis die vorgegebene Größe, die an der Regelstrecke erreicht werden soll.

6. Die Stellgröße y ist die Ausgangsgröße des Reglers, mit der die Energiezufuhr der Heizung über ein Stellglied verändert werden kann.

7. Die Regelabweichung xw ist die Differenz zwischen Istwert x und Sollwert w, nämlich xw = x – w.

8. Die Regeldifferenz e ist die Differenz zwischen Führungsgröße w und Regelgröße x, nämlich e = w – x.

9. Der Proportionalbeiwert Kp ist die Verstärkung des P-Reglers. Mit Hilfe des Proportionalbeiwertes Kp wird durch Multiplikation mit der Regeldifferenz e die Stellgröße y gebildet: y = Kp * e.

10. Zur Bildung der Stellgröße y ist immer eine Regeldifferenz e erforderlich. Wird die Regeldifferenz Null, wird auch die Stellgröße Null.

11. Er wandelt das analoge Eingangssignal (z.B. – 10 V bis + 10 V) in ein digitales Signal (z.B. Dualzahl im Bereich – 2048 bis + 2048 bei 12 Bit Auflösung) um.

12. Im analogen Regelkreis folgt die Ausgangsgröße stetig jeder Änderung der Eingangsgrößen. Im digitalen Regelkreis nimmt die Ausgangsgröße in einem Zeitraster diskrete Werte an und nicht jede Änderung der Eingangsgrößen wirkt auf den Ausgang (Rechengenauigkeit und Auflösung der A/D- und D/A-Wandler).

13. In einem Regelkreis mit P-Regler ist die Stellgröße gleich Null, wenn der Istwert gleich dem Sollwert ist. Wenn die Stellgröße keine negativen Werte annehmen darf, muss sie auch bei einem Istwert größer dem Sollwert gleich Null sein.

14. Der Regler darf nur eine Stellgröße liefern, wenn der Istwert x kleiner als der Sollwert w ist.

15. Ein Funktionsbaustein wird durch die Angabe der Kurzbezeichnung „FB" gefolgt von seiner Num-mer aufgerufen. Ist der Baustein parametriert, folgen noch die Aktualparameter.

16. Eingangsgrößen werden dem Programm mitgeteilt, indem Konstante in Datenbausteinen oder in Programmzeilen stehen. Die Konstanten können Werte oder Adressen (z.B. vom A/D-Wandler) sein.

Antworten zu Kapitel 15:

1. Die Norm heißt IEC 1131. Der Teil 3 beschreibt die Syntax und die Semantik der Programmierspra-chen.

2. Nach IEC 1131-3 besteht ein Programm aus Strukturen, Bausteinen und Variablen.

3. Man unterscheidet: Programme, Funktionen und Funktionsblöcke.

4. Jeder Baustein besteht aus einem Deklarationsteil und einem Programmteil oder Bausteinrumpf.

5. Im Deklarationsteil werden Adressen Variablen zugeordnet.

6. Funktionsblöcke sind z.B. Zeitstufen und Zähler. Sie sind in einer Bibliothek gespeichert und können durch Vergabe eines jeweils neuen Namens vielfach verwendet werden.

7. Neben den bekannten Programmiersprachen (AWL, KOP, FUP) gibt es den Strukturierten Text und die Ablaufsprache.

8. Eine Adresse ist vom Typ BOOL. Der Operand kann also 0- oder 1-Signal annehmen. Eine 16-Bit-Zahl hat den Typ INTEGER und ein Bitmuster (16-Bit) hat den Typ WORD.

9. Die Bite-Adresse wird vom Steckplatz des Ein- oder Ausgangsmoduls bestimmt. Ein Eingangsmodul mit 2 × 8 Eingängen am Steckplatz 0 hat die Adressen E0.0 bis 0.7 und 1.0 bis 1.7.

10. Wenn ein Funktionsblock, z.B. eine Zeitstufe, in einem Programm mehrfach verwendet wird, wird durch die Vergabe jeweils eines neuen Namens eine Instanz des Funktionsblockes vergeben.

Antworten zu Kapitel 17:

1. Petrinetze sind Graphen, also zeichnerische Darstellungen, die im wesentlichen aus Transitionen und Marken bestehen.

2. Ein Platz mit einer Marke ist in einem Petrinetz ein programmierter Merker, der ein 1-Signal hat.

3. Ein Platz ohne Marke ist in einem Petrinetz ein programmierter Merker mit einem 0-Signal.

4. Eine Transition ist eine Schalthandlung. Eingangssignale, die von Gebern und Merkern kommen, werden überprüft und an Merker weitergeschaltet. Es werden Marken weitergeschoben.

5. Prekanten sind gerichtete Kanten, die zwischen Plätzen und Transitionen verlaufen (Eingangsseite).

6. Postkanten sind gerichtete Kanten, die zwischen Transitionen und Plätzen verlaufen (Ausgangsseite).

7. Löschtransitionen sind Transitionen, bei denen alle aufgeführten Merker, Merkerbytes und Merkerworte bei ihrer Aktivierung gelöscht werden.

8. Ein Betriebskopf ist ein Programmteil am Anfang eines Programms, der beim Ein- und Ausschalten einer Anlage dafür sorgt, dass keine gefährlichen Zustände entstehen, z.B. Anlaufen eines Antriebs nach einem Netzausfall und nach Spannungswiederkehr.

ÜBERSICHT
über
SACHWORTE, VERZEICHNISSE, KAPITEL

S

---

[*] Teilweise oder nur auf Diskette